环境变化对桑树的影响研究

胥　晓　董廷发　晏梅静　主编

科学出版社

北　京

内 容 简 介

雌雄异株植物在应对不同环境因子过程中会表现出明显的性别差异,这种现象将对该类植物种群的稳定和延续产生不利影响,因而受到越来越多科研工作者的重视。本书以常见的雌雄异株植物桑树为研究对象,通过汇编研究团队多年来围绕不同环境因子对桑树雌雄幼苗生长发育影响的系列研究成果,全面系统地介绍了桑树雌雄幼苗植株在形态变化、生长发育、生理过程、繁殖性状等方面对不同温度、CO_2浓度、水分、UV-B辐射、氮沉降、重金属、根系分泌物、组合种植、分枝数和丛枝菌根真菌等环境因子作用下的变化差异。这些成果为全面掌握我国重要经济植物桑树对环境变化的适应能力提供了重要参考,同时也丰富了雌雄异株植物对不同环境因子响应机制的研究内容。

本书可供从事农学、生态学、林学、植物学、生物学、植物生产等研究的科研人员及高等院校师生参考,同时也可以为其他相关领域的专业人员提供借鉴。

图书在版编目(CIP)数据

环境变化对桑树的影响研究 / 胥晓,董廷发,晏梅静主编. —北京:科学出版社,2024.2

ISBN 978-7-03-078041-6

Ⅰ.①环… Ⅱ.①胥… ②董… ③晏… Ⅲ.①桑树–环境影响–研究

Ⅳ.①S888.4

中国国家版本馆 CIP 数据核字(2024)第 038431 号

责任编辑:武雯雯 / 责任校对:彭　映
责任印制:罗　科 / 封面设计:墨创文化

科学出版社出版

北京东黄城根北街16号
邮政编码:100717
http://www.sciencep.com

成都锦瑞印刷有限责任公司印刷

科学出版社发行　各地新华书店经销

*

2024 年 2 月第 一 版　　开本:787×1092 1/16
2024 年 2 月第一次印刷　　印张:11 1/4
字数:264 000
定价:115.00 元

(如有印装质量问题,我社负责调换)

编 委 会

主　　编：胥　晓　董廷发　晏梅静

副主编：刘　刚　张春艳　黄盖群　李大东

编　　委（按姓氏笔画排序）：
王　悦　朱　娟　刘　刚　李大东　张　烈　张春艳
陈梦华　罗辉兰　竺诗慧　郇慧慧　胥　晓　秦　芳
晏梅静　黄盖群　董廷发　曾　贞

参研人员（按姓氏笔画排序）：
王　悦　朱　娟　刘　刚　刘　芳　李大东　吴建梅
余泽岑　沈　谦　补春兰　张　烈　张春艳　陈梦华
罗辉兰　竺诗慧　郇慧慧　郑　蕊　胥　晓　秦　芳
晏梅静　黄盖群　董廷发　曾　贞

前　言

　　近几十年来，随着人类活动的加剧，导致全球气候变暖、紫外辐射(UV-B)增强、氮素沉降量显著增加、重金属污染事件及极端干旱事件频发，必然对植物生长、种群存活，甚至生态系统的组成、结构和功能产生影响，这引起了各国政府及社会各界的高度关注。自 20 世纪以来，许多学者陆续开展了植物对环境因子变化适应策略和机制的研究。然而，大部分研究是针对雌雄同株植物。在 30 多万种被子植物中，还存在约 6%的雌雄异株植物。作为陆地生态系统的重要组成部分，它们在维持生态系统结构和功能稳定性方面发挥着关键作用。由于性别的分化，该类植物在环境胁迫下维持种群稳定的能力比其他植物更弱，因此近年来也逐渐引起了国内外学者的关注。

　　桑($Morus\ alba$ L.)原产于我国中部地区，现被广泛栽培于南北各地，是一种常见的雌雄异株植物。它具有存活率高、生长快、抗逆性强等特性，是我国桑蚕养殖、药物开发、荒漠化防治等方面的常用树种，具有较高的经济和生态价值。目前对桑树的研究多集中于栽培管理、品种改良、病虫害防治等方面，而对不同环境因子作用下雌雄植株的形态差异、生理变化及生物量分配方面的研究甚少(仅见于本研究团队)，更无多种环境因子对桑树雌雄植株生长发育影响的专题著作面世。因此，本书汇编了本研究团队近 10 年来围绕桑树雌雄幼苗对不同温度、CO_2 浓度、水分、UV-B 辐射、氮沉降、重金属、根系分泌物、组合种植、丛枝菌根真菌等环境因子的响应差异的系列研究成果，这对掌握我国重要经济植物桑树对环境变化的适应能力，以及丰富雌雄异株植物适应环境机制的研究内容具有重要的参考意义。

　　本书中涉及的研究工作是在国家自然科学基金项目(31870579)、四川省科技厅省院省校重点项目(18JZ0027)、第二次青藏高原综合科学考察研究项目"生态安全屏障功能与优化体系"专题(2019QZKK0404)的资助下，经过团队成员的共同努力完成的。本书不仅是对上述项目研究成果的归纳，同时也是不同环境因子对桑树幼苗生长发育影响研究的最新成果汇集。全书共 10 章，主要包括桑树幼苗在形态发育、生理过程、解剖结构、抗氧化酶系统、生物量积累与分配等方面对增温、CO_2 浓度升高、干旱、UV-B 辐射增强、氮沉降、重金属污染、根系分泌物、不同性别组合种植、分枝数及接种不同丛枝菌根真菌后的生理生态适应差异分析。

　　由于积累的资料有限，同时有关环境变化对桑树生长发育的影响还有许多内容需要进一步研究，书中的疏漏之处实为难免，敬请同行专家和广大读者批评指正! 希望本书的出版能为桑树适应能力的研究及品种的选育和利用提供参考。我们在编写过程中引用了相关的著作、期刊等文献资料，在此谨致谢忱。

目　　录

第1章　桑树的自然地理分布和生物学特性

1.1　桑属的起源及演化

据松散分子钟估算，桑属起源于古近纪始新世(5300 多万年前)，当时整个地球气候出现过一次异常的高温期，分布于劳亚古陆的桑属可通过白令海峡在北美洲、亚洲、欧洲间相互迁移，然而受第四纪冰期影响，北美洲和欧洲的大多数桑属种类灭绝，仅东亚20°N~40°N 山区的大多数桑属种类得以存活下来，成为现代桑属集中分布和分化的地区(陈仁芳，2010)。

孢粉是植物系统发育过程中较保守和稳定的器官，其形态和结构由基因控制，受外界环境条件的影响小，携带有大量的演化信息并可以被广泛应用于植物进化趋势的推断(王开发和王宪曾，1983；李晓磊等，2008；胡德昌等，2012)。一般来说，孢粉的形状是由大型向小型、长球形向近球形至球形再至扁球形(即极轴长与赤道轴长的比值由大到小)方向演化，而其外壁纹饰则由突起向平滑方向演化(Walker，1974)。陈仁芳(2010)对桑属10 个种和 1 个变种的花粉形态学特征进行研究后发现，鲁桑、白桑和广东桑花粉的体积和极轴长与赤道轴长的比值都较大，属原始型，而鸡桑和山桑花粉的体积和极轴长与赤道轴长的比值都较小，属进化型。这一结果也基本支持了短花柱属原始型、长花柱属进化型的桑属分类系统的结论。此外，除从形态学水平的比较外，分子生物学的一些分子标记技术，如微卫星技术［简单重复序列(SSR)和简单重复序列间区(ISSR)］、随机扩增多态性DNA(RAPD)、核 rDNA 的内转录间隔区(ITS)、18S rDNA、叶绿体基因组(cpDNA)等，能够从分子水平上解释生物进化的机制并通过构建系统发育树的方式来探讨物种间或种群间的发育系统关系，从而能更全面、深入地分析和探讨植物的遗传演化过程。例如，赵卫国等(2000)对桑属 12 个种 3 个变种共 44 份材料的遗传背景进行分析，认为与栽培桑树种相比，野生桑树种均存在遗传差异且亲缘关系远，其中蒙桑与栽培桑的亲缘关系最近，长穗桑和长果桑次之，而黑桑则相距较远。此外，赵卫国等(2004)还对桑属 9 个种 3 个变种的 ITS 序列进行了聚类分析，结果显示蒙桑与其他桑种的亲缘关系最远。

1.2　桑树的地理分布

桑属(*Morus*)植物资源的自然分布十分广泛，适宜生长在温暖的地方。除欧洲外，其他各大洲均有天然桑属植物的种群分布。桑属植物在全世界约有 30 个种，10 个变种，主要分布在亚洲大陆东部(中国、朝鲜、日本)、南部和西部(印度半岛、泰国、喜马拉雅地区、阿富汗、伊朗、阿曼、高加索地区、亚美尼亚)，大洋洲，非洲的西南部(尼日利亚、喀麦隆、刚果)、苏丹南部、马达加斯加岛，美洲大陆的北美南部、中部、南美西部的哥伦比亚和秘鲁等地(杨光伟，2003)。我国是桑蚕生产的起源地，也是世界桑树资源的分布中心，桑树种质资源分属于 15 个桑种和 3 个变种，是世界上桑树种类最多的国家。其中常见的栽培品种有鲁桑、白桑、广东桑、瑞穗桑等；野生桑品种有长穗桑、长果桑、黑桑、华桑、细齿桑、蒙桑、山桑、川桑、唐鬼桑、滇桑、鸡桑等；变种有鬼桑(蒙桑的变种)、大叶桑(白桑的变种)、垂枝桑(白桑的变种)。桑树资源的分布面积也非常广阔，主要分布在长江以南各省，西北的新疆、东北的黑龙江也有分布。

1.3　桑树的生物学特性

桑(*Morus alba* L.)属桑科(Moraceae)桑属(*Morus*)，为常见的雌雄异株植物。落叶阔叶乔木或灌木，高 3～10 m 或更高(韩世玉，2006)。树皮厚，灰色，具不规则浅纵裂；冬芽红褐色，芽鳞呈覆瓦状排列，小枝具柔软细毛；叶片革质，卵形或广卵形，单叶互生，不分裂或掌状分裂，基部圆形至浅心形，边缘具钝锯齿，上表面呈鲜绿色，光滑无毛，下表面叶脉有疏毛；花单性，雄花为柔荑花序，密被白色柔毛，花被片淡绿色，宽椭圆形，花药 2 室，球形至肾形，纵裂；雌花为穗状花序，花柱延长，柱头 2 裂，花被片倒卵形，果实成熟时，萼片变成肥厚肉质包被于瘦果外面，整个雌花序发育成聚花果。4～5 月开花，5～8 月结果(《中国植物志》编辑委员会，1998)。

1.4　桑树的基本生长环境

桑树是喜光阔叶树种，性喜温暖湿润，稍耐阴。原产于我国中部，现南北各地广泛栽培，朝鲜、蒙古、日本、俄罗斯、印度、欧洲及北美也有栽培(《中国植物志》编辑委员会，1998)。一般分布在海拔 1200 m 以下，西部可达 1500 m。20～30 ℃为最适生长温度，对土壤适应性强，适生于土壤深厚、肥沃、透气性良好、持水量为 70%～80% 的壤土和砂壤土中，在 pH 为 6.5～8.5 的土壤上也能正常生长。根系发达，对干、温、热、寒等不良环境有一定的抵抗能力(吴惠就，1982)。

第2章 增温和升高 CO_2 浓度对桑树雌雄幼苗的影响

2.1 引　言

全球气候变化与人类的经济生活、农林牧业生产、生存环境,以及自然资源等息息相关(蒋有绪,1992)。自 18 世纪 60 年代以来,由于人类活动和自然因素的影响,大气 CO_2 浓度已从 280 ppm①增加到 20 世纪末的 365 ppm,且以每年大约 115 ppm 的速率增加(图 2-1)。而联合国政府间气候变化专门委员会(Intergovernmental Panel on Climate Change,IPCC)第六次评估数据显示,随着 CO_2 及其他温室气体(甲烷、氧化亚氮、氯氟烃)浓度的升高,全球升温预计将达到或超过 1.5 ℃。在考虑所有排放情景下,至少到 21 世纪中叶,全球地表温度将继续升高。除非在未来几十年内大幅减少 CO_2 和其他温室气体排放,否则 21 世纪升温将超过 1.5 ℃或 2 ℃(IPCC,2021)。作为影响植物生长和发育的两个关键因子,温度和 CO_2 浓度的升高会直接影响到植物能量代谢和物质转化,导致光合产物在植物体内的积累和分配发生变化,进而影响植物的生长发育。因此,近年来针对温度和 CO_2 浓度对植物生长发育影响的研究越来越受到植物生态学家的重视。

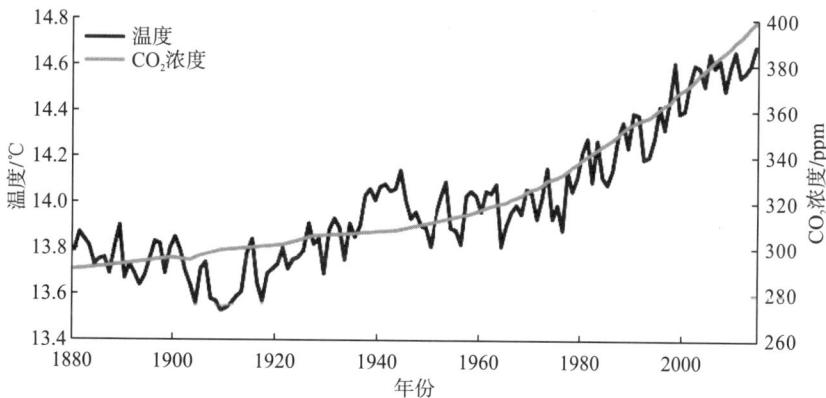

图 2-1　全球大气 CO_2 浓度和温度的变化趋势(引自 NOAA)

---

① 1 ppm=1 $\mu mol \cdot mol^{-1}$

大气温度和 CO_2 浓度的变化会直接或间接地影响植物的生理过程、生长和生物量分配（Aerts et al.，2006；Cai and Dang，2002）。然而，不同种类植物生长的最适温度和 CO_2 浓度不同，因而它们对温度和 CO_2 浓度升高的响应也存在较大差异。许多研究表明，温度和 CO_2 浓度升高会促进植物生长发育。例如，韩超（2008）研究发现，在增温条件下，云杉（*Picea asperata*）种子的萌发速率、萌发比率及植株高度均显著增加；Allen 等（2000）发现升高 CO_2 浓度会增加火炬松（*Pinus taeda*）的凋落物和细根的量；Norby 等（2003）发现，增温 4 ℃ 和 CO_2 浓度升高 300 $\mu mol \cdot mol^{-1}$ 将导致美国红枫（*Acer rubrum*）和红橡树（*Quercus rubra*）的展叶时间显著提前。然而，另一些研究却显示了相反的趋势。例如，升高 CO_2 浓度会导致北美云杉（*Picea sitchensis*）春季芽的发育延迟（Murray et al.，1994），极端温度（45 ℃）下升高 CO_2 浓度会引起条纹槭（*Acer pensylvanicum*）的生物量显著降低（Bassow et al.，1994）。温度和 CO_2 浓度升高除了对植物生长发育和生物量积累有显著影响外，对矿质营养的吸收和分配也有影响。一般而言，在环境或资源受限的条件下，植物会分配更多的生物量到叶和茎，使植株径向生长大于横向生长以便充分利用光能，或者植物将更多的有机碳分配到根部，以提高根系对养分和水分的吸收能力（Way and Oren，2010）。例如，侯颖等（2008a，2008b）利用封顶式生长系统对红桦（*Betula albosinensis*）幼苗进行短期人工增温和升高 CO_2 浓度实验后发现，增温和升高 CO_2 浓度及其交互作用使红桦幼苗的叶、枝、茎和根器官中的氮分配比例发生了显著变化，推测可能是增温和升高 CO_2 浓度对红桦幼苗的生理生化特性产生了影响。

植物光合作用和呼吸作用作为植物物质生产的基本代谢过程，研究植物叶片尺度上的光合作用和呼吸作用对温度与 CO_2 浓度升高的响应，是探究全球气候变暖对陆地生态系统影响的主要途径和方法（Maherali and DeLucia，2001）。目前，关于温度和 CO_2 浓度升高对植物光合作用的影响在国内外已有较多报道。一些研究表明，适当增温有利于植物叶绿素的合成进而提高植物光合速率（Aiken and Smucker，1996；Yin et al.，2008）。例如，Idso（1995）发现酸橙（*Citrus aurantium*）叶温从 31 ℃ 提升至 45 ℃ 时，叶片的净光合速率提升了 75%～200%。还有研究表明，高温和升高 CO_2 浓度的联合作用也能提高植物叶片的净光合速率。例如，Hamerlynck 等（2000）在对多年生石炭酸灌木（*Larrea tridentata*）进行高温和 CO_2 增倍实验后发现，其叶片的净光合速率显著提升；Rey 和 Jarvis（1998）利用人工气候室研究垂枝桦（*Betula pendula*）幼苗的光合作用机制时也发现了高温条件下升高 CO_2 浓度可以提升叶片的净光合速率，这一结论也得到了范桂枝和蔡庆生（2005）和林伟宏（1998）等的支持。同样，植物的呼吸作用也受到外界环境的影响。例如，Way 和 Oren（2010）的综述表明木本植物的呼吸作用对高温的适应性响应能力大于光合作用，会加快植物对碳的同化速率而不是碳的损失。Tjoelker 等（1999）对美洲山杨（*Populus tremuloides*）、白桦（*Betula platyphylla*）、落叶松（*Larix gmelinii*）、北美短叶松（*Pinus banksiana*）和黑云杉（*Picea mariana*）等物种进行温度和 CO_2 浓度升高的生长实验后发现，植株的呼吸速率与相对生长速率呈线性相关，CO_2 浓度升高短期内不会抑制植物的呼吸作用，但植物长期生长在高 CO_2 浓度环境下会导致叶片氮含量降低和非结构性化合物含量升高，进而对植物的暗呼吸速率产生影响。这也与 Lewis 等（2011）、Zhao 等（2012a，2012b）及 Markelz（2013）的研究报道相一致。

此外,人们还发现温度和 CO_2 浓度对植物的性别分化也有重要影响。例如,曹宗巽等(1957)的研究表明,高浓度的 CO_2 会抑制植物呼吸作用,如黄瓜(*Cucumis sativus*)呼吸作用受到抑制时,植株将产生更多的雌花;Wang(2005)发现,升高 CO_2 浓度后,叉枝蝇子草(*Silene latifolia*)种子萌发的后代会更加偏向于雌株。还有一些研究表明,CO_2 浓度可以调节植物的内源激素含量及比值。例如,李雪梅等(2007)研究发现,升高 CO_2 浓度会使银杏(*Ginkgo biloba*)叶片的生长素和玉米素含量显著增加,脱落酸含量显著降低,赤霉素的峰值提前出现。前人对植物内源激素与性别分化机制的研究成果(陈学好等,2002;陈书燕和安黎哲,2004;杨同文和李潮海,2012)表明,大气中 CO_2 浓度的升高也可能通过影响植物的内源激素而导致其性比和繁育器官发生变化。此外,温度对植株的性别分化也具有显著影响。例如,高温有助于黄瓜雄花的分化,而低温则有利于雌花的发育(时秋香,2009);在温度较低的夜晚,黄瓜雌株花朵的数量会显著大于雄株(Ito and Saito,1958;Galun,1962);不论日照长短和内源激素含量差异,高温无菌条件下培养的黄瓜雄株花朵的数量最终都占据绝对优势(汪本里和曹宗巽,1963)。类似的表达机制在某些品种的南瓜中也被发现,当温度降低到 10 ℃左右,尤其是夜晚的低温将促进南瓜雌花形成,若夜晚的低温与白昼的 8 h日照相结合,则南瓜的雌花数量占据绝对优势(Ali et al.,1970)。

然而,现有的研究工作大部分是基于雌雄同株植物展开的。在植物界 30 多万种被子植物中,还有约 6%为雌雄异株植物(尹春英和李春阳,2007;Renner,2014)。作为陆地生态系统的重要组成部分,该类植物近年来已经引起国内外学者的关注。一些研究表明,雄株比雌株拥有更低的气孔导度、蒸腾速率、净碳积累量、叶内 CO_2 浓度及 $\delta^{13}C$值(Dawson and Ehleringer,1993),在湿润、肥沃和较低土温的条件下雌株生长发育较好,而雄株则对干旱、贫瘠和较高土温环境有较好的适应能力(Dawson and Bliss,1989;Ward et al.,2002)。此外,温度和 CO_2 浓度等环境因子对雌雄异株植物的生长发育也具有显著影响,例如,Xu 等(2008a,2008b)发现增温有利于青杨(*Populus cathayana*)雌株地上生物量的积累和分配,而升高 CO_2 浓度则有利于青杨雄株叶片生物量的增加,且高温下青杨性别之间的生理响应差异与土壤的水分含量有关(Liu et al.,2020)。Jones等(1999)发现,增温和升高 CO_2 浓度的交互作用对北极柳(*Salix arctica*)雄株的净同化作用有显著影响,而对雌株的净同化作用没有影响。桑树作为我国蚕桑业主要的经济树种,开展其雌雄植株对增温和升高 CO_2 浓度响应的研究,既可为预测未来气候背景下雌雄异株植物性别间的响应差异提供科学依据,也能为我国桑树种质资源的选育和利用提供参考。

2.2　实　验　方　法

2.2.1　实验设计和实验地概况

供试桑树幼苗来源于四川省农业科学院蚕业研究所桑树科研实验基地(位于四川省南充市)。2013 年 3 月初,按照性别分别选择 28 株粗细、长势基本一致,苗龄为 1 a 的雌雄幼苗,并从距根部 10 cm 处截断茎干后移栽到盛有均质土壤的 20 L 塑料盆内,每盆土壤10 kg。对每株植株留存茎干上刚萌生的侧枝芽进行摘除处理,使茎干上的侧枝芽数保留 1枝,重复数量为 7 株。实验采用 3 因素完全随机设计:2 性别(雄、雌)×2 温度(↑0 ℃、↑2 ℃)×2CO$_2$ 浓度(↑0 ppm、↑300 ppm)。实验持续时间为 2013 年 7 月 1 日至 2013 年 8 月31 日。单枝处理(每株保留 1 枝)雌雄各 28 株,其中雌雄各 7 株,生长于增温 0 ℃的开顶式生长室(opened-top chamber,OTC)中作为对照;另外雌雄各 7 株,生长于只增温 2 ℃的人工气候室中;还有雌雄各 7 株生长在增温 0 ℃和升高 CO$_2$ 浓度的人工气候室中;剩余雌雄各 7 株,生长于同时增温 2 ℃和升高 CO$_2$ 浓度的人工气候室中。实验地位于西华师范大学实验基地(30°35′N～31°51′N,105°27′E～106°28′E),属典型的亚热带湿润性季风气候,年降水量约为 1065 mm,相对湿度为 76%～86%,日照时数为 1980 h/a,年均气温为 16.8 ℃(Chen et al.,2016)。

增温和 CO$_2$ 浓度升高对桑树繁育器官影响的实验以苗龄为 1 a 的雌雄同株扦插苗(品种为'湖桑 39 号')为实验对象,根据幼苗的基径和高度,选取外部形态及长势一致的幼苗,移栽到盛有砂土的 10 L 塑料花盆(规格 30 cm×24 cm)中。土壤取自西华师范大学生命科学学院实验地,土壤质地为紫色土,土与砂的比例为 1∶1(体积比),于荫处缓苗一周后移至开顶式生长室。实验设计为:增温 0 ℃+CO$_2$ 升高 0 ppm(CK)、增温 2 ℃+CO$_2$ 升高0 ppm(ET)、增温 0 ℃+CO$_2$ 升高 300 ppm(EC)以及增温 2 ℃+CO$_2$ 升高 300 ppm(ETC)4种处理,每室 8 盆植株,实验持续时间为 2016 年 10 月至 2017 年 4 月。在整个实验过程中,为尽量降低每棵植株微环境异质性的差异,采用 2000 mL 烧杯进行定时定量浇水,同时每隔 1 周对每个人工气候室中的花盆位置进行互换。

2.2.2　开顶式生长室及控温和控 CO$_2$ 浓度效果

本实验使用的开顶式生长室为正八边形圆柱体,底面积约 9 m^2,高 3 m。四周和顶部分别由钢化玻璃、聚碳酸酯塑料等材料组成,透光率可达 90%以上。温室内安装有空调、风扇、电加热管、温湿度计及 CO$_2$ 传感器等设备,每 2 min 读取一次室内温度、湿度及 CO$_2$ 浓度值,并通过设置于室内的中控系统传输至远程计算机,实现对室内植株生长环境的实时监测。同时,还可通过计算机的程序设定,将室内记录的数据与实验设置数据进行比较,运用室内配置的自动增温、冷却和 CO$_2$ 换气系统进行自动调节(见附图)。

从图 2-2 可知，处理室和对照室内的平均温度分别为 29.9 ℃ 和 28.0 ℃，处理室温度表现出随对照室温度变化而波动的现象，但总体上两者的温差在不同日期均比较稳定，其平均温差值为 1.9 ℃（控制值为 2.0 ℃），开顶式生长室增温效果明显。

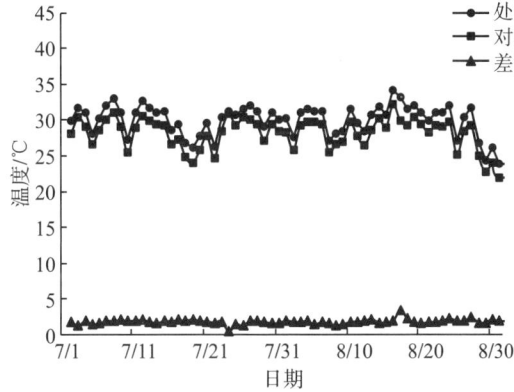

图 2-2　开顶式生长室增温效果的平均值和差值

从图 2-3 可知，对照室内 CO_2 浓度在不同日期内均在 390 ppm 左右小幅波动，而处理室内 CO_2 浓度则表现出随对照室 CO_2 浓度变化而波动的现象，平均值在 700 ppm 左右。CO_2 浓度值增加稳定，平均增加值达到 310 ppm（控制值为 300 ppm），开顶式生长室对 CO_2 浓度的升高作用同样显著。

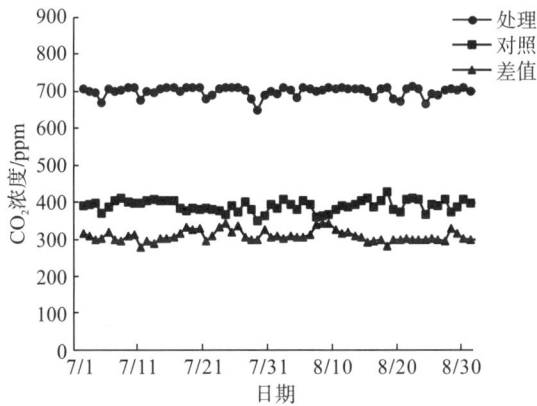

图 2-3　开顶式生长室升高 CO_2 浓度的平均值和差值

2.2.3　测量指标

1）生长和形态指标测定

在植株生长期间，从 2013 年 7 月 1 日至 8 月 31 日对植株的株高、叶片数和基径进行统计，间隔时间为 10 d。实验处理结束后，将各植株按叶、枝和根分离，并测量每株总叶片数和株高。同时，用游标卡尺和 LI-3000C 便携式叶面积仪(LI-COR 公司，美国)对植株的基径、总叶面积进行测量。随后将叶(含脱落叶)、茎和根分别洗净，置于 70 ℃恒温烘箱烘干至恒重后，称重。然后计算不同处理下的叶生物量、茎生物量、根生物量、地上生物量和总生物量，并计算出根冠比(root/shoot ratio，RSR)、根重比(root/weight ratio，RWR)、茎重比(shoot/weight ratio，SWR)、叶重比(leaf/weight ratio，LWR)和比叶面积(specific leaf area，SLA)。

2)叶绿素荧光参数

荧光参数测定在增温和升高 CO_2 浓度及交互胁迫处理 30 d 后进行。于 2013 年 7 月 28 日，在对照和处理组中，分别选择长势接近的雌雄桑树幼苗各 5 株，用便携式叶绿素荧光成像仪(Imaging-PAM，WALZ 公司，德国)测定顶端向下数第 4～6 位成熟叶片的初始荧光值 (F_0) 和暗适应下最大荧光值 (F_m)。叶绿素荧光参数按照 Brugnoli 和 Björkman(1992)所描述的方法进行测定，将叶片暗适应 20 min 后放到磁性叶夹上进行实验，先用弱测量光测定叶片的 F_0，随后给一个等级为 12 级的饱和脉冲(10000 μmol·m^{-2}·s^{-1}，脉冲时间 0.6 s)，测定 F_m。荧光参数的测定时间为晴天夜晚(20:00～22:00)。测定指标包括 PSII 最大光化学量子产量 [$F_v/F_m=(F_m-F_0)/F_m$]、光合量子产量(Yield)、光化学淬灭系数(qP)、非光化学淬灭系数(qN)和非光化学淬灭系数(NPQ)(表 2-1)。

表 2-1 叶绿素各项荧光参数及其含义(陈雷，2009)

荧光参数	含义
F_0	初始荧光值
F_v	最大可变荧光，$F_v=F_m-F_0$，是开放的 PSII 反应中心捕获激发能的效率。它反映光合作用中 PSII 原初电子受体 Q_A 的氧化还原状态和其他可能耗散能量的途径
F_m	暗适应下最大荧光值
F_m'	光适应下最大荧光值
F_s	光适应下的实际荧光
F_v/F_m	PSII 最大光化学量子产量，是最大的 PSII 原初光能转化效率。在非胁迫条件下变化很小，但在胁迫下，变化很大
Yield	Yield=$(F_m'-F_s)/F_m'$，即任一光照状态下 PSII 的实际量子产量(实际光合能力、实际光合效率)
F_v/F_0	PSII 的潜在光能活性
F_m/F_0	通过 PSII 的电子传递情况
qP	qP=$(F_m'-F_s)/F_v'$，即由光合作用引起的荧光淬灭，反映了光合活性的高低
qN	qN=$(F_v-F_v')/F_v$，即植物耗散过剩光能为热的能力，反映了植物的光保护能力
NPQ	NPQ=$(F_m-F_m')/F_m$，即植物耗散过剩光能为热的能力，反映了植物的光保护能力

3)抗氧化酶活性

实验结束后，分别选取 7 株不同处理下的雌雄株成熟叶片(叶龄一致)，进行过氧化物酶(POD)、过氧化氢酶(CAT)、超氧化物歧化酶(SOD)活性测定。

POD 和 CAT 测定采用愈创木酚法(Cakmak and Horst,1991),将每分钟 OD_{470} 和 OD_{240} 降低 0.01 定义为一个酶活力单位。酶提取方法如下:分别取 0.3 g 新鲜叶片于预冷研钵中,加入 6 mL 预冷提取缓冲液〔磷酸缓冲液,pH 7.0,并含乙二胺四乙酸(EDTA)1 mmol·L^{-1} 和 1%聚乙烯吡咯烷酮(PVP)〕研磨成匀浆。匀浆在 4 ℃条件下,$4000g$ 离心 15 min,取上清液测定。酶测定方法如下:取 80 μL 酶液,分别加入 3 mL 反应液(300 mL pH 7.0 磷酸缓冲液,1.704 mL H_2O_2,168 μL 愈创木酚混合液),分别读取 470 nm 处吸光度在 3 min 内每 10 s 的变化。以每分钟内 OD_{470} 变化 0.01 为 1 个 POD 活力单位(U)。CAT 在 240 nm 波长条件下测定,方法同上。

POD 和 CAT 活性计算公式如下:

$$POD 活性(U·min^{-1}·g^{-1}F_W)=(\Delta OD_{470}\times V_T)/(W\times V_S\times 0.01\times t)$$
$$CAT 活性(U·min^{-1}·g^{-1}F_W)=(\Delta OD_{240}\times V_T)/(W\times V_S\times 0.01\times t)$$

式中,ΔOD_{470}、ΔOD_{240} 分别为 POD 和 CAT 反应时间内吸光度变化;W 为植物叶片鲜重,g;V_S 为测定时所取样品提取液体积,mL;V_T 为提取酶液总体积,mL;t 为反应时间,min。

SOD 活性测定按照 Schickler 和 Caspi(1999)的方法。采用氮蓝四唑(NBT)比色法。酶提取方法如下:取 0.3 g 新鲜叶片于预冷研钵中,加入 6 mL 预冷提取缓冲液(pH 7.8 磷酸缓冲液,1 mmol·L^{-1}EDTA 和 1%PVP 混合液)后研磨成匀浆,于 4 ℃条件下离心 15 min(4000 g),取上清液测定。酶测定方法如下:在待测试管中依次加入 pH7.8 磷酸缓冲液 1.5 mL、50 mmol·L^{-1} 甲硫氨酸(Met)溶液 0.3 mL、750 μmol·L^{-1} NBT 溶液 0.6 mL、100 μmol·L^{-1} EDTA 溶液 0.3 mL、20 mmol·L^{-1} 核黄素 0.3 mL、上清液 0.1 mL、蒸馏水 0.5 mL,在对照管中用蒸馏水代替上清液,将加入的溶液混匀后,将一支对照管用锡箔纸包裹以遮光,其他各管置于自然光下反应 30 min。反应结束后,所有材料均避光保存,以遮光对照管作为空白调零,在 560 nm 波长下测定溶液的吸光度。SOD 活性以抑制 NBT 光氧化还原50%的酶含量为一个酶活力单位。

SOD 活性的计算公式如下:

$$SOD 活性(U·h^{-1}·g^{-1}F_W)=(D_{CK}-D_E)\times V_T/(0.5\times D_{CK}\times W\times V_S)$$

式中,D_{CK} 为照光对照管的吸光度;D_E 为样品管的吸光度;V_T 为样品液总体积,mL;W 为植物叶片鲜重,g;V_S 为测定时所取样品提取液体积,mL。

4)丙二醛含量测定

根据硫代巴比妥酸(TBA)比色法(Dhindsa et al.,1982),精确称取新鲜叶片 0.3 g,加入 6 mL 10%三氯乙酸(TCA)研磨成匀浆,$4000g$ 离心 10 min,取上清液待测。取上清液 2 mL,加入 2 mL 0.6% TBA 溶液,混匀后沸水浴 15 min,迅速冷却后再离心 10 min。取上清液,测定在 532 nm、600 nm 和 450 nm 波长处的吸光度 OD_{532}、OD_{600} 和 OD_{450}。

样品液丙二醛(MDA)浓度(C_{MDA})计算公式如下:

$$C_{MDA}=6.45\times(OD_{532}-OD_{600})-0.56\times OD_{450}$$

样品 MDA 含量计算公式如下:

$$MDA 含量(μmol·g^{-1}F_W)=C_{MDA}\times V_T/F_W\times 1000$$

式中,C_{MDA} 为样品液 MDA 含量;V_T 为提取液总体积,mL;F_W 为叶片鲜重,g。

5）可溶性蛋白含量测定

采用考马斯亮蓝法进行可溶性蛋白（Pr）含量测定（周祖富和黎兆安，2005）。上清液提取方法与 SOD 方法相同。吸取样品上清液 0.1 mL，加入考马斯亮蓝 G-250 试剂 5 mL，同样环境下放置 5 min，在 595 nm 波长下测定样品吸光度，并通过标准曲线查得样品中可溶性蛋白含量。

样品可溶性蛋白含量计算公式如下：

$$可溶性蛋白含量（\mu g \cdot g^{-1}）=(C \times V_T)/(F_W \times V_t)$$

式中，C 为标准曲线下的蛋白质含量，μg；V_T 为提取液总体积，mL；V_t 为测定时反应液体积，mL；F_W 为叶片鲜重，g。

6）叶片品质

桑树幼苗的叶片品质测定在实验结束后进行。将不同处理下的叶片研磨成粉状并过筛（100 目），送至西南大学资源环境学院土地资源重点实验室，进行粗蛋白（凯氏蒸馏法）、粗脂肪（索氏提取-脱脂残余法）、粗纤维（酸性洗涤剂法）、可溶性总糖（茚三酮比色法）和总氨基酸（茚三酮比色法）含量测定。

7）花期和花序的数量

在桑树的花期，分别从对照、增温 2 ℃、CO_2 浓度升高及交互处理组中各选择 4 棵性别分化正常、长势良好的代表性植株进行观测，并在每棵植株中部的不同方向，随机选取雌雄花序各 5 个用马克笔标记，仔细观察其开花习性，并记录其花期长度（25%～75%花朵的开放时间）；处理组和对照组开花后，详细记录每棵植株的花序数量，直至不再产生新的花序为止。

8）花序的生殖生物量

处理组和对照组开花后，隔天观察，待至开花末期（75%花朵开放）及时剪下花序，做好标记，用 0.0001 g 的电子天平称取花序鲜重，然后将其放置于 70 ℃烘箱中烘干 48 h 至恒重，待整株植株不再产生新的花序为止。最后计算雌雄花序的总生物量、植株的生殖生物量、雌雄花序的单花生物量。

9）花序的形态

采样于上午 8:30～9:30 进行，用于形态指标测定的雌雄花序均为盛花期（小花盛开比例达到花序的 50%），其中用于测定雄花各项指标的花药处于绿色发黄即将崩裂的状态。各处理各选 4 棵植株，每株选测采自中部不同方向的雌雄花序各 5 个。利用游标卡尺（精确到 0.01 mm）测定花序长、花序轴长、轴径。花药大小（花药长×花药宽）、花被片大小（花被片长×花被片宽）、子房大小（子房长×子房宽）、柱头长、柱头宽均采用体视显微镜［SMZ-168-TL，Motic（厦门）电子有限公司］测量，其中花药、子房及花被片大小测定部位取长宽相互垂直的最大处。同时将雌雄花序上解剖下来的每朵单花用小信封装好，置于 105 ℃中杀青 1 h，60 ℃烘干至恒重。再用 0.0001 g 的电子天平测定其花序和单花的生物量。

10) 花序的内源激素

每个处理组中选取具有代表性的 3 棵植株，于上午 8:30～9:30 剪取植株中部外侧处于盛花期(小花盛开比例达到花序的 50%)的雌雄花序，用于测定其内源激素的含量。然后用 0.0001 g 电子天平准确称取 0.3 g，再用锡箔纸包裹好，液氮速冻 15 min 后装入 5 mL 离心管中，最后用干冰盒包装寄送至中国农业大学农学院，采用酶联免疫法(An and Carmichael，1994)测定其内源激素(生长素、赤霉素、脱落酸、油菜素内酯、玉米素核苷)含量。

11) 花序的矿质元素含量

采样于上午 8:30～9:30 进行，待至开花末期(75%花朵开放)及时剪下花序。将剪下的雌雄花序做好标记，分别装入信封袋中，置于 70 ℃烘箱中烘干至恒重，直至不再产生新的花序为止。然后将每个处理组的雌雄花序各自混匀后研磨成粉状，过 40 目筛，送至中国科学院、水利部成都山地灾害与环境研究所测定其全 C、N、P、K 含量。其中全 C 和全 N 含量采用元素分析仪(Elementa，德国)测定，全 P 和全 K 含量采用电感耦合等离子发射光谱仪［ICP-OES，安捷伦科技(中国)有限公司］测定。

2.2.4　统计方法

用 SPSS19.0 软件进行平均值间单因素方差分析(one-way ANOVA)，同时，采用一般线性模型进行性别、温度和 CO₂ 处理下的三因素方差分析(three-way ANOVA)。组间平均值比较采用最小显著差异法(LSD)或邓肯(Duncan)多重比较检验，元素含量与花序数量及形态特征之间的相关性采用皮尔逊(Pearson)相关分析，显著水平设定为 $\alpha=0.05$。

2.3　增温和升高 CO₂ 浓度对幼苗生长的影响

2.3.1　对幼苗形态的影响

实验结果表明，增温和升高 CO₂ 浓度及二者交互作用对桑树雌雄幼苗的形态生长具有促进作用。与对照组相比，在增温和升高 CO₂ 浓度的交互作用下，桑树雌雄幼苗叶片数、株高、基径、总叶面积均明显增加。同时，在增温和升高 CO₂ 浓度的交互作用下，雌雄幼苗的叶片数、基径和总叶面积表现出显著的性别差异，且雄株明显大于雌株。然而，在增温 2 ℃或升高 CO₂ 浓度单独处理后，雌雄幼苗性别间差异不明显(除升高 CO₂ 浓度下的基径外)(表 2-2)。增温和升高 CO₂ 浓度及交互作用显著影响了桑树幼苗生物量积累。与对照相比，在增温和升高 CO₂ 浓度的交互作用下，桑树幼苗叶生物量、根生物量及总生物量增加明显，而对茎生物量的影响不显著。此外，在增温和升高 CO₂ 浓度交互作用下，雄株的根生物量显著高于雌株(表 2-3)。

表 2-2　增温和升高 CO_2 浓度及其交互作用对桑树雌雄幼苗形态的影响

组别	性别	叶片数	株高/cm	基径/mm	总叶面积/cm²	相对含水量/%
CK	F	34.14±1.28cd	122.66±8.93bc	10.91±0.57de	4033.85±506.85d	2.30±0.25abc
CK	M	35.86±2.41cd	131.16±5.82abc	11.11±0.45cde	4461.20±164.39cd	2.73±0.28ab
↑2 ℃	F	42.57±1.84b	140.04±3.29ab	12.53±0.39bc	5656.62±292.75b	1.25±0.24c
↑2 ℃	M	39.57±1.51bc	128.79±4.90abc	12.47±0.55bc	5488.21±267.47b	2.40±0.28abc
↑CO_2	F	32.29±2.08d	118.69±6.44c	10.15±0.39e	3886.96±302.04d	1.83±0.38bc
↑CO_2	M	36.71±1.57cd	130.91±2.63abc	12.09±0.37bcd	4987.50±200.12cd	2.65±0.44ab
↑2 ℃+CO_2	F	42.43±1.90b	144.00±6.41a	12.71±0.65b	5489.99±175.37b	3.04±0.50ab
↑2 ℃+CO_2	M	49.57±1.86a	144.43±5.35a	14.56±0.42a	6573.71±265.24a	3.43±0.75a
	$P>F_S$	0.170ns	0.588ns	0.034*	0.040*	0.033*
	$P>F_T$	0.000***	0.002**	0.000***	0.000***	0.645ns
	$P>F_C$	0.238ns	0.399ns	0.187ns	0.282ns	0.083ns
P	$P>F_{S×T}$	0.729ns	0.059ns	0.818ns	0.479ns	0.816ns
	$P>F_{S×C}$	0.081ns	0.402ns	0.041*	0.097ns	0.769ns
	$P>F_{T×C}$	0.058ns	0.155ns	0.180ns	0.554ns	0.008**
	$P>F_{S×T×C}$	0.159ns	0.628ns	0.910ns	0.484ns	0.338ns

注: F, 雌株; M, 雄株。测定值以平均值±标准误表示, 测定值后具有相同字母表示相互之间差异不显著(LSD)。*, $0.01<P≤0.05$; **, $0.001<P≤0.01$; ***, $P≤0.001$; ns, 无显著差异。$P>F_S$, 桑树雌雄株性别间差异的显著性概率; $P>F_T$, 增温条件下各指标差异的显著性概率; $P>F_C$, 升高 CO_2 浓度下各指标差异的显著性概率; $P>F_{S×T}$, 性别和增温交互作用下各指标差异的显著性概率; $P>F_{S×C}$, 性别和升高 CO_2 浓度交互作用下各指标差异的显著性概率; $P>F_{T×C}$, 增温和升高 CO_2 浓度交互作用下各指标差异的显著性概率; $P>F_{S×T×C}$, 性别、增温和升高 CO_2 浓度三者交互作用下各指标差异的显著性概率。

表 2-3　增温和升高 CO_2 浓度及其交互作用对桑树雌雄幼苗生物量的影响　　(单位: g)

组别	性别	叶生物量	茎生物量	叶柄生物量	根生物量	总生物量
CK	F	38.59±1.95cd	52.39±3.11abcd	1.23±0.16cd	31.10±3.00c	123.31±7.80c
CK	M	42.59±0.79bc	51.26±1.25bcd	1.17±0.06c	34.24±1.62c	129.26±2.34bc
↑2 ℃	F	45.92±1.02ab	48.85±2.95cd	1.41±0.07abc	36.41±1.04c	132.59±3.22bc
↑2 ℃	M	44.86±1.77ab	47.70±1.60d	1.37±0.05abc	32.40±2.04c	126.33±3.18bc
↑CO_2	F	37.55±2.88d	59.73±2.13a	1.58±0.07a	42.02±4.09ab	140.88±6.55ab
↑CO_2	M	44.48±1.36ab	56.86±2.32abc	1.53±0.11ab	36.41±1.08bc	139.28±4.21ab
↑2 ℃+CO_2	F	45.82±1.19ab	57.91±3.16ab	1.40±0.09abc	35.91±1.82bc	141.04±3.35ab
↑2 ℃+CO_2	M	48.93±1.40a	52.90±3.41abcd	1.46±0.14abc	45.11±2.14a	148.40±5.75a
	$P>F_S$	0.026*	0.214ns	0.762ns	0.728ns	0.730ns
	$P>F_T$	0.000***	0.115ns	0.698ns	0.439ns	0.320ns
	$P>F_C$	0.417ns	0.000***	0.008**	0.001***	0.000***
P	$P>F_{S×T}$	0.064ns	0.790ns	0.676ns	0.332ns	0.838ns
	$P>F_{S×C}$	0.214ns	0.447ns	0.714ns	0.534ns	0.662ns
	$P>F_{T×C}$	0.547ns	0.856ns	0.030*	0.901ns	0.831ns
	$P>F_{S×T×C}$	0.794ns	0.775ns	0.726ns	0.002**	0.133ns

注: 标示同表 2-2。

植物生长和形态的变化是植物适应不同环境和资源水平的重要策略。我们通过 OTC 模拟增温和升高 CO_2 浓度及其交互作用对桑树幼苗生长和生理的影响，结果发现不论是增温还是升高 CO_2 浓度或增温和升高 CO_2 浓度的交互胁迫都总体上促进了桑树幼苗的生长和生物量积累。这从测定桑树幼苗的各项生长参数，如株高、基径、叶片数、总叶面积、总生物量及各组分生物量(叶、叶柄、根)的变化等可得到验证。与对照相比，增温条件下桑树雌株幼苗的叶片数、基径、总叶面积和叶生物量显著增加，这与 Fukui(2000)发现桑树在 32 ℃时拥有最大的生物量，以及 Xu 等(2010a)发现增温条件下青杨雌株的茎生物量、根生物量、总生物量和地上与地下生物量之比显著增加的研究结果相吻合。推测这可能与增温有利于促进植株光合速率和酶促反应有关(王为民等，2000)，雌雄植株在光合速率及相关酶的含量方面具有差异(Xu et al.，2008a，2008b)，导致增温最终引起的同化物质的总量出现显著不同。另外，与对照相比，在升高 CO_2 浓度的条件下，桑树雌雄幼苗的茎生物量、根生物量和总生物量都有所增加，但增幅不大；使雌株的总生物量显著增加，表明升高 CO_2 浓度将更加有利于桑树雌株幼苗的形态生长。此外，实验还表明，在增温和升高 CO_2 浓度交互处理时对桑树雌雄植株的生长和生物量积累均有促进作用，这可能与增温和升高 CO_2 浓度改变了植物的叶面积产物和消耗(Ackerly et al.，1992；Coleman and Bazzaz，1992)，以及高浓度的 CO_2 有利于缓解高温对植物造成的负面影响有关(Lilley et al.，2001)。因此，桑树雄株幼苗的叶片数、基径、总叶面积和根生物量在增温和升高 CO_2 浓度交互作用下均显著大于雌株幼苗，说明了在未来气候变暖的背景下，桑树雄株幼苗可能比桑树雌株幼苗具有更强的适应性。

2.3.2　对幼苗生物量分配的影响

实验结果显示，增温和升高 CO_2 浓度及二者交互作用会影响桑树幼苗的生物量分配。与对照相比，增温 2 ℃显著降低了雌株的茎重比，显著增加了雌雄株的比叶面积。升高 CO_2 浓度显著增加了雌株的根冠比、根重比，显著降低了雌株的叶重比；而对雄株的生物量分配无显著影响。增温和升高 CO_2 浓度的交互作用显著增加了雌雄植株的比叶面积，并显著增加了雄株的根冠比和根重比但显著降低了其茎重比。此外，在二者交互作用下，雄株的根冠比和根重比显著高于雌株，但茎重比显著低于雌株(表 2-4)。

表 2-4　增温和升高 CO_2 浓度及其交互作用对桑树雌雄幼苗生物量分配的影响

组别	性别	根冠比	根重比	茎重比	叶重比	比叶面积/($cm^2 \cdot g^{-1}$)
CK	F	0.333±0.024c	0.247±0.014c	0.412±0.011a	0.314±0.006b	102.10±9.09d
CK	M	0.361±0.018bc	0.264±0.009bc	0.397±0.008abc	0.329±0.005ab	105.03±4.47cd
↑2 ℃	F	0.381±0.022abc	0.276±0.011abc	0.366±0.015cd	0.346±0.006ab	123.13±5.71ab
↑2 ℃	M	0.347±0.021c	0.254±0.012c	0.377±0.008bcd	0.357±0.016a	123.75±7.84ab
↑CO_2	F	0.427±0.039ab	0.294±0.018ab	0.427±0.017a	0.264±0.012c	103.73±3.37cd
↑CO_2	M	0.354±0.004c	0.263±0.001bc	0.409±0.008ab	0.319±0.007b	112.15±3.04bcd
↑2 ℃+CO_2	F	0.343±0.020c	0.256±0.011c	0.409±0.014ab	0.325±0.012b	120.11±3.98abc
↑2 ℃+CO_2	M	0.441±0.024a	0.306±0.010a	0.354±0.011d	0.331±0.008ab	134.19±2.41a

组别	性别	根冠比	根重比	茎重比	叶重比	比叶面积/(cm²·g⁻¹)
	$P > F_S$	0.789ns	0.705ns	0.028*	0.023*	0.163ns
	$P > F_T$	0.619ns	0.544ns	0.000***	0.000***	0.000***
	$P > F_C$	0.052ns	0.037*	0.459ns	0.005**	0.389ns
P	$P > F_{S \times T}$	0.149ns	0.260ns	0.872ns	0.111ns	0.827ns
	$P > F_{S \times C}$	0.669ns	0.534ns	0.184ns	0.320ns	0.309ns
	$P > F_{T \times C}$	0.668ns	0.697ns	0.819ns	0.650ns	0.932ns
	$P > F_{S \times T \times C}$	0.001***	0.001***	0.027*	0.109ns	0.609ns

注：标示同表 2-2。

　　增温和升高 CO_2 浓度对植物生物量分配模式的影响依赖于不同的生长环境、品种、生长类型，以及不同组织、器官的发育和延展速率（杨金艳等，2002），不同植物在不同环境下采取的生物量分配模式各不相同（Gunn and Farrar，1999；Wang et al.，2004）。多数研究表明，在贫瘠或胁迫环境下植株生物量将更多地向地下部分分配，而在适宜植株生存的环境中，植株的地上和地下生物量之比则不会发生显著变化（Bartelink，1998）。在本实验中，增温显著降低了桑树雌株幼苗的茎重比，而升高 CO_2 浓度则导致其根冠比和根重比显著增加，叶重比显著降低，反映出在增温或升高 CO_2 浓度的单独作用下，桑树雌株幼苗的生物量倾向于向地下根系分配，其地上部分生长受到了一定的抑制。因此，雄株幼苗在增温或升高 CO_2 浓度的单独作用下比雌株幼苗具有更好的生长优势。然而，在增温和升高 CO_2 浓度交互胁迫下，雄株幼苗的根冠比和根重比显著上升，茎重比显著降低，表明雄株幼苗地上生长优势下降。但由于在交互作用下雄株仍然具有比雌株更高的叶片数、基径和总叶面积，因而在未来高温和高 CO_2 浓度的胁迫环境中，桑树雄株幼苗可能比桑树雌株幼苗具有更大的生长潜能。本实验结果也与 Xu 等（2008a）、Chen 等（2010）、Zhao 等（2011，2012a）研究青杨雌雄植株对胁迫环境的响应差异时发现的规律相吻合。

　　比叶面积（SLA）能反映植物叶片控制和调节植物的碳同化作用和碳物质分配的状况，是评价植物叶片功能和获取外界环境资源能力的重要指标。一般而言，低 SLA 植物能更好地适应贫瘠环境，而高 SLA 植物则相反（Grime et al.，1997；Wilson et al.，1999；Zhang and Feng，2004）。然而这种变化并不是孤立的，而是与叶片干物质量、叶片含氮量、光合作用及叶片大小等共同反映植物的生长和生存对策（Garnier et al.，2001；Li et al.，2005a，2005b；Poorter and Nagel，2000）。本实验结果显示，增温显著增加了桑树的比叶面积，这意味着桑树幼苗叶面积增加速率大于其生物量增长速率。由于叶面积的增加更有利于植株进行光合作用，进而增加了生物量积累。此外，在对照、增温、升高 CO_2 浓度及增温和 CO_2 浓度交互作用的环境中，桑树雄株的比叶面积的平均值均高于雌株（尽管没有达到统计上的显著水平），这说明增温和升高 CO_2 浓度可能会更有利于雄株通过增加叶面积来提高光合能力，从而促进植株更快速地生长。该结果也和表 2-2 和表 2-3 中雌雄植株叶片面积、生物量指标方面的差异相吻合。

2.4　增温和升高 CO_2 浓度对幼苗叶绿素荧光参数的影响

叶绿素荧光参数一直是光合生理研究的热点，它不仅包含了丰富的光合作用信息，而且其特性极易随外界环境条件而发生变化，因而经常作为快速、灵敏和非破坏性地研究与探测逆境因子对植物光合作用影响的理想指标（许大全等，1992；陈雷，2009）。在本实验中，测定了增温、升高 CO_2 浓度及其二者交互条件下桑树雌雄幼苗的叶绿素荧光参数 F_v/F_m、Yield、qP 和 qN 及 NPQ。

2.4.1　对叶片 PSⅡ 最大光化学量子产量（F_v/F_m）的影响

实验结果显示，增温、升高 CO_2 浓度及二者交互作用对雌雄桑树叶片的 F_v/F_m 有一定的影响。与对照相比，增温显著增加了雌株叶片的 F_v/F_m，使雄株叶片的 F_v/F_m 有所增加但不显著。升高 CO_2 浓度及二者交互作用对雌雄叶片的 F_v/F_m 无显著性影响。在对照处理组，雄株叶片的 F_v/F_m 显著高于雌株，但在增温、升高 CO_2 浓度及其交互作用下雌雄植株间无显著差异（仅雄株平均值略高于雌株）（图 2-4）。

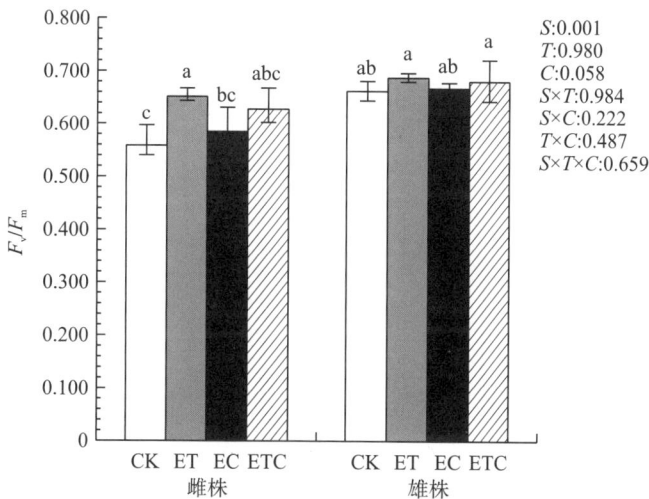

图 2-4　增温和升高 CO_2 浓度及其交互作用对桑树雌雄幼苗荧光参数 F_v/F_m 的影响

注：数值为平均值±标准误。S，性别效应；T，温度效应；C，CO_2 浓度效应；S×T，性别和增温交互效应；S×C，性别和升高 CO_2 浓度交互效应；T×C，增温和升高 CO_2 浓度交互效应；S×T×C，性别、温度和 CO_2 浓度三者交互效应。小写字母代表处理组间的差异性（Duncan 多重检验法，$P < 0.05$）。后同。

F_v/F_m 是研究植物对逆境响应的重要生理参数，反映了 PSⅡ 原初光能转换效率及 PSⅡ 潜在活性，同时也是判断植物是否发生光抑制及光合器官是否受到损伤的重要指标（Kocheva et al.，2004）。F_v/F_m 降低说明 PSⅡ 原初光能转换效率及潜在活性降低，光合电子传递受到抑制（张守仁，1999），严重的光抑制可以导致反应中心不可逆的破坏（Demmig-Adams et al.，1996）。本实验结果显示，除增温下桑树雌株幼苗的平均 F_v/F_m 达到显著升高水平外，其他不同处理下桑树雌雄幼苗的平均 F_v/F_m 虽然都略有上升，但组间差异较小，没达到统计学显著意义。由此可见，增温使得桑树雌株幼苗具有更高的光合电子传递效率和活性，在一定程度上增加了光电子能量传递占实际吸收光能的比值，有利于提高桑树雌株幼苗的光合作用效率，增强桑树雌株幼苗对环境的抵御和适应能力。Turnbull 等（1993）和吕艳伟等（2011）的研究也得到了类似的结果，增温下植物通过增大 PSII 的电子传递（F_m/F_0）来提高植物 PSII 潜在的原初光能转换效率（F_v/F_m）。

2.4.2 对叶片光合量子产量（Yield）的影响

实验结果显示，增温、升高 CO_2 浓度及二者交互作用会显著影响雌雄桑树叶片的 Yield。与对照相比，增温显著增加了雌雄植株叶片的 Yield。升高 CO_2 浓度对雌雄叶片的 Yield 有一定促进作用但未达到显著水平。增温、升高 CO_2 浓度二者交互作用显著增加了雌株叶片的 Yield。此外，尽管在各处理组中，雄株叶片的 Yield 平均值均略高于雌株，但未达到显著水平（图 2-5）。

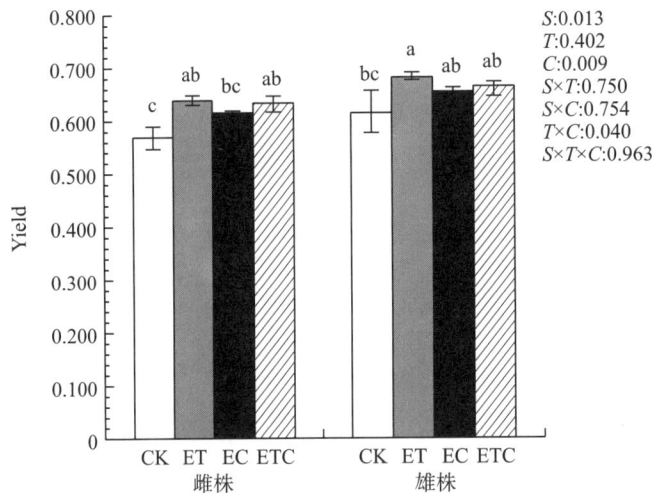

图 2-5 增温和升高 CO_2 浓度及其交互作用对桑树雌雄幼苗荧光参数 Yield 的影响

Yield 表示实际光能转化效率，反映了植物实际的细胞同化力。本实验结果表明，无论在何种条件下，桑树幼苗的 Yield 均呈现出上升趋势，尤其是增温使得桑树雌雄幼苗的 Yield 显著增大。这说明一定程度的增温不仅没有对桑树幼苗产生光抑制现象，反而有利于光合色素把捕捉到的光能以更快的速度转化为化学能，促进植株对碳的固定和同化（Scheuermann et al.，1991）。这一结果也和前述在增温、升高 CO_2 浓度及其交互作用下桑树雌雄幼苗生物量均有不同程度增加的结论相吻合。此外，本实验结果还显示，桑树雌株幼苗的 Yield 在增温和增温与升高 CO_2 浓度交互作用下均显著升高，而桑树雄株幼苗的

Yield 仅在增温条件下显著上升,这表明相比雄株幼苗,桑树雌株幼苗在增温和升高 CO_2 浓度共同作用下具有更高的 PS II 反应中心开放比例及更快的相对电子传递速率,更有利于提高桑树雌株幼苗的实际光合能力。

2.4.3　对叶片荧光淬灭系数(qP 和 qN)的影响

实验结果显示,增温、升高 CO_2 浓度及二者交互作用降低了桑树雌雄幼苗的 qP,但均未达到显著水平(图 2-6)。此外,增温显著增加了桑树雌株幼苗的 qN,并使其 qN 在增温条件下明显高于雄株(图 2-7)。

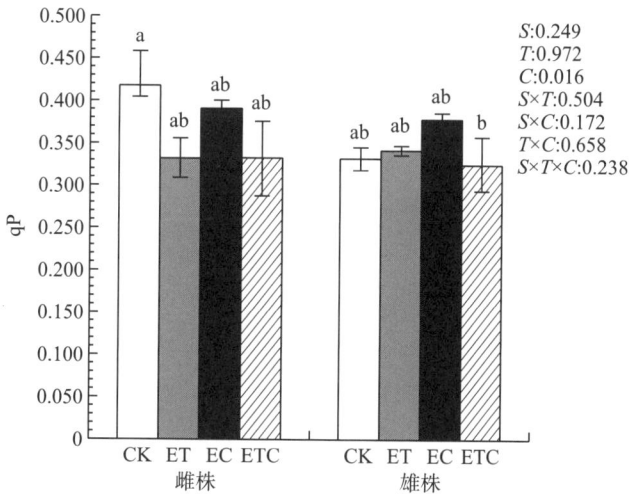

图 2-6　增温和升高 CO_2 浓度及其交互作用对桑树雌雄幼苗荧光参数 qP 的影响

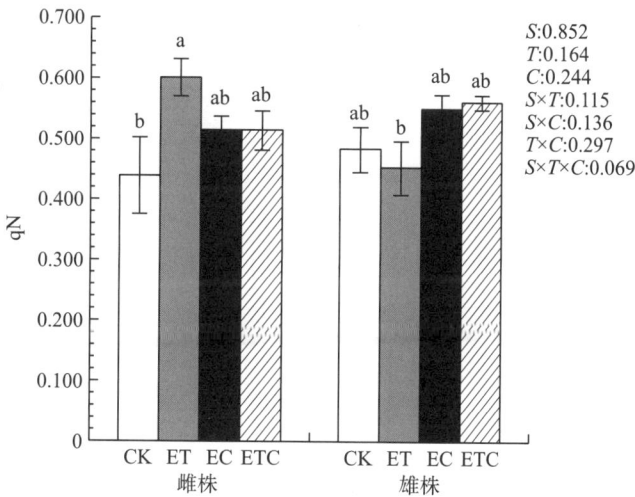

图 2-7　增温和升高 CO_2 浓度及其交互作用对桑树雌雄幼苗荧光参数 qN 的影响

叶绿素荧光淬灭是叶绿体耗散热能量的一种途径,可分为光化学淬灭(qP)和非光化学淬灭(qN)两类。其中光化学淬灭依赖于氧化态 Q_A 的存在, 并与光适应状态下全部 PSⅡ 反应中心都关闭时的 F_m' 和 F_s 有关(尤鑫等, 2008),其值越高表明该植物的光合活性越低;非光化学淬灭主要在光合量子效率调节方面起作用,反映了光能以热能形式所耗散的份额。当植物受到外界胁迫时, qP 和 qN 就会出现动态交互作用,从而有利于光合效率和 PSⅡ 的光保护(Ort, 2001)。本实验结果表明, 在增温和升高 CO_2 浓度的作用下, 桑树雌株幼苗的 qP 表现出下降趋势(图 2-6)而 qN 呈现上升趋势,但处理间差异性较小,仅在增温时雌株与对照具有显著性差异(图 2-7)。这说明不同处理下桑树雌株幼苗叶片 PSⅡ 的潜在热耗散能力较强,能在一定程度上提高植物防御光破坏的能力。增温下 qP 明显下降的现象也在花楸树(*Sorbus pohuashanensis*)的研究中有报道, 随着高温胁迫(40 ℃)时间延长,花楸树的光反应中心开放程度逐渐降低,光化学猝灭(qP)明显下降,NPQ 明显上升(彭松等, 2011)。此外,本实验还发现桑树雄株幼苗的 qP 和 qN 在不同处理间均无显著差异,说明其光保护能力较强,较少受到增温、升高 CO_2 浓度及二者交互作用的影响。

2.4.4　对叶片非光化学淬灭系数(NPQ)的影响

实验结果显示,增温、升高 CO_2 浓度及二者交互作用显著影响了桑树雌雄幼苗的 NPQ。与对照相比,增温显著增加了雌株幼苗的 NPQ,升高 CO_2 浓度及增温和升高 CO_2 浓度交互作用虽然在一定程度上增加了桑树雌雄幼苗的 NPQ,但未达到显著水平。总体来看,虽然无显著差异,但在各处理下(除增温外)雄株的 NPQ 平均值略高于雌株(图 2-8)。

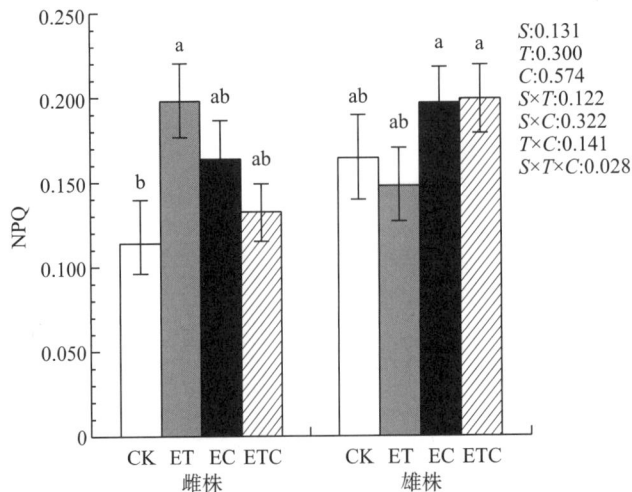

图 2-8　增温和升高 CO_2 浓度及其交互作用对桑树雌雄幼苗荧光参数 NPQ 的影响

NPQ 反映了 PS Ⅱ 光反应中心对天线色素吸收过量光能后的热耗散能力及光合器的损伤程度。张曼等(2007)在研究增温对高光强环境下蛋白核小球藻(*Chlorella pyrenoidesa*)光能利用和生长的阻抑效应时，发现增温提高了蛋白核小球藻的 NPQ，阻抑了蛋白核小球藻的光能利用和生长。另外，姜明诠(2016)还发现在高 CO_2 浓度下，刺槐(*Robinia pseudoacacia*)叶片的 NPQ 显著上升，PS Ⅱ 以热能耗散的光能增多，使正常该用于光合电子传递的吸收光能的效率下降。这些研究均表明增温和升高 CO_2 浓度对叶片的 NPQ 有显著影响。本实验也得出类似结果，无论在何种情况下，桑树雌株幼苗的 NPQ 总体呈上升趋势，且在增温时达到显著差异，同时桑树雄株幼苗的 NPQ 总体(除增温外)也表现出上升的规律。这说明不同处理对桑树雌雄幼苗的光系统有一定影响，但未造成严重损伤。植物通过加大热耗散的形式(NPQ 升高)更有利于光系统的保护。此外，实验结果还显示，增温下桑树雌株幼苗的 NPQ 平均值高于雄株，说明桑树雌株对增温 2 ℃的环境具有更好的适应能力，这也和前述雌株幼苗的 qN 高于雄株的结果相吻合。

2.5　增温和升高 CO_2 浓度对幼苗抗氧化性能、膜脂过氧化程度及渗透调节物质的影响

正常条件下，植物体内活性氧(ROS)的产生和猝灭处于动态平衡状态，不会对细胞膜造成伤害(Yuan et al.，2005)。但在遭受温度、水分、盐分、光照、强辐射和养分缺乏等逆境胁迫时，其体内会产生大量的超氧阴离子自由基($\cdot O_2^-$)、羟自由基($\cdot OH$)、过氧化氢(H_2O_2)、单线态氧($^1O_2$)及脂类化合物等活性氧物质，打破原有动态平衡，给植物的生长带来严重影响(Cai et al.，2003；Raza et al.，2007)。然而，植物在漫长的进化过程中形成了一套比较完整的抗氧化保护系统，当氧化负荷加重时，其体内的超氧化物歧化酶(SOD)、过氧化物酶(POD)、过氧化氢酶(CAT)等保护酶活性会大幅升高，抑制膜脂过氧化，从而减轻活性氧对细胞膜系统的伤害(张润花等，2006；Koca et al.，2007)。此外，渗透调节也是高等植物适应逆境胁迫的重要生理机制之一。作为渗透调节物质之一，可溶性蛋白(Pr)含量的高低可以反映植物在逆境下受胁迫的程度，高含量的 Pr 可以提高细胞液浓度，维持较低的细胞渗透势，以利于从外界继续吸收水分和保持膜结构的完整(孙存华等，2007)。

2.5.1　对抗氧化酶系统的影响

实验结果显示，增温、升高 CO_2 浓度及二者交互作用对桑树雌雄植株叶片的 POD 活性影响明显，三种处理下桑树雌雄植株叶片的 POD 活性均低于对照，其中雄株叶片的 POD 活性显著降低(图 2-9)。增温或升高 CO_2 浓度时，桑树雌雄植株叶片的 CAT 活性平均值高于对照，但未达到显著水平。在二者交互作用条件下，尽管未达到显著水平，但桑树雌雄植株叶片的 CAT 活性平均值明显高于对照(图 2-10)。此外，增温、升高 CO_2 浓度及二者交互作用对桑树雌雄植株叶片的 SOD 活性无明显影响(图 2-11)。

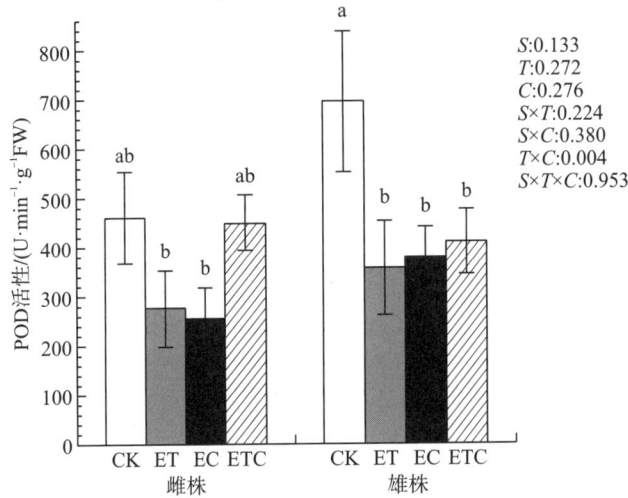

图 2-9　增温和升高 CO_2 浓度及其交互作用对桑树雌雄幼苗叶片 POD 活性的影响

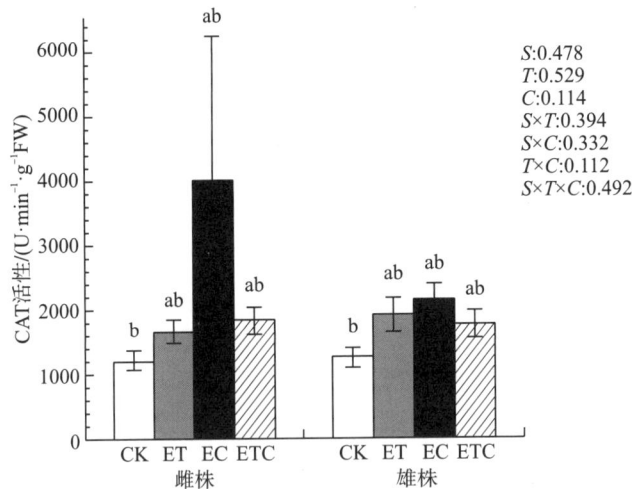

图 2-10　增温和升高 CO_2 浓度及其交互作用对桑树雌雄幼苗叶片 CAT 活性的影响

　　SOD、POD 和 CAT 是植物体内抗氧化系统的关键酶，它们相互作用达到去除植物体内活性氧的目的，其中 SOD 催化超阴离子自由基向 H_2O_2 转换，而 CAT 和 POD 催化 H_2O_2 降解，生成 O_2 和 H_2O 以减少活性氧含量。本实验结果表明，与对照相比，桑树幼苗在增温、升高 CO_2 浓度及二者交互作用下，其叶片具有较低的 POD 活性(雄株幼苗达到显著降低的水平)和较高的 CAT 活性，而 SOD 活性变化则不明显。这说明增温、升高 CO_2 浓度及其交互作用在一定程度上影响了桑树雌雄株幼苗的抗氧化活性，尤其是 POD 和 CAT 活性。桑树雄株幼苗在增温、升高 CO_2 浓度下，其 POD 活性高于雌株，因此，其更能适应气候变暖的环境。

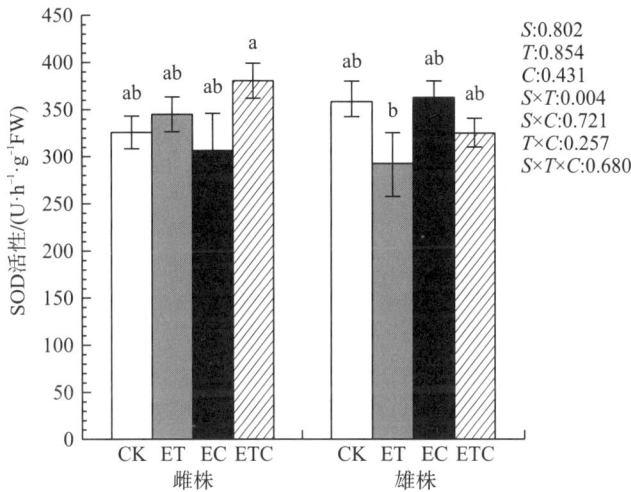

图 2-11　增温和升高 CO_2 浓度及其交互作用对桑树雌雄幼苗叶片 SOD 活性的影响

2.5.2　对膜脂过氧化程度的影响

实验结果显示，增温、升高 CO_2 浓度及二者交互作用对桑树雌雄植株叶片丙二醛（MDA）含量的影响不明显。在增温 2 ℃环境中，桑树雄株叶片 MDA 含量平均值明显升高且高于雌株，但未达到显著水平（图 2-12）。

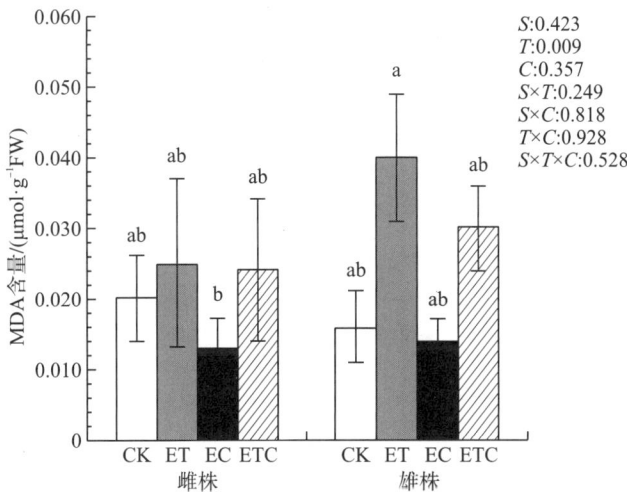

图 2-12　增温和升高 CO_2 浓度及其交互作用对桑树雌雄幼苗叶片 MDA 含量的影响

MDA 是氧自由基作用于脂质发生过氧化反应的主要产物，它能与细胞内多种成分发生强烈的化学反应，使膜脂结构受损从而导致流动性降低。因此，MDA 含量的高低可以在一定程度上衡量细胞的膜脂过氧化水平和生物膜损伤的程度（Shao et al.，2005）。本实验表明，桑树幼苗叶片中的 MDA 含量对增温、升高 CO_2 浓度及二者交互作用的响应不同。

与对照相比，增温和交互作用下，其 MDA 含量平均值明显增加，而升高 CO_2 浓度时，其 MDA 含量略有下降，但各处理间的变化均较小且未达到显著水平(图 2-12)。这说明各处理下桑树叶片中活性氧物质的产生与消除基本保持在平衡状态，细胞受伤害的程度较轻。推测这一方面可能与 CO_2 浓度升高在一定程度上提高了保护酶活性(如 CAT 活性等)，缓解了高温带来的伤害有关(梁建萍等，2007)；另一方面可能与实验时间较短，导致各处理组间叶片的细胞膜透性和膜脂过氧化程度无显著差异有关。

2.5.3　对渗透调节物质的影响

实验结果显示，增温对雄株叶片可溶性蛋白(Pr)含量具有显著影响，而升高 CO_2 浓度及二者交互作用对其影响不显著。在增温 2 ℃条件下，桑树幼苗雄株叶片的 Pr 含量显著增加，并显著高于其他处理的雄株或雌株(图 2-13)。

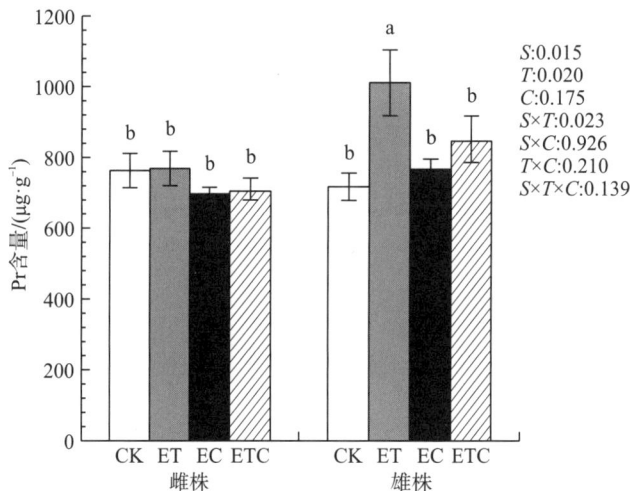

图 2-13　增温和升高 CO_2 浓度及其交互作用对桑树雌雄幼苗叶片可溶性蛋白含量的影响

渗透调节是植物应对水分亏缺环境的一种重要生理机制，其通过在细胞中主动积累溶质、降低细胞液渗透势，使细胞吸水能力加强。可溶性蛋白作为渗透调节物质的一种，对逆境胁迫下维持细胞正常的渗透势具有重要的意义(李妮亚等，1998；朱会娟等，2007)。本实验结果表明，仅增温对雄株叶片的可溶性蛋白含量具有显著影响，而升高 CO_2 浓度及二者交互作用的影响不显著。在增温处理下，桑树雄株幼苗叶片的可溶性蛋白含量显著增加，而雌株幼苗并没有表现出明显的上升或下降趋势。该结果说明，增温作用下桑树雄株幼苗相比雌株幼苗具有更高的渗透调节能力，能够更好地适应逆境胁迫。

2.6　增温和升高 CO_2 浓度对幼苗叶片品质的影响

叶片的品质和植物的生长息息相关。由于叶片是很多食叶动物的食物，其品质好坏关系到动植物关系(Buse et al., 1998；Goverde and Erhardt，2003；解海翠等，2013)，因此叶片品质是饲料生产、食品加工等应用生产方面的重要指标(王春乙等，2000)。近年来，关于气候变化对植物叶片品质影响的研究逐渐引起人们的重视。例如，在增温条件下，小叶章(*Deyeuxia angustifolia*)叶片的可溶性蛋白含量会降低(窦晶鑫等，2009)；Chaitanya 等(2001)发现，高温胁迫下桑叶的可溶性蛋白含量和淀粉含量显著降低，但叶片的总氨基酸含量升高；Watanabe 等(2014)研究发现，CO₂ 浓度倍增能促进拟南芥(*Arabidopsis thaliana*)淀粉和可溶性糖的积累；Goverde 和 Erhardt(2003)发现，植物叶片淀粉对 CO₂ 浓度升高的响应与物种有关，物种间叶片的这些响应差异会改变植物与植食性昆虫的取食选择；王晓伟等(2006)发现，CO₂ 浓度升高增加了小青杨(*Populus pseudosimonii*)叶片中的总可溶性糖含量和碳氮比，这可能将抑制食叶昆虫舞毒蛾(*Lymantria dispar*)的生长；Buse 等(1998)发现，增温或升高 CO₂ 浓度均降低了夏栎(*Quercus robur*)叶片中的氮含量，而其叶片的纤维含量在增温条件下显著增加，在升高 CO₂ 浓度条件下明显下降。这些结果表明植物叶片品质受温度、CO₂ 浓度等环境因子的影响明显。

2.6.1　对粗蛋白、粗脂肪和粗纤维含量的影响

本实验表明，与对照相比增温能显著提高桑树雄株叶片的粗蛋白(CP)含量，并高于相同处理下的雌株。而升高 CO₂ 浓度和二者交互作用对桑树雌雄植株叶片的粗蛋白含量无显著影响(图 2-14)。增温对雌雄植株叶片粗纤维(CF)含量的影响不大，但升高 CO₂ 浓度及二者交互作用降低了桑树雌株叶片的粗纤维含量，尤其是二者交互作用下雌株叶片的粗纤维含量显著降低(图 2-15)。增温对桑树雌雄植株叶片的粗脂肪(EE)含量影响不大，升高 CO₂ 浓度和二者交互作用具有降低叶片粗脂肪含量的趋势，但未达到显著水平(图 2-16)。

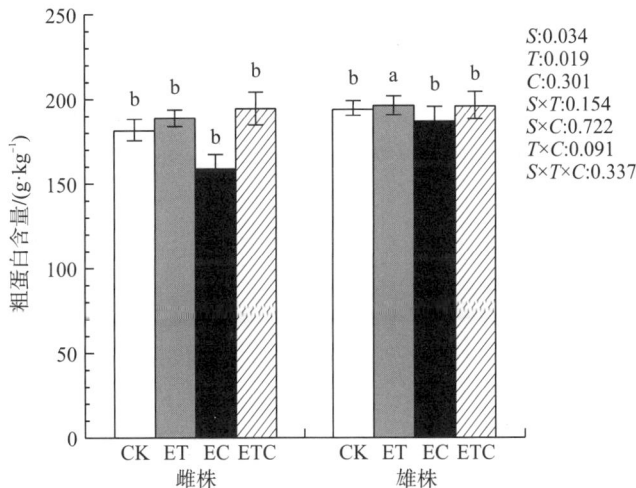

图 2-14　增温和升高 CO₂ 浓度及其交互作用对桑树雌雄幼苗叶片粗蛋白含量的影响

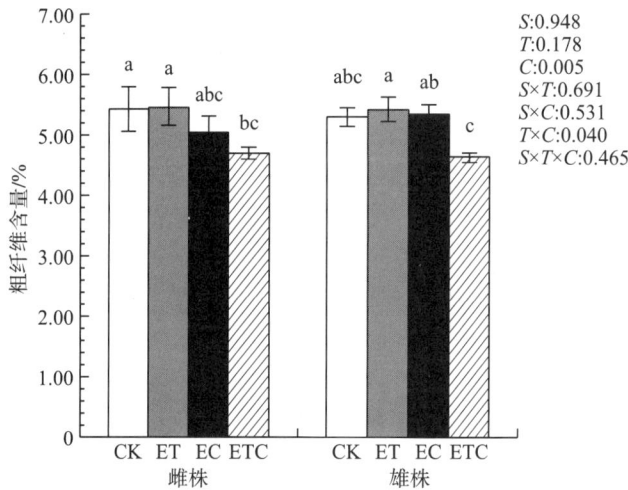

图 2-15　增温和升高 CO_2 浓度及其交互作用对桑树雌雄幼苗叶片粗纤维含量的影响

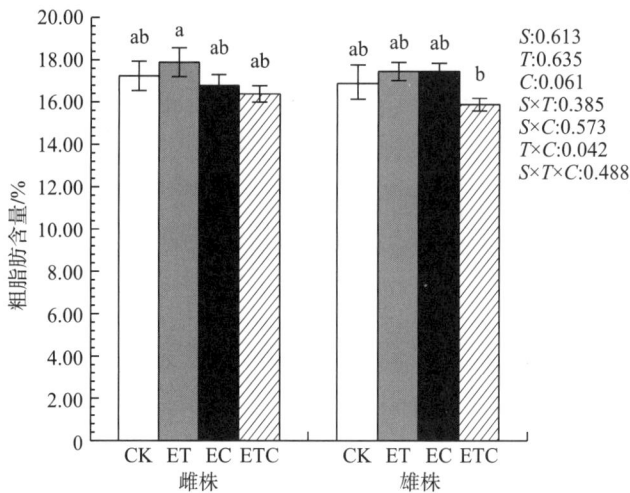

图 2-16　增温和升高 CO_2 浓度及其交互作用对桑树雌雄幼苗叶片粗脂肪含量的影响

　　叶片中粗蛋白、粗脂肪和粗纤维含量是判断木本植物是否可作优质饲料的营养指标(陈朝明等，1996；黄自然等，2006)。一般而言，粗纤维含量越低、粗蛋白和粗脂肪含量越高，则叶片品质越好(陈朝明等，1996)。大量研究表明，增温和升高 CO_2 浓度对作物品质的影响因物种和处理条件不同而具有差异。例如，稻谷(*Oryza sativa*)在高温下逼熟比未经高温逼熟的粗纤维和粗蛋白含量高(曾凯等，2011)，但小麦(*Triticum aestivum*)在高温胁迫下其粗蛋白含量却显著下降(解备涛，2003)；升高 CO_2 浓度对冬小麦、玉米(*Zea mays*)、粳稻(*Oryza sativa* subsp. Keng)的品质呈负效应(高素华和王春乙，1994；王春乙等，2000；周晓冬等，2012)，而对小麦、大豆(*Glycine max*)(高素华和王春乙，1994；王春乙等，2000)籽粒的品质呈正效应。本实验结果表明，增温显著提高了桑树雄株幼苗叶片的粗蛋白含量，而使桑树雌株幼苗叶片的粗脂肪含量略有增加但未达到显著水平；升高 CO_2 浓度具有降低桑树雌株幼苗叶片粗蛋白、粗纤维和粗脂肪含量的趋势，但未达到显著水平。此外，增温和升高 CO_2 浓度同时处理也会影响农作物叶片的品质(郭建平等，2001；郝兴宇等，2010)。本实验中同时增温和升高 CO_2 浓度显著降低了桑树雌株叶片的粗纤维含量，并引起雄株叶片的粗纤维和粗脂肪含量降低(未达到显著水平)，但对雌雄植株叶片的粗蛋白含量无明显影响(图 2-14～图 2-16)。上述研究结果表明，气候变化对桑树雌雄植株叶片品质的影响具有明显的性别差异，各指标变化差异较大，但从粗纤维含量具有降低的趋势来看，未来气候变化(增温和升高 CO_2 浓度共同作用)可能有利于提高桑树幼苗叶片的品质。

2.6.2 对总氨基酸含量的影响

本实验表明，与对照相比，增温能在一定程度上增加桑树雄株幼苗叶片的总氨基酸含量，升高 CO_2 浓度能在一定程度上降低桑树雌雄植株叶片的总氨基酸含量，增温和升高 CO_2 浓度交互作用能增加桑树雌雄植株叶片的总氨基酸含量，但上述结果均未达到显著水平(图 2-17)。

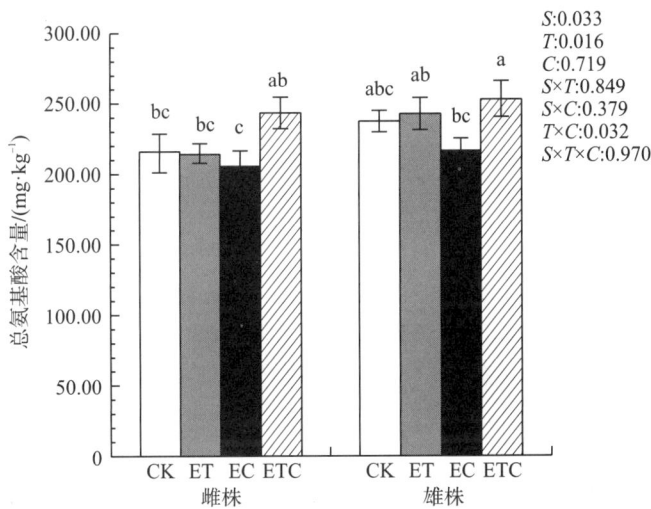

图 2-17 增温和升高 CO_2 浓度及其交互作用对桑树雌雄幼苗叶片总氨基酸含量的影响

氨基酸含量的高低是评价叶片品质的重要指标之一。有研究表明，总氨基酸含量除了受植物品种资源的影响，还与温度和 CO_2 浓度的改变密切相关。例如，桑树叶片的总氨基酸含量在 40℃下会显著增加(Chaitanya et al.，2001)，而在升高 CO_2 浓度的条件下桑树叶片总氨基酸含量却略有降低(曾贞等，2016)。图 2-17 表明，不同处理下，桑树幼苗叶片的总氨基酸含量变化趋势与前人的实验结果一致，在增温和升高 CO_2 浓度的交互作用下，桑树雌雄幼苗叶片的总氨基酸含量整体呈增加趋势，而升高 CO_2 浓度的条件下叶片的总氨基酸含量总体呈下降趋势。这说明，增温和升高 CO_2 浓度交互作用在一定程度上有利于桑树叶片品质的提升，而升高 CO_2 浓度则会降低叶片品质。

2.6.3　对可溶性总糖含量的影响

本实验结果显示，增温、升高 CO_2 浓度及二者交互作用对桑树雌雄幼苗叶片提高可溶性总糖含量具有促进作用。与对照相比，升高 CO_2 浓度及二者交互作用显著增加了雄株幼苗叶片的可溶性总糖含量，但雌雄株间的叶片可溶性总糖含量无显著差异（图 2-18）。

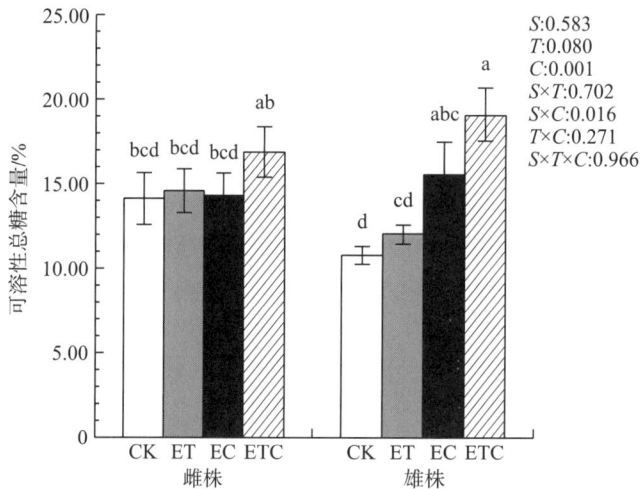

图 2-18　增温和升高 CO_2 浓度及其交互作用对桑树雌雄幼苗叶片可溶性总糖含量的影响

可溶性总糖是植物生长的主要能源物质，也是植物体内碳水化合物代谢与暂贮的主要形式，可作为评价植物叶片品质的重要参考指标（高洪波等，2010；李西等，2013）。然而，目前关于温度和 CO_2 浓度升高对植物叶片化学特性影响的研究较少，且结论不一致。例如，李守剑等（2012）发现增温和升高 CO_2 浓度增加了岷江冷杉（*Abies fargesii* var. *faxoniana*）幼苗针叶中可溶性糖的含量，而 Zha 等（2001）则报道了温度和 CO_2 浓度升高减少了欧洲赤松（*Pinus sylvestris*）叶片中碳水化合物的含量。推测这一差异可能与树种、处理时间及实验条件有关。然而本实验结果表明，增温、升高 CO_2 浓度及其交互作用对桑树雌株和雄株幼苗叶片可溶性总糖含量均具有明显的正效应，且桑树雄株幼苗在升高 CO_2 浓度和两者交互作用下达到显著水平（图 2-18）。这说明气候变化（尤其是同时增温和升高 CO_2 浓度）对桑树叶片品质有明显的改善作用，与雌株幼苗相比，雄株幼苗的叶片品质改善程度将更高。

2.7　增温和升高 CO_2 浓度对幼苗繁育器官的影响

目前，尽管植物繁育器官在增温和升高 CO_2 浓度环境中的变化情况已被大量报道，但其结论并不统一。例如一些研究表明，温度升高对花瓣长度、籽粒大小、雄蕊柱长度及花朵数量有抑制作用(Poerwanto and Inoue，1990；Pearson et al.，1995；Lohar and Peat，1998；Yuan et al.，1998；Karlsson and Werner，2001；Koti et al.，2005；Carvalho et al.，2005)。另一些研究却表明，适度的高温胁迫并不会引起花朵数量的显著变化(Sato et al.，2006)，甚至还可能会增加花冠长度、花柱长度、花梗长度及花序大小(Lyrene，1994；Sukhvibul et al.，1999；Catley et al.，2002)。此外，CO_2 作为主要的温室气体，通常对花数、花朵大小、色素沉着、花粉和花茎有明显的促进作用(Biran et al.，1973；Mortensen，1987；Jiao et al.，1991；Niu et al.，2000；Ziska and Caulfield，2000；Ushio et al.，2014)。但 Bös(1984)发现，升高 CO_2 浓度对黑麦草(*Lolium perenne*)头状花序中的单花数量没有显著影响。

2.7.1　对花序数量及生物量的影响

本实验结果显示，增温和升高 CO_2 浓度及其交互作用对桑树幼苗的花序数量和雌雄花序比影响显著。与对照相比，不同处理下的雌花序数量均得到显著增加；而雄花序数量在不同处理下却表现出显著下降趋势。不同处理下桑树幼苗的雌雄花序比均显著提高(表 2-5)。

表 2-5　增温和升高 CO_2 浓度及其交互作用对桑树幼苗花序数量和雌雄花序比的影响

组别	雌花序数量	雄花序数量	雌雄花序比
CK	7.50±3.57d	83.75±15.77a	0.11±0.07b
↑2 ℃	116.75±17.51b	30.75±12.64b	10.74±7.19a
↑2CO_2	72.00±15.23c	36.00±16.38b	5.09±2.80a
↑2 ℃+2CO_2	176.50±14.82a	17.75±5.74b	18.69±10.23a
P_T	<0.001***	0.020*	<0.001***
P_C	0.001***	0.042*	0.003**
$P_{T×C}$	0.867ns	0.216ns	0.043*

注：标示同表 2-2。

植物的性别是区分高等植物的重要标志之一。虽然高等植物的性别分化受基因控制，但植物的性别分化存在多态性和不稳定性，外部环境对植物性别的分化也起着至关重要的作用(李广华，2004；钟海秀和秦智伟，2010)。本实验结果显示，增温、CO_2 浓度升高及二者交互作用对桑树幼苗的性别分化影响显著，其中雌花序数量在不同处理下均显著增加，雄花序数量在不同处理下均显著降低，雌雄花序比表现出显著的增大趋势(表 2-5)。然而该结果却与前人的研究结果，即低温有利于黄瓜雌化发育的结论不一致(时秋香，2009)。这可能一方面是由于不同物种对环境的响应有差异，另一方面可能是增温、升高 CO_2 浓度及二者交互作用促进了植株碳水化合物的积累(Vu et al.，1989；毛子军等，2010)，从而促进了植株雌花的表达。此外，长期的高 CO_2 浓度处理，植物的呼吸作用受到抑制，使其产生了更多数量的雌花，也可能是其雌雄花序比增大的重要原因(曹宗巽等，1957)。

实验结果显示，增温和升高 CO_2 浓度及其交互作用对桑树幼苗雌花序总生物量和雄花序总生物量及植株生殖生物量的影响显著。与对照相比，雌花序的总生物量在不同处理下均得到增加，在增温和增温与升高 CO_2 浓度交互作用处理下达到显著水平。而雄花序的总生物量在不同处理下却表现出显著的下降趋势。另外，CO_2 浓度升高及二者交互作用对桑树幼苗生殖生物量（雌花和雄花的生物量总和）的影响显著，其中 CO_2 浓度升高导致桑树幼苗的生殖生物量显著下降，但在二者交互作用下，桑树幼苗的生殖生物量则显著增加（图 2-19）。

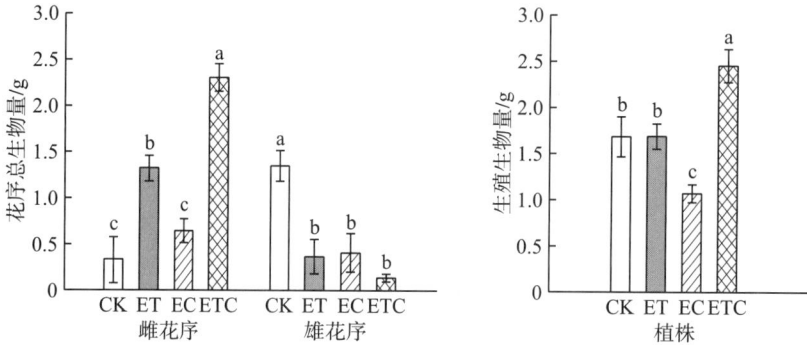

图 2-19　增温和升高 CO_2 浓度及其交互作用对桑树幼苗花序总生物量和生殖生物量的影响

植物的生殖通常对环境条件有着特定的要求，与其他生长阶段相比，植株的生殖阶段对环境的变化最为敏感（Sherry et al.，2007）。因此，生殖阶段的环境变化往往会对植株的生殖结果产生深远的影响，并最终影响生态系统的结构与功能（Cipollini and Whigham，1994；Chuine and Beaubien，2001）。图 2-19 显示，增温、升高 CO_2 浓度及其交互作用下雌花序的总生物量均得到增加，而雄花序的总生物量却显著降低。这一结果与 Cipollini 和 Whigham（1994）与 Massei 等（2006）对桂皮钓樟（*Lindera benzoin*）和大果刺柏（*Juniperus oxycedrus*）的研究中发现雌株比雄株具有更高生殖生物量分配的结论相吻合。究其原因，可能与增温、升高 CO_2 浓度及二者交互作用使雌雄同株的桑树幼苗产生了较多的次生代谢物，从而偏向于雌株性别分化并提高了雌花序的生殖生物量有关（Jing and Coley，1990；Boecklen et al.，1990）。实验结果还表明，二者交互作用下桑树植株的生殖生物量显著高于其他处理，这可能与二者交互作用下植株更加偏向于雌株性别的表达，雌花的花序数和生殖生物量得到显著增加有关。

上述研究表明，增温、升高 CO_2 浓度及其交互作用将更加有利于提高雌雄同株桑树幼苗向雌性分化的比值，而降低向雄性性别分化的比值。在增温、升高 CO_2 浓度及其交互作用下，雌雄同株的桑树幼苗将进一步增加雌性繁育器官的总生物量，降低雄性繁育器官的总生物量。

2.7.2　对花期及花器官形态的影响

本实验结果表明，增温和升高 CO_2 浓度及其交互作用对桑树幼苗雌花序花期的影响较小，不同处理下均无显著变化。而桑树幼苗雄花序的花期在不同处理下均呈现出变长的趋势，其中在增温和升高 CO_2 浓度处理下，雄花序的花期变长达到显著水平（图 2-20）。

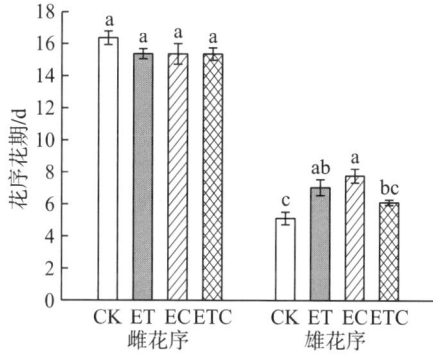

图 2-20　增温和升高 CO_2 浓度及其交互作用对桑树幼苗花序花期的影响

植物的物候是植物随气候、环境等因子的变化在发芽、抽枝、展叶、开花等方面表现出节律性反应的自然现象（陆佩玲等，2006）。而花期作为植物物候的一个重要方面，不仅对植物雌雄的受精机会和成功繁殖起着决定性作用（李琳等，2016），而且对植物果实成熟的时间、产量等方面也有着重要影响（蔡长春，2006）。本实验结果表明，增温和升高 CO_2 浓度及其交互作用对桑树幼苗雄花花期的影响显著。其中，增温和升高 CO_2 浓度下雄花的花期显著增长。然而这一结果却与朱军涛（2016）发现增温将缩短藏北地区高寒草甸的植物花期，李元恒（2008）发现增温显著缩短内蒙古典型草原上糙叶黄芪生殖持续时间的研究结论不一致。一方面，可能与植物物种间的差异有关，桑树为乔木或灌木，在增温、升高 CO_2 浓度及其交互作用下，植株在花前可能积累了较多的干物质，逆境胁迫下能够为雄花提供更持久的能量供应，花期延长。另一方面，可能与雌雄植株本身对环境胁迫有不同的响应策略和具有较低的传粉运动概率有关（O'Neil，1999；肖宜安等，2004；胥晓等，2007；李俊钰等，2012），增温和升高 CO_2 浓度（翟晓朦，2015；张斯斯等，2016）时，桑树幼苗为了达到最大限度的成功生殖，可能采取延长雄花花期、提高传粉效率的生殖策略来缓解环境胁迫对其种群生存的威胁。

实验结果还显示，增温、升高 CO_2 浓度及二者交互作用对桑树幼苗雌雄花序和单花的形态有显著影响。与对照相比，增温和升高 CO_2 浓度及二者交互作用显著增加了雌花序的数量，二者交互作用显著降低了雌花的花被长和子房长；与对照相比，增温、升高 CO_2 浓度及二者交互作用显著降低了雄花序的数量、平均花序长、花序鲜重、花序单花数和单花鲜重，增温下的花被长显著降低（表 2-6）。因此，桑树雌花在升高 CO_2 浓度及二者交互作用时将产生更小的子房和柱头。桑树雄花在增温、升高 CO_2 浓度及其交互作用时将产生更短的花序和更少的花序单花数。

表 2-6　增温和升高 CO_2 浓度及其交互作用对桑树幼苗雌雄花序特征的影响

性别	特征	处理				P		
		CK	ET	EC	ETC	P_T	P_C	$P_{T \times C}$
雌花序	花序数	7.5±3.6a	116.8±17.5b	72.0±15.2c	176.5±14.8a	<0.001***	0.001***	0.867ns
	花序单花数	35.6±4.6a	28.8±3.6a	30.8±4.4a	31.4±1.8a	0.422ns	0.770ns	0.347ns
	花被宽/μm	892.0±61.8a	787.0±45.2a	787.3±35.8a	779.2±44.0a	0.258ns	0.261ns	0.329ns
	花被长/μm	1559.5±102.3a	1286.3±131.0ab	1287.8±40.0ab	1255.5±56.9b	0.116ns	0.119ns	0.206ns
	子房宽/μm	1371.4±103.3a	1316.4±135.1a	1231.5±29.6a	1136.9±74.4a	0.442ns	0.115ns	0.836ns
	子房长/μm	1627.9±85.3a	1613.6±160.1ab	1429.5±14.3ab	1343.1±32.0b	0.470ns	**0.018***	0.689ns
	平均花序长/mm	14.9±1.4a	12.9±1.6a	12.2±1.4a	12.1±0.8a	0.432ns	0.210ns	0.469ns
	单花鲜重/mg	2.1±0.3a	2.0±0.4a	1.7±0.2a	1.5±0.1a	0.714ns	0.120ns	0.885ns
	花序鲜重/mg	97.2±22.3a	69.7±11.7a	59.4±9.7a	63.2±5.7a	0.407ns	0.133ns	0.279ns
雄花序	花序数	83.8±15.8a	30.8±12.6b	36.0±16.4b	17.8±5.7b	0.020*	0.042*	0.216ns
	花序单花数	32.3±1.6a	17.2±3.1b	21.8±2.0b	17.1±2.1b	0.001***	0.037*	0.039*
	花被宽/μm	1097.6±62.0a	1169.6±16.5a	1067.5±36.0a	1107.7±56.7a	0.250ns	0.342ns	0.738ns
	花被长/μm	1613.0±39.8ab	1378.7±50.6c	1660.3±78.7a	1462.1±60.3bc	0.003**	0.291ns	0.765ns
	花药宽/μm	1409.9±18.5a	1541.0±67.1a	1453.8±51.4a	1382.1±76.5a	0.616ns	0.339ns	0.105ns
	花药长/μm	1247.2±19.0a	1205.8±70.0a	1226.7±43.1a	1137.1±78.3a	0.411ns	0.447ns	0.827ns
	平均花序长/mm	22.1±1.4a	13.2±1.9b	14.6±0.7b	13.9±0.7b	0.003**	0.019*	0.008**
	单花鲜重/mg	5.2±0.1a	4.6±0.4b	4.6±0.5b	4.3±0.4b	0.002**	0.075ns	0.068ns
	花序鲜重/mg	145.6±6.9a	71.4±17.3b	78.3±8.0b	62.9±4.3b	0.001***	0.003**	0.015*

注：标示同表 2-2。

　　花是不分枝的变态短枝，是被子植物进行有性生殖的重要器官(陆时万等，1991)。目前关于环境胁迫对花生长发育影响的研究较多。例如，Mortensen(1987)报道 CO_2 浓度升高促进了多数温室植物花朵数及坐花率的提高；刘建福等(2004)报道严重干旱缩短了澳洲坚果(*Macadamia integrifolia*)的花序长、柱头长，抑制了幼果的发育；石冰等(2010)报道升温显著减少了芦苇(*Phragmites australis*)的花数、种子数和生物量。然而目前对增温和升高 CO_2 浓度对雌雄异株植物花序及单花形态影响的研究还较少。本实验结果表明，与对照相比，增温、升高 CO_2 浓度及其交互作用下，桑树幼苗雌雄花的平均花序长、花序鲜重及雄花序的单花数均降低，尤其是雄株达到了显著降低水平，意味着桑树幼苗将产生更小、更短的花序来进行繁殖。该结果与 Sans 和 Masalles(1994)发现植物往往会投入更高比例的资源到较小个体中繁殖后代的结论相一致。此外，增温和升高 CO_2 浓度处理后，在单花水平上，雌花的花被长、子房长及雄花的单花鲜重均下降。这可能与增温、升高 CO_2 浓度及其交互作用下雌雄异株植物独特的生殖响应有关。在环境胁迫下，桑树幼苗产生更小、质量更轻的单花有利于减少花自身代谢所耗费的资源(Galen，1999)。另外，也可能是开花时间、开花数量、开花大小等有性生殖与营养生长间相互权衡的结果(Weiner et al.，1988；陈学林等，2009）。当然，这种权衡到底是植物面对增温和升高 CO_2 浓度做出的偶然生殖对策，还是具有普遍意义的适应性，仍需未来更多的研究加以验证。综合上述研究结果来看，增温、升高 CO_2 浓度及二者交互作用下桑树幼苗通过延长雄花的开花时间、缩短雌雄花序的花序长、减小雌花大小等途径，尽可能地增加后代成功繁殖的概率，这种灵活的生殖策略有利于最大限度地保证未来气候变化下种群的延续，维持种群在生态系统格局中的稳定。

2.7.3　对花序养分和内源激素含量的影响

本实验结果显示，增温和升高 CO_2 浓度及其交互作用对桑树幼苗雌雄花序元素含量的影响明显。与对照相比，增温 2 ℃处理下，雄花的 C、N、P 含量显著下降，雌花的 N、P 含量显著增加；在升高 CO_2 浓度处理下，雄花的 C、N 含量显著下降，雌花的 N 含量显著增加；在二者交互处理下，雄花的 C、N、P 含量显著降低，K 含量无显著变化，雌花的 N、P 含量显著增加，C、K 含量变化不显著。此外，与对照相比，不同处理模式下雌雄花的 C/N 表现出相反的变化规律，各处理组雄花的 C/N 均显著增加，其中二者交互处理时其比值达到最大；而雌花的 C/N 在各处理模式下均显著降低，增温 2 ℃环境下雌花的 C/N 达到最小值（表 2-7）。

表 2-7　增温和升高 CO_2 浓度及其交互作用对桑树幼苗花序元素含量的影响

组别	性别	全碳/%	全氮/%	碳氮比	全磷/‰	全钾/‰
CK	M	43.70±0.28a	4.24±0.02a	10.31±0.02f	8.05±0.04b	34.14±1.24a
	F	42.16±0.04c	3.10±0.00g	13.59±0.02a	7.57±0.08c	32.08±0.27abc
↑2 ℃	M	42.82±0.08b	3.74±0.01c	11.44±0.03d	7.40±0.14c	32.88±0.29ab
	F	42.18±0.06c	3.46±0.01d	12.20±0.03c	8.55±0.08a	29.84±0.26c
↑CO_2	M	42.65±0.17b	3.86±0.03b	11.05±0.04e	7.77±0.21bc	32.40±1.61abc
	F	41.99±0.02c	3.43±0.00d	12.25±0.01c	7.54±0.16c	32.37±1.01abc
↑2 ℃+CO_2	M	42.70±0.03b	3.33±0.01e	12.84±0.03b	7.51±0.18c	34.71±0.14a
	F	41.90±0.02c	3.25±0.02f	12.88±0.06b	8.15±0.01b	31.05±0.25bc
	P_T	0.016*	0.000***	0.000***	0.072ns	0.293ns
P	P_C	0.000***	0.000***	0.000***	0.117ns	0.503ns
	$P_{T×C}$	0.025*	0.000***	0.000***	0.946ns	0.067ns

注：标示同表 2-2。

氮、磷、钾作为植物的"营养三要素"，在植物的生活史中扮演着极其重要的角色。目前关于增温和升高 CO_2 浓度及其交互作用对植物各器官养分含量及分配影响的研究较多。例如，Tingey 等（2003）在对花旗松（*Pseudotsuga menziesii*）的研究中发现，升高 CO_2 浓度会促使更多的 N 向茎和根中分配；Kellomäki 和 Wang（1997）在长期对欧洲赤松升高温度和 CO_2 浓度处理中发现，升温下叶片的 N 浓度上升了 4%；侯颖等（2008a）在对红桦幼苗养分积累和分配的研究中发现，交互作用下植株的 N、P、K 含量得到显著增加。然而这些研究目前还主要集中在植株的根、茎、叶等方面,花器官尤其是雌雄异株植物花器官中 N、P、K 含量及分配情况的研究还鲜有报道。本实验结果表明,不同处理下桑树幼苗雄花的 C、N 含量均显著高于雌花(P 在增温和二者交互作用下显著低于雌花)。这可能主要与雌雄植株在资源利用及分配方式上不同有关,雄株往往将较多的资源投入到营养生长中(王娟,2014),其吸收养分的能力强于雌株(竺诗慧,2016),变异的桑树植株虽为雌雄同株,但其可能在一定程度上保留了雌雄异株植物的特性,因此雄花的 C、N 含量高于雌花。此外,N 作为构成某些生物碱、氨基酸、蛋白质等的主要成分,不仅对植株的生命活动起着重要的作用,还影响着植株对其他矿质养分的吸收(Fernandes and Rossiello,1995)。增温和升高 CO_2 浓度及其交互作用下,桑树幼苗雄花的 N 含量显著降低,雌花的 N 含量显著增加;此外,在增温和二者交互作用处理下,雌花的 P 含量显著增加。这主要是温度和 CO_2 浓度的升高,使植株受到的环境胁迫加强,为保证其后代的延续,植株相应地加大了对雌花的 N 投入以产生更多数量的花序(邵宏波等,1992),因此,与对照相比,雌花的 N 含量显著增加,而雄花的 N 含量却显著降低。雌花中 P 含量的增加,则可能是由于雌花中较高的 N 含量促进了植物对 P 的吸收(邵蕾等,2009)。除此之外,本实验结果还显示,不同处理下雌花的 C/N 显著降低,雄花的 C/N 显著增加;增温处理时,桑树幼苗雌雄花序的 K 含量均降低(表 2-7)。这主要是由不同处理下雌花的 N 含量显著增加,雄花的 N 含量显著降低引起的。而增温条件下 K 含量的降低则可能是由于 K 是细胞渗透调节的主要离子和各种酶的辅助因子,参与植物体的代谢活动(Richardson et al.,2004),增温影响了其相关物质的合成和酶的活性,但具体受到何种机制的影响,还需进一步研究。

本实验结果显示,增温和升高 CO_2 浓度及二者交互作用对桑树幼苗雌雄花序内源激素含量的影响明显。与对照相比,增温 2 ℃处理下,雌雄花序的生长素(IAA)、赤霉素(GA_3)、油菜素内酯(BR)含量均显著增加,而雌雄花序的脱落酸(ABA)含量显著降低;在升高 CO_2 浓度处理下,桑树幼苗雄花序的 GA_3 含量显著增加,而雄花序的 ABA、BR 和雌花序的 IAA、ABA、GA_3、BR、ZR 含量均显著下降,雄花序的 IAA、ZR 含量无显著变化;二者交互处理下,雄花序的 ABA、BR 和雌花序的 ABA、GA_3、ZR 含量均显著下降,而雄花序的 IAA、GA_3、ZR 和雌花序的 IAA、BR 含量变化不显著(图 2-21)。

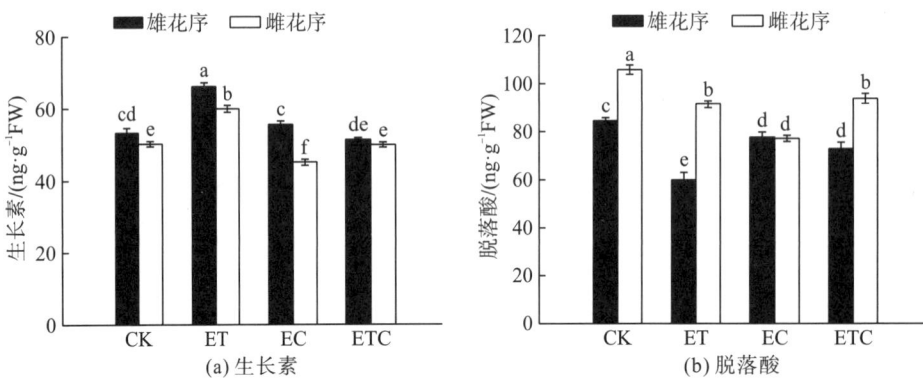
(a) 生长素 (b) 脱落酸

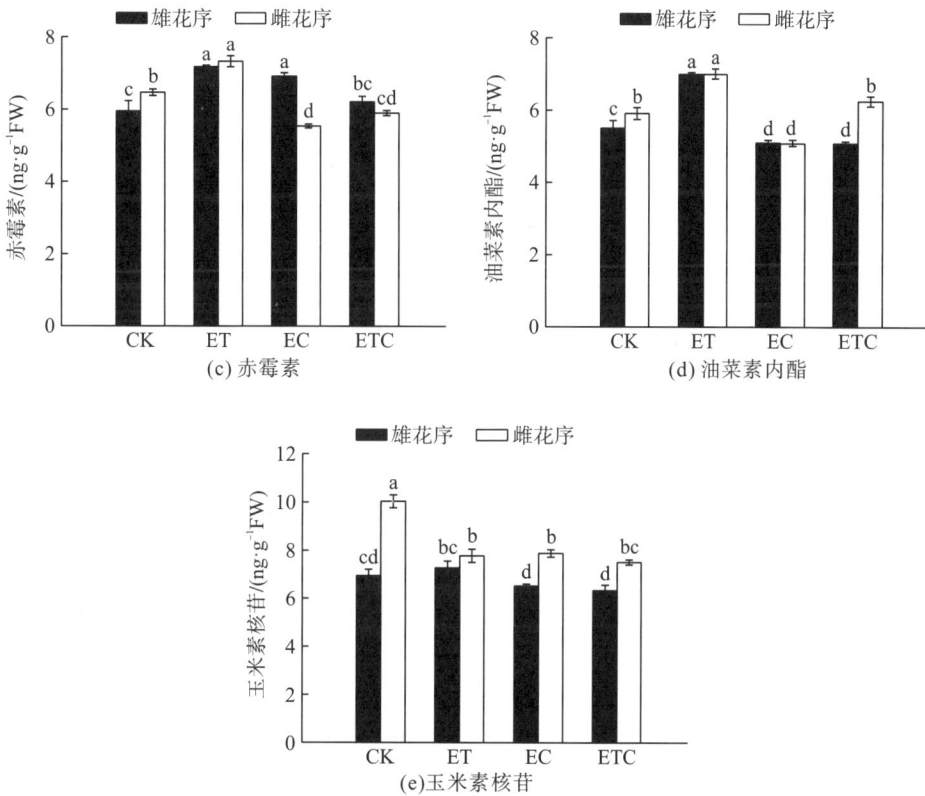

图 2-21 增温和升高 CO_2 浓度及其交互作用对桑树幼苗花序内源激素含量的影响

植物内源激素是指植物自身代谢过程中产生的具有生理活性且能够调控植物生长发育的微量有机物质(梁建生和张建华,1998)。本实验结果显示,增温处理下,雌雄花序的 IAA、GA_3 及 BR 含量均显著高于对照,这说明桑树花期(春初)气温较低,增温有利于提高花序内源生长素的代谢能力,细胞的分裂生长速度加快(潘瑞炽等,2004;薛建平等,2007),IAA、GA_3 等生长物质在花序中得以增加可以有效促进花序的生长发育。ABA 作为一种应激激素,逆境胁迫下植株往往会产生大量的 ABA 以提高抗性(Abass and Rajashekar,1993)。然而在本实验中发现,在增温、升高 CO_2 浓度及其交互作用下,花序的 ABA 含量显著低于对照。这可能是由于桑树幼苗的雌雄花序为了减轻环境胁迫对其造成的伤害,通过降低 ABA 含量的途径,使花序的细胞分裂速度慢而良好,以维持正常而健壮的状态来增强其抗性。此外还发现,升高 CO_2 浓度显著降低了雌花序的 IAA 和 BR 含量,这与 Teng 等(2006)对拟南芥的研究结果不一致,他们发现升高 CO_2 浓度能提高拟南芥植物的激素含量(除 ABA)。这一方面是由于物种间存在特异性差异,另一方面可能是升高 CO_2 浓度导致了花序中吲哚乙酸氧化酶的活性增加,对内源激素 IAA 的消耗加大,但具体受何种机制的影响,还需进一步研究。综合上述结果发现,增温、升高 CO_2 浓度及其交互作用,明显地影响了花序中矿质元素及内源激素的含量和分配,而不同处理下花序生理的这些变化,与桑树幼苗的花序为获取更适宜的生存和繁殖条件而采取的生殖策略有关。

2.7.4　花序数量和形态特征与元素含量间的关系

本实验结果显示,桑树幼苗雄花序数量与 C、N 含量呈显著或极显著正相关,与 C/N 呈极显著负相关,而与 P、K 含量无显著相关性。桑树幼苗雌花序数量与 C 含量呈显著负相关,与 P 含量呈显著正相关,而与 N、K 含量及 C/N 无显著相关性(表 2-8)。

表 2-8　桑树幼苗花序数量与元素含量间的相关系数

	全碳	全氮	全磷	全钾	碳/氮	雌花序数量
全碳	—	-0.005	0.159	0.379	0.100	-0.522*
全氮	0.690**	—	0.418	0.078	-0.995**	0.385
全磷	0.206	0.473	—	-0.093	-0.408	0.598*
全钾	0.227	0.370	0.965**	—	-0.041	-0.298
碳/氮	-0.562*	-0.985**	-0.504*	-0.386	—	-0.442
雄花序数量	0.542*	0.679**	0.293	0.274	-0.637**	—

注:表的左下角数据为雄株性状,右上角数据为雌株性状。"**""*"分别表示相关性显著水平 $P \leqslant 0.01$、0.05(双尾)。

此外,桑树幼苗雌花形态特征与元素含量之间的相关系数较小。雌花的花被长与 N 含量呈显著负相关,与 C/N 呈显著正相关。雄花的花序长、花序单花数与 C、N 呈显著或极显著正相关,雄花的花药长、花药宽与 P 和 K 呈显著或极显著正相关;此外,雄花的花序单花数和花序长与 C/N 呈显著或极显著负相关(表 2-9)。

表 2-9　桑树幼苗花形态特征与元素含量间的相关系数

	全碳	全氮	全磷	全钾	碳/氮	雌花花序长	雌花子房长	雌花子房宽	雌花花被长	雌花花被宽	雌花单花数
全碳	—	-0.005	0.159	-0.169	0.100	0.046	0.291	0.188	0.041	0.013	-0.142
全氮	0.690**	—	0.418	-0.290	-0.995**	-0.380	-0.134	-0.174	-0.546*	-0.444	-0.386
全磷	0.206	0.473	—	-0.443	-0.408	-0.224	-0.004	-0.096	-0.315	-0.177	-0.383
全钾	0.227	0.370	0.965**	—	0.279	0.156	-0.081	0.080	0.278	0.378	0.120
碳/氮	-0.562*	-0.985**	-0.504*	-0.386	—	0.388	0.166	0.197	0.554*	0.450	0.375
雄花花序长	0.566*	0.659**	0.098	0.043	-0.592*	—	0.561*	0.628**	0.654**	0.514*	0.866**
雄花花药长	0.282	0.429	0.636**	0.625**	-0.435	0.280	—	0.841**	0.823**	0.708**	0.402
雄花花药宽	-0.089	0.026	0.555*	0.604*	-0.079	-0.143	0.673**	—	0.769**	0.672**	0.409
雄花花被长	0.400	0.500*	0.313	0.263	-0.476	0.433	0.468	-0.050	—	0.898**	0.588*
雄花花被宽	-0.089	0.026	0.555*	0.604*	-0.099	-0.105	0.322	0.408	-0.230	—	0.472
雄花单花数	0.665**	0.745**	0.173	0.132	-0.679**	0.857**	0.493	0.012	0.497	-0.169	—

注:标示同表 2-8。

花是被子植物中最重要的繁殖器官,对气候环境和土壤养分的变化十分敏感(李青雨等,2005;Inouye,2008;Mu et al.,2015)。近年来随着气候变暖和氮沉降的加剧(Boyer et al.，2004)，许多学者对开花植物的开花物候、花形态特征、花生物量等方面进行了广泛的研究。例如，杨月娟等(2015)在对高寒草甸植物的研究中发现，施加一定的 N、P、K 肥能显著提前或延迟某些草类的花期；时立云(2002)在对板栗(*Castanea mollissima*)雌花数量的研究中发现，施加磷肥能显著提高板栗的雌花数；王桔红和陈文(2014)在对 4 种菊科植物花生物量的研究中发现，干燥环境下花序生物量有降低趋势。然而这些研究集中在不同处理模式对植物花期及花生物量的影响，而对花的性别分化、形态特征与矿质养分关系的研究还鲜有报道。本实验结果显示，C、N、P、K 含量与桑树幼苗雄花的单花数、花序长、花药长、花药宽、花被长显著相关，而与雌花单花数、花序长、子房长、子房宽的相关性不显著，反映了雌雄花序的形态特征对矿质养分有着不同的响应机制，雄花的形态特征对矿质元素含量的变化可能更为敏感。

此外，在研究中还发现，雄花的花序数、花序长、单花数与 C、N 含量呈显著或极显著正相关，而与 C/N 呈显著或极显著负相关；雄花的花被长与 N 含量呈显著正相关，表明 C、N 化合物对桑树幼苗雄花的花序分化和形态建成有着重要的影响。这主要是由于 N 含量的增加，促进了雄花序中碳水化合物的积累(潘庆民等，2004；张云海等，2013)，为雄花序的分化发育提供了充足的能量。另外，桑树雄花为典型的风媒花(代君君等，2012)，色暗、无香且花被长随 N 含量的增加而增加，因此桑树幼苗的雄花序可能为了克服花被长不利于传粉的缺陷，通过消耗树体营养的途径，增加花序的长度、单花数，从而获得大量的花粉来保障成功生殖(李肖夏，2013；Egawa et al.，2015)，这也与 N 含量增加雌花花被长缩短，有助于增加雌花柱头的暴露面积，增加授粉概率的结论相吻合(吴秋平等，2016)。

研究结果还显示，C、P 含量与雌花的花序数，P、K 含量与花药的大小呈显著或极显著正相关(表 2-9)。其原因与 P、K 的生理作用有关，P 为磷酸、磷脂和许多酶的重要成分，能够促进植物细胞的分裂和生长(孙海国等，2000)，K 能促进植物对 N 的吸收，增强糖类的合成能力和淀粉酶的活性(王旭东等，2003；王强盛等，2009)，而花药作为植物分化生长的旺盛区，P、K 的大量存在为雄花花药的分化生长提供了充足的底物，因此其元素含量与花药大小呈显著正相关。然而，关于 C、P 与雌花分化响应机制的研究工作还不够深入，目前还无权威结论。

2.8　小　　结

本章利用人工气候室模拟增温和升高 CO₂ 浓度，以盆栽的桑树雌雄幼苗和雌雄同株幼苗为材料，研究桑树雌雄幼苗在形态生长、生物量积累、叶绿素荧光参数、抗氧化酶系统、叶片品质及繁育器官发育方面的性别差异，以揭示未来气候变化条件下桑树雌雄植株对增温和升高 CO₂ 浓度的不同响应策略。得到的结论如下。

(1)不论是增温还是升高 CO₂ 浓度或增温和升高 CO₂ 浓度的交互胁迫，都总体上促进了桑树幼苗的生长和生物量积累。与对照相比，增温条件下桑树雌株幼苗的叶片数、基径、总叶面积和叶生物量显著增加，升高 CO₂ 浓度使雌株的总生物量显著增加。然而，雄株幼苗的叶片数、基径、总叶面积和根生物量在交互作用下均显著大于雌株幼苗，说明了在未来气候变暖的背景下，桑树雄株幼苗可能比桑树雌株幼苗具有更强的适应性。

(2)增温条件下桑树雌株幼苗的 F_v/F_m、qN、NPQ 显著升高，增温显著增加了雌雄植株叶片的 Yield，而增温、升高 CO_2 浓度二者交互作用显著增加了雌株叶片的 Yield，雌株叶片的 qN 在增温条件下明显高于雄株，说明了在未来气候变暖的背景下，桑树雌株幼苗叶片 PSⅡ 的潜在热耗散能力较强，具有更高的光合电子传递效率和活性，有利于提高桑树雌株幼苗的光合作用效率，增强桑树雌株幼苗的光合作用对环境的响应和适应能力。

(3)桑树幼苗在增温、升高 CO_2 浓度及二者交互作用时，其叶片具有较低的 POD 活性(雄株幼苗达到显著降低的水平)和较高的 CAT 活性，而 SOD 活性变化则不明显。增温和交互作用下 MDA 含量平均值明显增加。增温 2 ℃条件下，桑树幼苗雄株叶片的可溶性蛋白含量显著增加，并明显高于其他处理的雄、雌株。说明了增温、升高 CO_2 浓度及其交互作用在一定程度上影响了桑树雌雄株幼苗的抗氧化活性，桑树雄株幼苗对气候变暖环境的生理调节能力更强。

(4)增温显著提高了桑树雄株叶片的粗蛋白含量，并明显高于相同处理下的雌株。升高 CO_2 浓度及二者的交互作用降低了雌株叶片的粗纤维含量。升高 CO_2 浓度和二者的交互作用具有降低叶片粗脂肪含量的趋势，但未达到显著水平，说明了气候变化对桑树雌雄植株叶片品质的影响具有性别差异，从粗纤维含量具有降低的趋势来看，未来气候变化(增温和升高 CO_2 浓度的共同作用)可能有利于提高桑树幼苗叶片的品质。

(5)不同处理下的雌花序数量均显著增加，而雄花序数量在不同处理下均显著降低。不同处理下桑树幼苗的雌雄花序比均显著升高。雌花序的总生物量在增温和二者交互作用处理下显著增加，而雄花序的总生物量却显著下降；CO_2 浓度升高导致桑树幼苗的生殖生物量显著下降，但在二者交互作用下，桑树幼苗的生殖生物量则显著增加。在增温和升高 CO_2 浓度处理下，雄花序的花期显著增长；增温和升高 CO_2 浓度及其交互作用显著增加了雌花序的数量但降低了雌花的花被长和子房长；增温、升高 CO_2 浓度及二者交互作用显著降低了雄花序的数量、平均花序长、花序鲜重、花序单花数和单花鲜重。增温 2 ℃处理下，雄花的 C、N、P 含量显著下降，雌花的 N、P 含量显著增加；在升高 CO_2 浓度处理下，雄花的 C、N 含量显著下降，雌花的 N 含量显著增加；在二者交互处理下，雄花的 C、N、P 含量显著降低，雌花的 N、P 含量显著增加。此外，各处理组雄花的 C/N 均显著增加，而雌花的 C/N 则显著降低。这些结果表明未来气候变暖条件下，可能桑树雌花序数量将增多而雄花序数量将减少，雌花的子房变小，花朵更小。

综上，桑树雌雄植株的形态生长、生物量积累、叶绿素荧光参数、抗氧化酶系统、叶片品质和繁育器官发育均将受到增温、升高 CO_2 浓度以及二者交互作用的影响。未来气候变化可能有利于促进桑树雌雄植株的生长发育(尤其是雌株)，改善叶片品质，但导致雌花数量增多、单花变小而雄花数量减少。雄株因在未来气候下具有比雌株更好的形态和生物量积累及更好的抗氧化能力，表现出比雌株更强的适应全球气候变暖的能力。

[本章参考郇慧慧硕士学位论文《桑树雌雄幼苗对增温和升高 CO_2 浓度及其交互作用的生理生态响应差异》，2014]

第3章 增强UV-B辐射和干旱胁迫对
桑树雌雄幼苗的影响

3.1 引 言

臭氧层被破坏是当前面临的全球性环境问题之一,自20世纪70年代以来就开始受到世界各国的关注。尽管臭氧在大气层中所占的比例极小,但它对于人类和整个生物系统却至关重要。太阳紫外辐射(UV,200~400 nm)根据其生物效应通常分为短波紫外辐射(UV-C,200~280 nm)、中波紫外辐射(UV-B,280~320 nm)和长波紫外辐射(UV-A,320~400 nm),其中UV-C几乎全部被臭氧层吸收,UV-A能穿过臭氧层全部到达地面,UV-B绝大部分被臭氧层吸收,其余可到达地面。因此,臭氧层变薄主要引起地面UV-B辐射增强(侯扶江和贾桂英,1997)。相关资料表明,大气层中的臭氧含量每降低1%,地表UV-B辐射强度会增加2%(吴永波和薛建辉,2004)。相比20世纪80年代预计未来半个世纪中臭氧含量将降低30%,地面UV-B辐射将增强90%(Taalas et al.,2000)。然而,增强的UV-B辐射对地球上的有机生命包括植物具有潜在的危害。有研究表明,UV-B辐射增强会对雌雄异株植物的生长发育和生理代谢产生重要影响,但相关报道不多,且结论不尽一致。例如,Nybakken等(2012)的研究显示,UV-B辐射增强32%对柳叶柳(*Salix myrsinifolia*)的叶面积、叶片厚度、叶片干重及小枝干重的影响较大,但性别之间无明显差异。与此实验结果不同,Xu等(2010b)研究发现UV-B辐射增强2.5倍时,青杨(*Populus cathayana*)雄株在基径、总干重、净光合速率(P_n)、叶绿素含量、过氧化物酶(POD)等指标方面高于雌株;但其脱落酸(ABA)、紫外吸收化合物等指标低于雌株。Feng等(2014)进一步研究发现,增强UV-B辐射,青杨叶绿体中的质体小球变得松散不完整,叶绿体缩短变粗,类囊体变得肿胀及扭曲,且雌株的扭曲程度大于雄株,但雄株在干重、气体交换、叶氮利用效率、脂类过氧化物及二次防御能力上均高于雌株。这反映出不同物种对UV-B辐射增强的响应存在差异。但总体而言,雌株对UV-B辐射的敏感度高于雄株,而防御能力则低于雄株。

UV-B辐射增强其实只是全球环境变化的一个方面。随着气候变暖和人类活动加剧,近几十年来,全球范围内干旱发生的频率和强度都在急剧增加(Dai,2013)。干旱作为一种主要的气象灾害,已经严重地威胁着人类的生存和发展(图3-1)(周蕾,2013)。有关植物对干旱胁迫响应的研究越来越受到人们的重视,尤其是在农作物和经济林木方面已经逐步深入到分子水平(宋松泉和王彦荣,2002;杨帆等,2007;降云峰等,2013)。干旱胁迫对雌雄异株植物的雌雄个体产生的生理生态影响不同。一些研究表明,雌株受到的干旱胁迫强度比雄株大。例如,Dawson和Bliss(1989)发现,潮湿条件下北极柳(*Salix arctica*)

种群中雌株的数量和叶片气孔导度高于雄株，而在干旱条件下北极柳雄株的比例、叶片气孔导度、叶片饱和压差高于雌株。Correia 和 Barradas(2000) 在比较雌雄乳香黄连木(*Pistacia lentiscus*)叶片的光合特性时也发现，在非干旱环境下雌雄叶片的光合特性相似，而在干旱环境中，雌株叶片的 CO_2 同化作用效率、气孔导度及最大量子产量则弱于雄株叶片。同样，Iszkuło 等(2009) 在研究雌株欧洲红豆杉(*Taxus baccata*)对干旱胁迫的忍受能力时也发现，雌株欧洲红豆杉的忍受能力低于雄株，干旱胁迫加大了欧洲红豆杉的灭绝概率。然而，另一些研究结果与此相反，认为雄株对干旱的抵抗能力比雌株差。例如，Soldaat 等(2000) 在 1994~1998 年调查黄雪轮(*Silene otites*)自然种群时发现，雌株所占种群的比例大小与当地土壤水分的干燥程度成正比，干旱的环境中雄株具有更高的死亡率。之后进行的室内实验表明，在 3 周没有水分供应的情况下，雄株的死亡率仍然偏高。Jonasson 等(1997) 在分析果期的乳香黄连木叶片对干旱胁迫的抗性时也得到了相似的结论，雌株叶片对水分胁迫的抗性强于雄株。此外，在以上研究基础上，Han 等(2013b)将青杨雌雄植株相互嫁接后发现，当雌株茎嫁接在雄株根上时，能够有效提高植株抗干旱的能力，表明根系是导致青杨雌雄植株对干旱胁迫产生不同响应的重要因素。

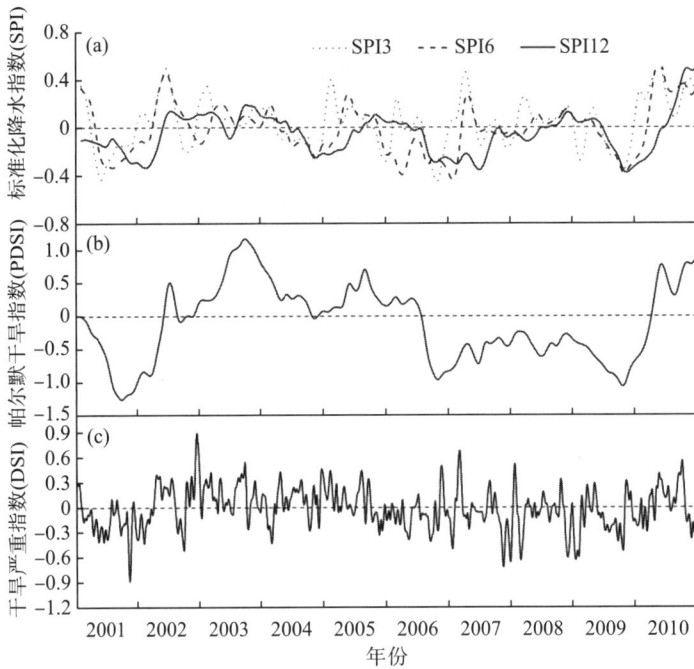

图 3-1　2001~2010 年中国干旱指数全国均值(周蕾，2013)

在日益复杂的环境背景下，单一因素的研究已不能充分说明气候变化对植物的影响，因此更多的研究将致力于双因素甚至多因素的影响作用。目前在国内外已有部分学者开展了 UV-B 辐射和干旱交互胁迫对植物影响的研究，但并无完全一致的结论。一些研究者认为，植物在交互胁迫下受到的伤害程度比单一胁迫下受到的伤害程度轻。例如，Hassan 等(2013) 在研究 UV-B 辐射和干旱胁迫对蚕豆(*Vicia faba*)的影响时发现，干旱胁迫下产生及积累的一些次生代谢产物(花青素和黄酮类物质),增强了蚕豆对 UV-B 辐射胁迫的抵抗能力。同样,He 等(2011)也发现无论是 UV-B 辐射还是干旱先进行胁迫,前一种胁迫都能减轻后一种胁迫对小麦的伤害,而且与干旱胁迫相比,UV-B 辐射胁迫能使植物产生更多的次生代谢产物去抵御后一种胁迫。Yang 等(2005)对沙棘(*Hippophae rhamnoides*)的研究中也有类似的结论,UV-B 辐射减轻了干旱胁迫对高海拔沙棘的伤害。之后,也有部分学者通过实验研究得出了相反的结论。例如,Turtola 等(2006)对柳属植物欧越桔柳和柳叶柳的杂交品种(*Salix myrsinites*×*S. myrsinifolia*)及 *S. myrsinifolia* 进行了研究,结果表明,干旱胁迫并没有减轻 UV-B 辐射对植物的伤害,而是产生了胁迫累加的结果。相似的结果也出现在 Doupis 等(2012)对葡萄(*Vitis vinifera*)抗氧化机制的研究中,他们发现在交互作用下,叶片的抗氧化酶[SOD、CAT、抗坏血酸过氧化物酶(APX)等]活性与其他单因素胁迫组相比显著升高,而叶绿素 a、叶绿素 b、气孔导度及光合作用则显著降低,交互胁迫加重了对植物的伤害。但是,目前关于雌雄异株植物对 UV-B 辐射和干旱交互胁迫响应的性别差异还未见报道。

3.2 实 验 方 法

3.2.1 实验设计

本实验以桑树'沙 2×伦 109'品种(源于四川省农业科学院蚕业研究所桑树科研实验基地)为研究对象。于 2014 年 2 月,从桑树成树上截取长短、粗细一致的枝条按雌雄性别分别扦插在适宜的条件下让其自然生长。待其发芽且长势较稳定后,约 4 月中旬,尽量选择个体大小相似的材料(以减少个体误差)移栽上盆,每个实验材料均保留一个芽。移栽前每盆施 12 g 缓效肥。幼苗移栽后,让其在水分充足的土壤中生长缓苗,待到 5 月初,桑苗长势稳定后,进行胁迫实验。将所用实验地分为 4 个部分,对应 4 个处理条件:①对照组 CK(自然 UV-B 辐射+100%土壤相对含水量);②UV-B 增强组 UV(增强 UV-B 辐射+100%土壤相对含水量);③干旱处理组 DR(自然 UV-B 辐射+30%土壤相对含水量);④UV-B 及干旱交互胁迫组 UD(增强 UV-B 辐射+30%土壤相对含水量)。每组包含 10 株桑树雌性幼苗和 10 株雄性幼苗。本实验从 2014 年 5 月开始处理至 9 月结束。

进行 UV-B 辐射胁迫时,使用 40 W 的 UV-B(275~400 nm)灯管(北京光电技术研究所),悬于植株上方。在整个实验过程中,根据 Caldwell 等(1983)和李海涛等(2003)的研究方法,自制可调式 UV-B 自动控制系统,对外界紫外线辐射的强弱进行跟踪,使 UV 和 UD 组的 UV-B 辐射强度一直比 CK 组高 10%。UV 和 UD 组用醋酸纤维膜(0.13 mm,过滤 300 nm 以下的光波)过滤掉灯管辐射的 UV-C。CK 组只接收自然光中的 UV-B 辐射。

干旱胁迫设置 100%和 30%两个梯度的土壤相对含水量。根据植物鲜重与植物高度的关系:$Y = 0.975 + 0.112X(R^2 = 0.968,P < 0.001)$确定土壤相对含水量(Xu et al.,2008a)。每天对盆进行称重,根据土壤水分的蒸发量,及时添加水分。

3.2.2　测量指标

1)形态特征和生物量

实验开始前用游标卡尺测量每株植株的株高、基径，实验结束后再次用游标卡尺测量每株植株的最终株高、基径并计算二者的净增加量。同时，采用 LI-3000C 便携式叶面积仪(LI-COR 公司，美国)对植株总叶面积进行测量。随后将植株分别按叶、茎和根采收生物量并置于 70 ℃恒温烘箱烘干至恒重后称重，获得不同处理下的叶生物量、茎生物量和根生物量。最后计算总干重和比叶面积(总叶面积/总叶片干重)。

2)气体交换和叶绿素荧光参数

气体交换的测定：随机选取不同处理下雌雄植株各 5 株进行气体交换及叶绿素荧光参数的测量，选取从植株顶部以下第 4 片完全展开的叶片作为实验材料获取实验数据。利用便携式光合仪(LI-6400，LI-COR 公司，美国)测量其净光合速率(P_n)、蒸腾速率(T_r)、气孔导度(g_s)及胞间二氧化碳浓度(C_i)。测定时，设定叶室温度为 25 ℃，相对湿度为 50%，人工光源有效辐射为 1800 $\mu mol \cdot m^{-2} \cdot s^{-1}$，$CO_2$ 浓度设为 380 $\mu mol \cdot mol^{-1}$。测量时间为上午 8:00~11:30。水分利用效率(WUE_i)利用 P_n/T_r 进行计算。

叶绿素荧光参数的测定：利用调制叶绿素荧光成像系统(Imaging-PAM，Walz 公司，德国)，测量叶绿素荧光动力学曲线，获取 PSⅡ光化学效率(F_v/F_m)、光化学淬灭系数(qP)、非光化学淬灭系数(qN)和光合量子产量(Yield)等叶绿素荧光参数，测量前将叶片进行暗适应 30 min。

3)叶片碳同位素组分

碳同位素($\delta^{13}C$)的测定选取与测定气体交换相同的叶片，将叶片放在 80 ℃的烘箱中烘干，将烘干后的叶片研磨成粉末状，灼烧。用质谱仪测量样品中稳定碳同位素的丰度。样品的 δ 标准值精确到 0.1‰。碳同位素差异根据公式 $\Delta=(\delta_a-\delta_p)/(1+\delta_p)$ 进行计算，其中 δ_a 为空气中的同位素组分，δ_p 为植物中的相对碳同位素组分，且假定 δ_a 为-0.8‰。

4)叶片光合色素

叶绿素 a、叶绿素 b 和类胡萝卜素用丙酮法进行提取，并根据赵世杰等(1998)的方法进行测定。

5)叶片水势和电导率

在太阳升起之前，取桑树由上往下数第 3 片或者第 4 片完全展开的叶片，裁取一定面积，用湿纸巾包裹，放入有冷却剂的塑料袋中，待测。利用 WP4 露点水势仪(Decagon 公司，美国)对植株叶片的水势进行测量。叶片膜渗透性的测量利用电导率仪，每个处理选取雌雄植株各 5 株，摘取同一个叶位的叶片，将其剪碎，浸泡在蒸馏水中 3 h 后，测量其电导率。

6)叶片抗氧化酶活性

POD 活性的测定采用愈创木酚法，将 1 min 内 OD_{470} 提升 0.01 定义为一个酶活力单位；采用氮蓝四唑(NBT)比色法测定 SOD 活性，用抑制 NBT 光氧化还原 50%的酶量为一个酶活力单位；CAT 活性按照 Dhindsa 等(1982)所描述的方法测定。具体测定方法参阅 2.2 节。

7)丙二醛、可溶性蛋白及游离脯氨酸含量

丙二醛(MDA)含量的测定采用硫代巴比妥酸(TBA)法；可溶性蛋白(Pr)含量的测定采用考马斯亮蓝法，在 595 nm 波长下测定各样品的吸光度，并通过标准曲线查得样品中可溶性蛋白的含量；游离脯氨酸的测定，将发育完全的幼叶用 3%的磺基水杨酸提取，匀浆在 $10000g$ 离心，上清液用于游离脯氨酸的测定。反应液包含 2 mL 上清液、2 mL 酸性茚三酮和 2 mL 乙酸，把反应液置于沸水(100 ℃)中煮 1 h。然后在冰盒中终止反应，反应混合液用 4 mL 甲苯萃取，读取萃取液在 520 nm 处的吸光度。根据脯氨酸标准曲线计算其含量。

8)UV-B 吸收化合物及花青素含量

UV-B 吸收化合物的测定：将酸化甲醇(MeOH∶H₂O∶HCl = 79∶20∶1，体积比)作为提取液提取叶片中的 UV-B 吸收化合物。将 UV-B 吸收化合物于紫外分光光度计(Unicam UV-330，英国)作 300 nm 吸收光谱扫描，每平方米叶面积在 280～320 nm 内的最大吸收值表示 UV-B 吸收化合物浓度。

花青素含量的测定：用与提取 UV-B 吸收化合物相同的提取液对花青素相对含量进行测定，为了校正叶绿素的干扰，用公式 $OD_{530}-1/4\ OD_{657}$ 进行计算。

9)叶片细胞器超显微结构

在植株由上往下数第 5 片完全展开的叶片上选取 1～2 mm 长的部分进行叶肉细胞超显微结构的观察。将叶片固定于 3%的戊二醛中，并在 4 ℃条件下，将其浸泡在 0.1 mol/L 的磷酸缓冲液(pH 7.2)中 6～8 h。用 1%的四氧化锇进行固定，继续在 0.1 mol/L 的磷酸缓冲液中浸泡 1～2 h。随后将叶片放入 50%、60%、70%、80%、90%、95%和 100%的乙醇溶剂中脱水。脱水后将叶片嵌入环氧树脂包埋剂中，切成 80 nm 的超薄片，用乙酸双氧铀和柠檬酸铅染色。最后将其安装在铜网格中，在透射电子显微镜(H-600IV，日本)下进行观察。

3.2.3　统计方法

采用 SPSS19.0 软件进行实验数据处理分析。双因素的方差分析用于比较 UV-B 处理、干旱处理及它们之间可能存在的交互作用。另外，采用单因素方差分析(one-way ANOVA)对各处理间的平均值进行 Duncan 多重比较。

3.3　增强 UV-B 辐射和干旱胁迫对幼苗生长的影响

增强 UV-B 辐射、干旱及它们的交互胁迫对农作物和森林树木的影响已经被广泛研究，许多研究表明增强 UV-B 辐射和干旱胁迫都能够对植物的生长发育、形态建成产生严重的负面影响，例如，高天鹏等(2009)对春小麦的形态及生物量的研究、Petropoulou 等(1995)对云杉(*Picea asperata*)的研究、Nogués 和 Baker(2000)对地中海植物[木樨榄(*Olea europaea*)、迷迭香(*Rosmarinus officinalis*)、法国薰衣草(*Lavandula stoechas*)]的研究及 Turtola 等(2006)对杨柳科植物的研究均发现在增强 UV-B 辐射与干旱胁迫下，植物的生长与生物量积累受到抑制。

3.3.1　对形态生长的影响

本实验结果显示，增强 UV-B 辐射显著降低了幼苗的总叶面积、株高增量和基径增量。幼苗的叶片数量没有受到 UV-B 辐射增强的影响。然而，幼苗的比叶面积在增强 UV-B 辐射处理下有显著提高(表 3-1)。干旱胁迫显著降低了幼苗的总叶面积、叶片数量、株高增量和基径增量，桑树雌株幼苗比叶面积呈上升趋势而雄株幼苗则显著下降(表 3-1)。在增强 UV-B 辐射和干旱胁迫的交互作用下，幼苗的总叶面积、叶片数量、株高增量、基径增量均显著降低且下降的幅度明显高于增强 UV-B 辐射或干旱的单独处理(表 3-1)。说明在交互作用下，干旱胁迫不仅没有缓解增强 UV-B 辐射对桑苗造成的影响，反而加重了其对桑苗的伤害。除此之外，研究结果还显示，不论在何种胁迫处理下，桑树雌株幼苗受到的胁迫程度总体上高于桑树雄株幼苗(表 3-1)。这一结果也进一步证实了增强 UV-B 辐射及干旱胁迫会抑制雌雄异株植物尤其是雌株植株的生长。

表 3-1　增强 UV-B 辐射和干旱胁迫及其交互作用对桑树雌雄幼苗形态的影响

组别	性别	总叶面积/cm^2	叶片数量	比叶面积/(cm$^2\cdot$g^{-1})	株高增量/cm	基径增量/mm
CK	F	1365.61±29.89a	15.80±1.74a	177.12±8.20b	32.20±1.91a	2.30±0.39ab
	M	1377.42±97.80a	14.60±1.16a	195.93±5.33b	32.54±1.19a	2.58±0.17a
UV	F	1030.85±23.91c	15.00±0.54a	243.12±9.77a	16.60±0.78c	1.59±0.21c
	M	1240.05±54.51b	14.60±0.50a	233.09±6.01a	23.50±1.00b	1.97±0.23bc
DR	F	549.52±14.18e	10.20±0.58b	208.27±2.92ab	10.12±0.35d	0.59±0.02d
	M	658.07±17.63d	10.80±0.66b	150.57±5.98c	14.32±0.72c	0.67±0.05d
UD	F	432.31±12.55f	9.40±0.60b	202.01±1.83b	5.56±0.23e	0.51±0.02d
	M	606.73±13.97de	10.40±0.24b	142.99±4.60c	12.80±0.46cd	0.68±0.05d

续表

组别	性别	总叶面积/cm²	叶片数量	比叶面积/(cm²·g⁻¹)	株高增量/cm	基径增量/mm
	S	<0.001	0.426	<0.001	<0.001	0.102
	U	<0.001	0.426	<0.001	<0.001	0.013
	D	<0.001	<0.001	0.681	<0.001	<0.001
P	S×U	0.064	0.632	0.588	0.105	0.752
	S×D	0.016	0.657	0.014	0.667	0.451
	U×D	0.023	0.873	<0.001	<0.001	0.028
	S×U×D	0.010	0.873	0.692	0.004	0.994

注：数值为平均值±标准误，同列数据后的相同字母表示差异不显著，不同字母表示差异显著。CK，对照；UV，UV-B 处理；DR，干旱处理；UD，UV-B 和干旱交互处理；F，雌株；M，雄株。S，性别效应；U，增强 UV-B 辐射处理效应；D，干旱处理效应；S×U，性别与 UV-B 处理交互效应；S×D，性别与干旱处理交互效应；U×D，UV-B 与干旱处理交互效应；S×U×D，性别、增强 UV-B 辐射和干旱处理的交互效应。

3.3.2　对生物量的影响

本实验结果显示，增强 UV-B 辐射、干旱胁迫及其交互作用均显著降低了桑树雌雄幼苗的叶干重、茎干重、根干重和总干重。在增强 UV-B 辐射和干旱分别处理下，雌性桑苗的叶干重、茎干重、根干重及总干重均显著低于雄株，而在对照组中，以上这些指标在性别上均无显著差异。另外，在增强 UV-B 辐射和干旱交互作用下，桑苗的茎干重、根干重和总干重的下降幅度显著高于 UV-B 单独处理时的下降幅度，且雌株在根干重、茎干重、叶干重和总干重上均显著低于雄株（表 3-2）。

表 3-2　增强 UV-B 辐射和干旱胁迫及其交互作用对桑树雌雄幼苗生物量的影响

组别	性别	叶干重/g	茎干重/g	根干重/g	总干重/g
CK	F	7.71±0.14a	11.08±0.44a	10.46±0.94a	27.27±1.37a
	M	7.03±0.22a	11.12±0.59a	10.87±0.24a	28.02±0.72a
UV	F	4.24±0.16c	7.07±0.16c	6.99±0.52c	17.31±0.82c
	M	5.32±0.30b	9.39±0.31b	8.67±0.38b	22.38±0.36b
DR	F	3.64±0.30d	4.73±0.15e	2.57±0.16e	8.94±0.38e
	M	4.37±0.23c	5.18±0.20d	4.02±0.18d	13.38±0.60d
UD	F	2.12±0.07e	3.06±0.12f	2.39±0.09e	7.57±0.28e
	M	4.24±0.20c	4.68±0.38de	3.91±0.14d	11.93±0.71d
	S	<0.001	<0.001	<0.001	<0.001
	U	<0.001	<0.001	<0.001	<0.001
	D	<0.001	<0.001	<0.001	<0.001
P	S×U	0.43	0.01	0.28	0.050
	S×D	0.02	0.46	0.47	0.164
	U×D	<0.001	<0.001	<0.001	<0.001
	S×U×D	0.06	0.03	0.33	0.042

注：标示同表 3-1。

生物量是权衡植物是否受到增强 UV-B 辐射和干旱影响的重要指标。本实验结果表明，增强 UV-B 辐射和干旱都能使幼苗的根、茎、叶及总干重显著下降。这也进一步证明了桑树幼苗的生物量积累受到了严重影响。另外，在增强 UV-B 辐射及干旱胁迫下，雌株桑苗的株高增量及根、茎、叶干重均低于雄株，这与聂磊（2001）、王生耀等（2008）及冯虎元等（2002）对柚（*Citrus maxima*）、牧草及小麦的研究结果相一致。因此，在增强 UV-B 辐射和干旱胁迫环境中，桑树雌株幼苗受到的负面影响较大，雄株幼苗的抗性显著高于雌株。

3.4 增强 UV-B 辐射和干旱胁迫对幼苗光合生理的影响

光合作用是植物最重要的生理过程之一，是生物界赖以生存的基础，它对环境的变化非常敏感。大量研究表明，UV-B 辐射的增强能够阻碍植物生长发育，改变植物的形态结构，使植物光合色素减少、光合作用降低；此外，干旱对植物的生长、生物量、光合速率和蒸腾速率等众多生理过程也有明显的影响。因此，研究增强 UV-B 辐射和干旱胁迫对桑树光合生理的影响，对于理解和预测全球气候变化对桑树生长发育的影响具有重要意义。

3.4.1 对幼苗光合色素的影响

本实验结果显示，与对照相比，增强 UV-B 辐射显著降低了桑树雌雄幼苗的叶绿素 a 和总叶绿素含量及增加了类胡萝卜素含量，且雄性幼苗的总叶绿素含量显著高于雌性幼苗；干旱胁迫显著降低了桑树幼苗的叶绿素 a 和总叶绿素含量，且雄株叶绿素 b 含量显著高于雌株而叶绿素 a/b 则显著低于雌株；UV-B 与干旱交互作用下，桑树雌雄植株的叶绿素 a、叶绿素 b、总叶绿素含量显著降低，雄株的叶绿素 a 含量、类胡萝卜素含量、总叶绿素含量和叶绿素 a/b 显著高于雌株（表 3-3）。

表 3-3 增强 UV-B 辐射和干旱胁迫及其交互作用对桑树雌雄幼苗叶片光合色素的影响

组别	性别	叶绿素 a 含量/ ($\mu g \cdot cm^{-2}$)	叶绿素 b 含量/ ($\mu g \cdot cm^{-2}$)	类胡萝卜素含量/ ($\mu g \cdot cm^{-2}$)	总叶绿素含量/ ($\mu g \cdot cm^{-2}$)	叶绿素 a/b
CK	F	25.00±1.08a	4.65±0.43a	3.89±0.16c	29.64±1.06a	5.60±0.62a
	M	24.82±1.08a	4.68±0.38a	3.99±0.11c	29.50±1.28a	5.43±0.43a
UV	F	15.56±1.23bc	3.97±0.39ab	4.38±0.61bc	19.53±1.27c	4.08±0.50ab
	M	19.28±1.24b	4.39±0.37a	6.07±0.90b	23.67±1.22b	4.54±0.58ab
DR	F	14.62±1.17c	3.37±0.15bc	4.16±0.43bc	17.70±1.18c	4.37±0.42ab
	M	16.83±1.48bc	4.51±0.19a	5.05±0.30bc	21.34±1.64bc	3.71±0.21c
UD	F	10.06±0.91d	2.85±0.31c	5.63±0.73bc	12.91±0.75d	3.76±0.58c
	M	15.60±1.76bc	3.29±0.19bc	7.82±0.74a	18.89±1.83c	4.78±0.59ab

续表

组别	性别	叶绿素 a 含量/$(\mu g \cdot cm^{-2})$	叶绿素 b 含量/$(\mu g \cdot cm^{-2})$	类胡萝卜素含量/$(\mu g \cdot cm^{-2})$	总叶绿素含量/$(\mu g \cdot cm^{-2})$	叶绿素 a/b
	S	0.004	0.033	0.005	0.001	0.654
	U	<0.001	0.006	<0.001	<0.001	0.186
	D	<0.001	<0.001	0.012	<0.001	0.044
P	S×U	0.053	0.744	0.085	0.073	0.119
	S×D	0.250	0.228	0.433	0.163	0.964
	U×D	0.016	0.401	0.315	0.031	0.057
	S×U×D	0.879	0.238	0.853	0.660	0.475

注：标示同表 3-1。

增强 UV-B 辐射和干旱胁迫显著降低了桑树雌雄幼苗的叶绿素含量，桑树幼苗的光合作用将因叶绿素含量的降低而受到严重影响。此结果与 Bassman 等（2001）在 UV-B 辐射下对花旗松（*Pseudotsuga menziesii*）叶绿素含量影响的研究结果，以及邹春静等（2003）在干旱情况下对沙地云杉（*Picea meyeri*）叶绿素含量影响的研究结果一致，而与王磊等（2007）对大豆的研究结果相反。出现这一结果可能是由于植物种类不同或者是实验环境不同造成的。已有研究表明，这与叶绿体色素受增强 UV-B 辐射及干旱影响的差异和植物种类及生长环境有关。在温室或者生长室中的植物由于光谱发生了变化，其叶绿素含量在 UV-B 辐射下常表现为降低，而在田间实验中则表现得不太敏感（陈梦华等，2014；任健，2006）。那些本身生活在干旱环境下的植物，其叶绿素含量在干旱胁迫下则不受影响，甚至上升（Oukarroum et al.，2007）。另外，在增强 UV-B 辐射及其与干旱交互作用的环境中，桑树雄株的总叶绿素含量均显著高于雌株，干旱作用下雄株的叶绿素 b 含量显著高于雌株，叶绿素 a/b 则显著高于雌株。这一结果表明，桑树雌株捕获及转换光能的能力受到 UV-B 辐射和干旱不利影响的程度比雄株更高。

3.4.2　对幼苗气体交换指标和 $\delta^{13}C$ 的影响

本实验结果显示，在增强 UV-B 辐射下，桑树雌雄幼苗叶片的净光合速率（P_n）、气孔导度（g_s）显著降低，且雌株桑苗的 P_n 和叶片蒸腾速率（T_r）显著低于雄株。干旱胁迫使桑苗叶片的 P_n、g_s、T_r 及雌株的胞间二氧化碳浓度 C_i 显著降低，且除了 C_i，雌株的以上指标均显著低于雄株。UV-B 辐射和干旱胁迫的交互作用显著降低了雌雄桑苗的各项光合参数，雌株的光合参数下降幅度大于雄株，导致其 P_n 和 g_s 显著低于雄株（表 3-4）。

表 3-4　增强 UV-B 辐射和干旱胁迫及其交互作用对桑树雌雄幼苗叶片光合作用的影响

组别	性别	P_n/$(\mu mol \cdot m^{-2} \cdot s^{-1})$	g_s/$(mol \cdot m^{-2} \cdot s^{-1})$	T_r/$(mmol \cdot m^{-2} \cdot s^{-1})$	C_i/$(\mu mol \cdot mol^{-1})$
CK	F	20.47±0.80a	0.70±0.02a	6.61±0.35a	298.31±0.35a
	M	20.22±1.44a	0.76±0.04a	6.38±0.36a	293.44±8.17ab

组别	性别	$P_n/(\mu mol \cdot m^{-2} \cdot s^{-1})$	$g_s/(mol \cdot m^{-2} \cdot s^{-1})$	$T_r/(mmol \cdot m^{-2} \cdot s^{-1})$	$C_i/(\mu mol \cdot mol^{-1})$
UV	F	12.63±0.42c	0.52±0.03b	4.85±0.10b	287.39±3.77ab
	M	15.51±0.91b	0.60±0.05b	5.80±0.33a	291.57±4.52ab
DR	F	9.53±0.39d	0.33±0.02de	3.27±0.13c	267.99±4.73b
	M	12.35±0.58c	0.50±0.01bc	4.32±0.26b	252.17±7.04b
UD	F	8.06±0.60e	0.30±0.02e	2.64±0.13c	243.08±3.25c
	M	11.36±1.22cd	0.41±0.03cd	3.22±0.48c	247.12±2.00c
P	S	0.006	<0.001	0.009	0.266
	U	<0.001	<0.001	<0.001	0.442
	D	<0.001	<0.001	<0.001	<0.001
	S×U	0.379	0.679	0.401	0.944
	S×D	0.405	0.133	0.292	0.231
	U×D	0.001	0.019	0.474	0.042
	S×U×D	0.110	0.483	0.063	0.224

注：标示同表 3-1。

在增强 UV-B 辐射下，桑树幼苗的水分利用效率（WUE_i）和碳同位素 $\delta^{13}C$ 显著下降（$P=0.002$，$P<0.001$），且在增强 UV-B 辐射下雌株的 $\delta^{13}C$ 显著低于雄株，而雌株的 WUE_i 指标虽然也低于雄株，但是未达到显著水平。与对照相比，干旱胁迫使桑苗的 $\delta^{13}C$ 显著上升，且雄株的 $\delta^{13}C$ 显著高于雌株。另外，增强 UV-B 辐射和干旱胁迫交互作用下桑苗的 $\delta^{13}C$ 显著低于干旱处理时，且雌株的 $\delta^{13}C$ 值下降的幅度比雄株更大（图 3-2）。

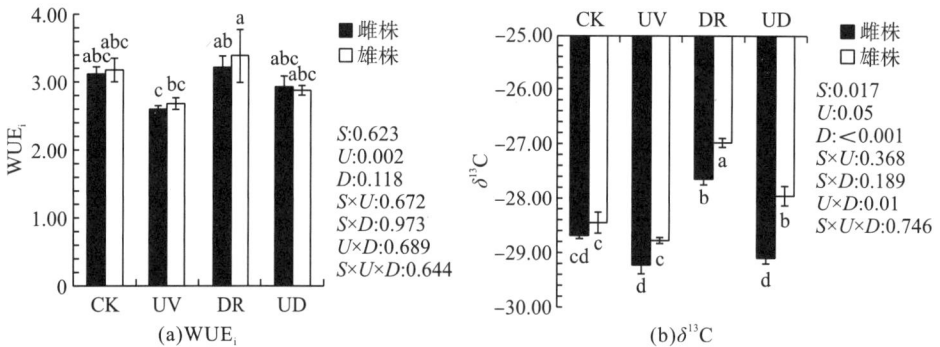

图 3-2 增强 UV-B 辐射、干旱胁迫及其交互作用对桑树雌雄幼苗叶片 WUE_i 和 $\delta^{13}C$ 的影响
数值为平均值±标准误。小写字母代表雄株（雌株）处理组间的差异性（Duncan 多重检验法，$P<0.05$）。后同

植物的生物量积累主要来源于植物的光合作用，生物量的减少往往暗示植物在生理、生化方面受到了严重的影响（李元等，2001）。增强 UV-B 辐射和干旱胁迫使雌雄桑苗的净光合速率（P_n）、气孔导度（g_s）、叶片蒸腾速率（T_r）、WUE_i 和雌株的 $\delta^{13}C$ 明显下降。因此，我们认为前述研究发现的桑树雌雄植株在 UV-B 辐射和干旱环境中生物量显著降低的原

因，主要应归结于植株的气体交换或水分利用效率受到了负面影响。该结果与蔡海霞等 (2011)对沙棘的研究结果相一致。在增强 UV-B 辐射处理下，桑树雌株的 P_n 和 T_r 显著低于雄株，而在干旱处理下，雌株除 C_i 外的其他指标均低于雄株。这也说明，在胁迫环境下桑树雌株的抗性要显著低于雄株。另外，在 UV-B 辐射与干旱交互胁迫下，桑苗的各光合指标均显著低于 UV-B 辐射单独处理时的值，且雌株 P_n 的下降幅度比雄株更大。这说明干旱与增强 UV-B 辐射交互作用对桑苗的伤害更大，干旱胁迫非但没有缓解增强 UV-B 辐射对桑苗的伤害，反而加重了其对桑苗光合作用的负面影响。相较于雄株，雌株受到 UV-B 辐射和干旱二者交互作用的影响更大。

3.4.3 对幼苗叶绿素荧光参数的影响

本实验结果显示，在增强 UV-B 辐射处理下，桑苗雌株的 F_v/F_m 显著下降($P = 0.001$)，而雄株的 F_v/F_m 及雌雄株的 qN、qP 和 Yield 则没有显著变化，且雌性桑苗的 F_v/F_m 显著低于雄性桑苗。在干旱处理下，桑苗雌雄株的 F_v/F_m 显著下降，雌株的 qN 显著上升，其余无显著变化。雌株在干旱胁迫下的 F_v/F_m、Yield 显著低于雄株，而 qN 则显著高于雄株。在 UV-B 辐射和干旱交互作用下，桑树雌雄幼苗的 F_v/F_m、雌株的 qP 和 Yield 显著低于对照组及 UV-B 辐射处理组，而雄株的 qP 和 Yield 则与对照组无显著差异。另外，在交互作用下，桑树雄株的 F_v/F_m、qP、qN、Yield 均显著高于雌株(表 3-5)。

表 3-5 增强 UV-B 辐射、干旱胁迫及其交互作用对桑树雌雄幼苗叶片叶绿素荧光参数的影响

组别	性别	F_v/F_m	qP	qN	Yield
CK	F	0.86±0.01a	0.86±0.01a	0.64±0.01c	0.77±0.04ab
	M	0.86±0.01a	0.86±0.01a	0.63±0.01c	0.82±0.01a
UV	F	0.79±0.02c	0.82±0.03a	0.69±0.03bc	0.78±0.02a
	M	0.82±0.02ab	0.87±0.04a	0.64±0.02c	0.82±0.01a
DR	F	0.72±0.02de	0.79±0.01ab	0.75±0.01ab	0.69±0.02bc
	M	0.78±0.01c	0.84±0.01a	0.66±0.02c	0.78±0.03a
UD	F	0.71±0.02e	0.72±0.02c	0.73±0.02a	0.65±0.01c
	M	0.75±0.01cd	0.81±0.05ab	0.79±0.02b	0.77±0.01ab
P	S	0.002	0.031	0.001	0.001
	U	0.001	0.138	0.004	0.644
	D	<0.001	0.003	<0.001	0.001
	S×U	0.863	0.355	0.638	0.979
	S×D	0.061	0.282	0.113	0.165
	U×D	0.442	0.452	0.353	0.429
	S×U×D	0.301	0.914	0.143	0.568

注：标示同表 3-1。

植物 P_n 下降的原因有很多，如 PSⅡ受到干扰、卡尔文循环中酶的含量及活性降低、光合作用的转录基因受到抑制、叶绿体结构的改变及光合色素的减少等。本实验结果表明，在 P_n 受增强 UV-B 辐射和干旱影响下降的同时，桑树幼苗的 F_v/F_m 显著下降。F_v/F_m 反映了 PSⅡ反应中心内禀光能转换效率(李涵茂等，2009)。F_v/F_m 的显著降低反映了增强 UV-B 辐射和干旱处理对桑树幼苗 PSⅡ反应中心内禀光能转换效率有明显的胁迫作用，而该参数的降低可能是由增强 UV-B 辐射对桑树叶片 PSⅡ反应中心造成光化学伤害或者是系统提高热耗散所引起的(陈贻竹等，1995)。实验还表明，雌雄桑苗在受到增强 UV-B 辐射和干旱二者交互作用的胁迫后，qN 显著上升，而桑树雌株幼苗的 Yield 显著下降。同时，雄株个体在 UV-B 辐射和干旱二者交互作用下具有比雌株更高的 F_v/F_m、qP、qN、Yield 值。这些结果一方面反映出 F_v/F_m 的降低是由于桑苗在受到增强 UV-B 辐射和干旱胁迫后，PSⅡ中的电子产量及电子传递活性受到抑制，将更多的能量用于热耗散，另一方面反映了桑树雄株幼苗在增强 UV-B 辐射和干旱作用下具有比雌株幼苗更强的抗性。类似的结果在关于青杨(*Populus cathayana*)、北极柳(*Salix arctica*)和落叶松(*Larix gmelinii*)的研究中也曾发现(Xu et al.，2008a，2010b；Albert et al.，2010；孟庆焕等，2013)。

3.5　增强 UV-B 辐射和干旱胁迫对幼苗生理生化指标的影响

UV-B 和干旱是限制植物生长发育的主要环境因子。然而，植物在长期进化过程中形成了抵御环境胁迫的一系列防御机制，它能将胁迫信号逐级传递，采取生长发育、外部形态、生理生化等方面的防御策略来适应不利环境。本节从叶片水势、相对电导率、抗氧化酶活性和渗透调节物质等方面研究桑树雌雄幼苗对增强 UV-B 辐射和干旱胁迫的生理响应，以期对胁迫下桑树雌雄植株的抗性机制进行补充与探索。

3.5.1　对幼苗叶片水势和相对电导率的影响

本实验结果显示，增强 UV-B 辐射虽然使叶片水势降低，但是未达到显著水平，且雌雄桑苗之间没有显著差异。干旱胁迫使桑苗叶片水势显著下降，但是叶片水势在雌雄桑苗之间也没有显著差异。增强 UV-B 辐射和干旱交互作用使雌性桑苗的叶片水势相较于干旱胁迫显著下降，而雄株的叶片水势则与干旱胁迫时的水平无显著差异。雌株幼苗在交互作用下的水势明显低于雄株(图 3-3)。

叶片水势是反映植物是否缺失水分的重要指标，水势的高低反映着植物自身的水分状况。干旱情况越严重，叶片水势越低，越影响植物叶片的光合作用。本实验结果表明，增强 UV-B 辐射没有造成叶片水势的显著下降，而干旱胁迫则显著降低了叶片水势。该结果反映出干旱对叶片水势的影响大于 UV-B 辐射。这与王丁等(2011)对喀斯特主要造林树种的研究结果相吻合。另外，在增强 UV-B 辐射与干旱交互作用下，雌株桑苗的叶片水势显著低于 UV-B 辐射与干旱单独处理下的叶片水势，并且显著低于雄株桑苗，说明干旱加重了 UV-B 辐射对桑树幼苗的胁迫，且雌株受到的胁迫伤害显著高于雄株。

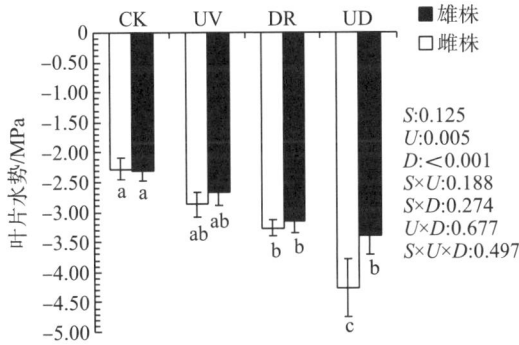

S:0.125
U:0.005
D:<0.001
S×U:0.188
S×D:0.274
U×D:0.677
S×U×D:0.497

图 3-3　增强 UV-B 辐射、干旱胁迫及其交互作用对桑树雌雄幼苗叶片水势的影响

本实验结果显示，增强 UV-B 辐射对于叶片的相对电导率没有显著影响。干旱胁迫下，雌株叶片的相对电导率显著增高，而雄株与对照相比无显著差异；增强 UV-B 辐射和干旱交互作用显著增加了桑树雌雄植株的相对电导率，与对照或者干旱处理相比，雌株桑苗的相对电导率增加幅度更大（图 3-4）。

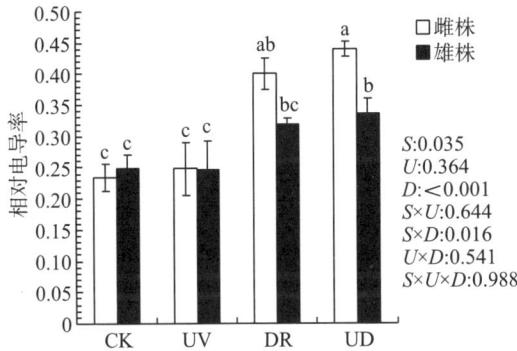

S:0.035
U:0.364
D:<0.001
S×U:0.644
S×D:0.016
U×D:0.541
S×U×D:0.988

图 3-4　增强 UV-B 辐射、干旱胁迫及其交互作用对桑树雌雄幼苗叶片相对电导率的影响

相对电导率也是一个反映植物是否受到胁迫的重要指标，其大小反映了植物细胞膜的透性是否受到影响。植物的细胞膜对调控细胞的物质交流起着非常重要的作用，当植物受到胁迫时，细胞膜一旦损坏，便可导致植物细胞内的离子发生失调，生理代谢开始紊乱，从而导致细胞死亡（庞士铨，1990）。相对电导率越小，细胞膜的透性就越小，说明细胞膜所受到的伤害就越小（李元等，1992）。本实验结果表明，增强 UV-B 辐射没有使雌雄桑苗的相对电导率显著上升，但干旱胁迫下雌雄桑苗的相对电导率提升明显，且雌株桑苗的相对电导率高于雄株。该结果说明增强 UV-B 辐射对叶片细胞膜的伤害不大，但是在干旱情况下，植物叶片的细胞膜发生了严重的损伤，而雌株受到的伤害要高于雄株。增强 UV-B 辐射与干旱交互作用下，桑苗的相对电导率较增强 UV-B 辐射显著上升，且桑树雌株的上

升幅度显著高于雄株。与干旱胁迫相比，雌雄植株的相对电导率在交互作用的影响下并没有显著提高。这说明交互作用下相对电导率的显著上升主要是由干旱引起的，干旱对细胞膜的伤害远大于增强 UV-B 辐射。这与杨鹏辉等(2003)研究干旱胁迫对抗旱大豆质膜透性影响的结果一致。

3.5.2 对幼苗叶片抗氧化酶活性的影响

本实验结果显示，在增强 UV-B 辐射下，与对照相比，桑树雌雄幼苗的 CAT、POD、APX 活性显著增加，而雌株桑苗的 SOD 活性显著降低，且在 UV-B 处理下桑树雄株的酶活性均高于雌株。干旱胁迫显著增加了桑树雌雄幼苗的 CAT、POD、APX 活性，显著降低了雌株桑苗的 SOD 活性，且在干旱处理下雄株桑苗的酶活性均高于雌株。在 UV-B 和干旱二者交互作用下，桑树雌雄幼苗的 CAT、POD、APX 活性显著增加，雄株桑苗的 CAT 活性相较于增强 UV-B 辐射和干旱单独处理均显著增强，而雌株则没有显著变化。桑树雌雄幼苗的 SOD 和 APX 活性在交互作用下，与单因素处理相比无显著的提高或降低(图 3-5)。

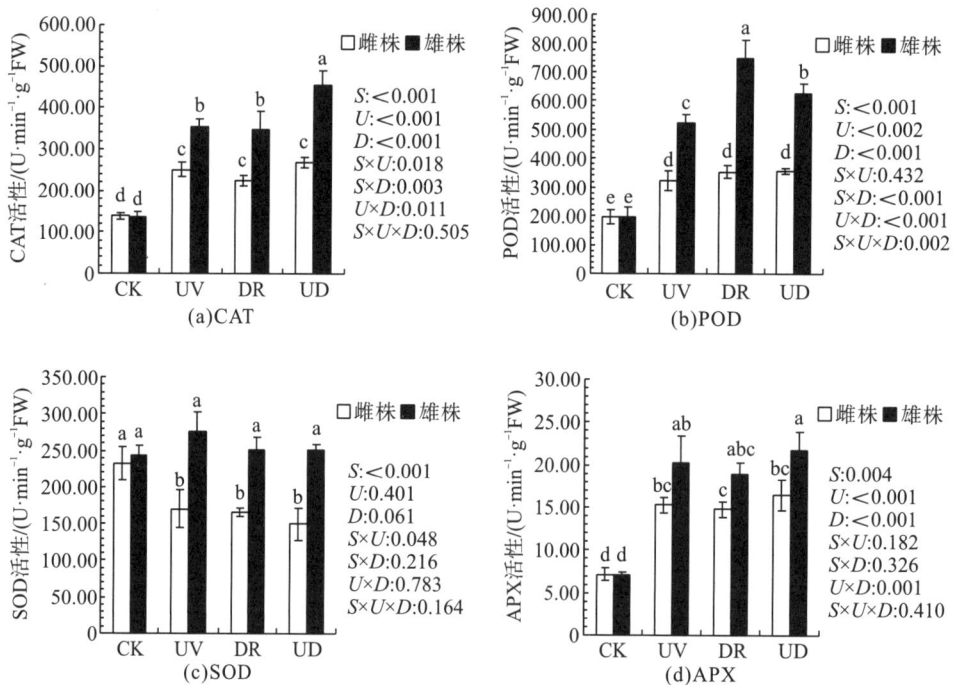

图 3-5 增强 UV-B 辐射、干旱胁迫及其交互作用对桑树雌雄幼苗叶片 CAT、POD、SOD、APX 活性的影响

大量研究表明，增强 UV-B 辐射与干旱胁迫能对植物的抗氧化酶活性造成影响。在抗氧化酶中，POD、CAT 及 APX 可以催化 H_2O_2 分解为 H_2O 和 O_2，从而防止 H_2O_2 对植物细胞造成伤害。实验中发现，增强 UV-B 辐射、干旱以及二者交互作用显著提高了桑树雌

雄幼苗的 CAT、POD、APX 的活性,且雄株的 POD 和 CAT 活性均显著高于雌株。雄株酶活性的显著提高说明雄株桑苗的抗氧化酶系统对 UV-B 辐射及干旱的响应更积极,更有利于清除 H_2O_2,以保护细胞。此外,实验还发现增强 UV-B 辐射、干旱及二者交互作用显著降低了雌株桑苗的 SOD 活性。由于 SOD 可将 $\cdot O_2^-$ 转化为 H_2O_2,因此雌株桑苗 SOD 活性的降低则大大降低了其将 $\cdot O_2^-$ 转化为 H_2O_2 的能力,而雄株桑苗能维持较高的 SOD 活性则反映了其将 $\cdot O_2^-$ 转化为 H_2O_2 的能力较强。因此,桑树雌株相对于雄株受到 UV-B 辐射的影响更大。

3.5.3　对幼苗叶片 MDA、Pr 和游离脯氨酸含量的影响

本实验结果显示,与对照相比,增强 UV-B 辐射使桑苗的 Pr 含量及雌株幼苗的 MDA 和游离脯氨酸含量显著增高,雄株桑苗的 MDA 及游离脯氨酸含量均显著低于雌株桑苗。干旱胁迫使雌株幼苗的 MDA 和游离脯氨酸及雄株的 Pr 含量显著增高,在干旱下雄株的 MDA 和游离脯氨酸含量显著低于雌株,而 Pr 含量则显著高于雌株。增强 UV-B 辐射和干旱胁迫交互作用使雌雄桑苗的 Pr 和游离脯氨酸含量及雌株桑苗的 MDA 含量显著增加,且雌株 MDA 和游离脯氨酸含量显著高于雄株。在各胁迫环境中,雄株具有比雌株更高的 Pr 含量及更低的 MDA 和游离脯氨酸含量(图 3-6)。

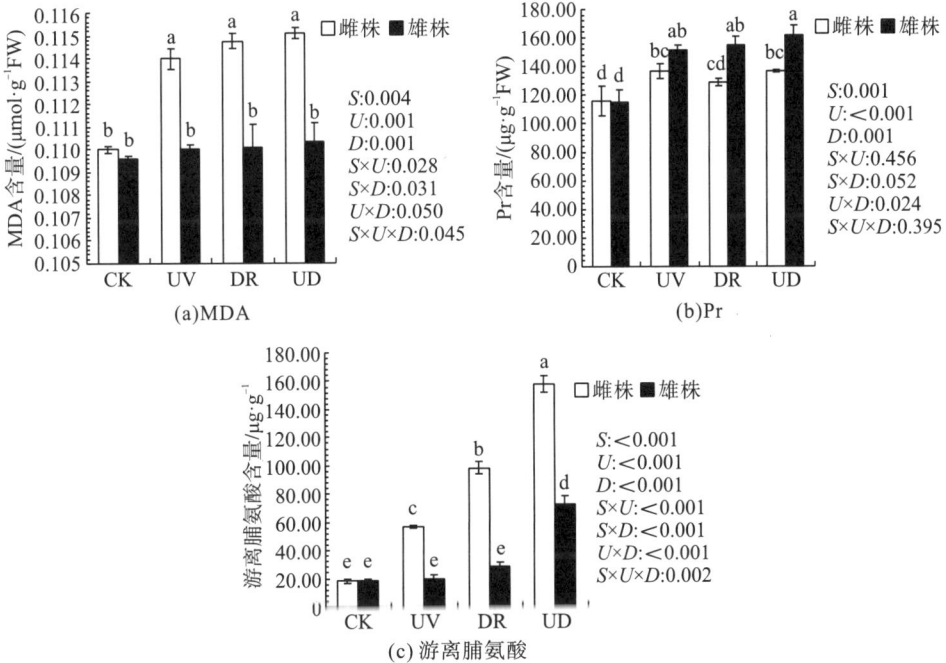

图 3-6　增强 UV-B 辐射、干旱胁迫及其交互作用对桑树雌雄幼苗叶片 MDA、Pr 及游离脯氨酸含量的影响

已有研究表明,MDA 和 Pr 含量可以衡量植物活性氧伤害和细胞膜受伤的程度(许明丽等,2000),而富集游离脯氨酸则是植物在胁迫环境下提升渗透调节的重要手段(李俊钰

等，2012）。研究发现增强 UV-B 辐射与干旱胁迫交互作用显著增加了雌株桑苗的 MDA、Pr 及游离脯氨酸含量，且雄株的 MDA 与游离脯氨酸含量显著低于雌株，而 Pr 含量则显著高于雌株。因此，雄株桑苗由于具有较低的 MDA 与 Pr 含量和较高的游离脯氨酸含量，其受到 UV-B 辐射和干旱的伤害比雌株更小，反映了其渗透调节能力要强于雌株。

3.6　增强 UV-B 辐射和干旱胁迫对幼苗次生代谢产物的影响

本实验结果显示，增强 UV-B 辐射使桑树雌株的 UV-B 吸收化合物含量，以及雌雄植株的花青素含量显著增高，而雄性桑苗的 UV-B 吸收化合物含量与对照相比则没有显著差异，雌株的 UV-B 吸收化合物含量显著高于雄株，而花青素含量则显著低于雄株。在干旱胁迫下，桑苗的 UV-B 吸收化合物含量与对照相比无显著差异，雄株的花青素含量显著增加。在增强 UV-B 辐射与干旱交互作用下，雌株的 UV-B 吸收化合物含量及雌雄植株的花青素含量显著增加，雌株的 UV-B 吸收化合物含量显著高于雄株，而花青素含量则显著低于雄株（图 3-7）。

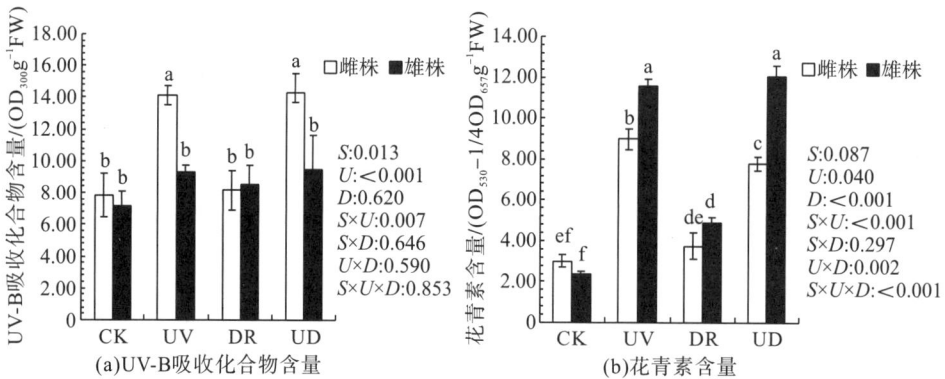

图 3-7　增强 UV-B 辐射和干旱胁迫及其交互作用对桑树雌雄幼苗叶片 UV-B 吸收化合物和花青素含量的影响

与 Liu 等（2005）对大叶相思（*Acacia auriculiformis*）和 Yang 等（2005）对沙棘（*Hippophae rhamnoides*）的研究结果相同，本实验发现增强 UV-B 辐射处理使桑树雌株的 UV-B 吸收化合物含量相较于对照显著上升，且其含量显著高于雄株，而桑树幼苗的花青素含量在增强 UV-B 辐射下显著高于对照组，且雄株桑苗的花青素含量显著高于雌株。虽然在干旱条件下桑树幼苗的 UV-B 吸收化合物含量与对照相比没有显著差异，但雄株的花青素含量显著高于对照。在干旱与增强 UV-B 辐射交互作用下，桑树雌株幼苗的 UV-B 吸收化合物含量与对照组和干旱组相比显著升高，与增强 UV-B 辐射组则没有显著差异。因此，推测 UV-B 辐射是导致桑苗叶片 UV-B 吸收化合物含量与花青素含量变化的主要因素。有研究者认为 UV-B 吸收化合物含量与植物的 UV-B 耐受性密切相关（Chalker-Scott，1999），而与肉桂酸发生酯化作用的花青素则通过吸收 UV-B 辐射，起到帮助植物抵御

UV-B 辐射伤害的作用(Jansen et al.，1996)。因此，拥有更低 UV-B 吸收化合物含量的雄株具有更强的能力来减轻 UV-B 辐射对其所造成的伤害(Xu et al.，2010b)，而更高的花青素含量也表明雄株具有更强的能力来减少透射过叶片组织的 UV 光子数量，以起到保护植物自身的作用。

3.7　增强 UV-B 辐射和干旱胁迫对幼苗叶片细胞器结构的影响

通过透射电子显微镜图发现，正常情况下桑树幼苗的叶绿体呈标准的纺锤状，线粒体轮廓清晰，具有向内凸出的线粒体嵴，细胞壁和细胞膜光滑，细胞质充足，拥有少量的淀粉粒及脂类颗粒(嗜锇颗粒)(图 3-8 中 FC 和 MC)。在增强 UV-B 辐射处理时，桑树幼苗叶绿体中的脂类颗粒变多，雌株幼苗的叶绿体缩短变粗但叶绿体中的淀粉粒变大，雄株的叶绿体则变得扭曲，幼苗的类囊体变得肿胀扭曲且雌株的扭曲程度明显高于雄株(图 3-8 中 FU 和 MU)。干旱胁迫下，桑树幼苗的淀粉粒显著增大且雌株显著大于雄株，叶绿体由于淀粉粒的增大也发生了相应的变形扭曲且雌株的扭曲程度显著大于雄株(图 3-8 中 FD 和 MD)。增强 UV-B 辐射和干旱交互胁迫下，桑树幼苗的叶绿体相对于单因素处理来说变得更短小，类囊体相对于增强 UV-B 辐射处理变得更短、更肿胀且雌株的变化程度高于雄株。此外，叶绿体中的淀粉粒与干旱单独处理相比变少、变小且雄株的淀粉粒明显少于雌株(图 3-8 中 FUD 和 MUD)。

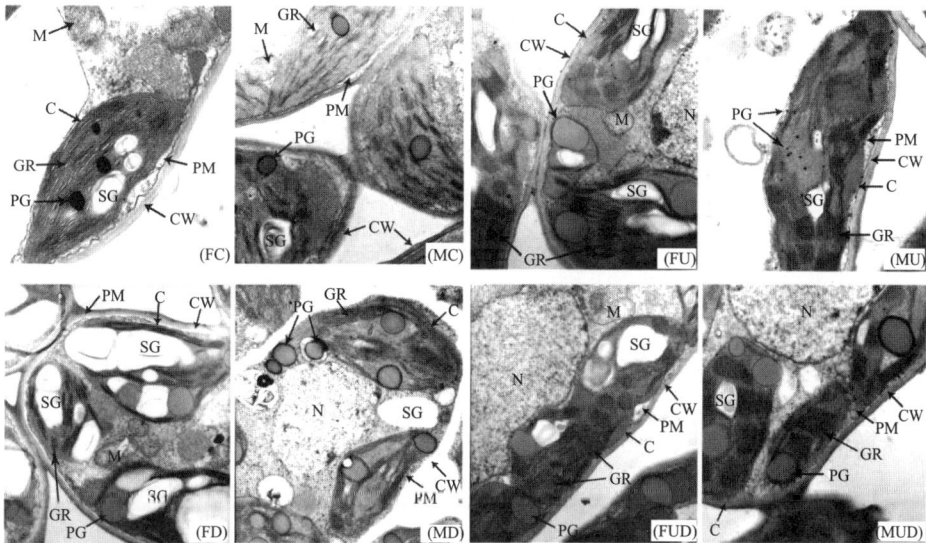

图 3-8　增强 UV-B 辐射、干旱胁迫及其交互作用对桑树雌雄幼苗叶片细胞超显微结构的影响

FC，雌株桑苗对照；MC，雄株桑苗对照；FU，增强 UV-B 辐射下的雌株；MU，增强 UV-B 辐射下的雄株；FD，干旱下的雌株；MD，干旱下的雄株；FUD，增强 UV-B 辐射和干旱交互作用下的雌株；MUD，增强 UV-B 辐射和干旱交互作用下的雄株；C，叶绿体；CW，细胞壁；GR，类囊体；M，线粒体；N，细胞核；PG，嗜锇颗粒；PM，细胞液；SG，淀粉粒

增强 UV-B 辐射和干旱均能破坏桑树叶片细胞器的超显微结构,尤其是在研究中观测到桑树雌株的叶绿体在胁迫环境下发生了退化与变形的现象,这极有可能是雌株桑苗的光合速率显著低于雄株的主要原因。同时,在前述研究中发现,胁迫环境下雌株桑苗的 MDA 含量显著高于雄株,并推测雌株细胞器可能因为膜脂过氧化程度偏高而受到损伤。在本实验中获得的桑树细胞器的超显微结构图进一步证明了在增强 UV-B 辐射和干旱的胁迫环境中,桑树雌株受到的伤害要远大于雄株。

3.8 小　　结

本章利用 UV-B 辐射自动控制系统及水分控制方法,研究了在增强 UV-B 辐射、干旱及它们的交互作用下,雌雄桑苗在形态生长、生物量积累、气体交换、叶绿素荧光参数、抗氧化酶活性、细胞器超显微结构等指标的响应差异。研究结果如下。

(1)增强 UV-B 辐射和干旱均抑制了桑树的形态生长和生物量积累,同时在二者交互作用下桑树幼苗的生长发育受到的抑制作用更强。在逆境条件下,桑树雄株幼苗的株高、总叶面积、生物量比雌株更高,反映其在形态生长和生物量积累方面具有比雌株更强的抵抗干旱、UV-B 辐射及二者交互作用的能力。

(2)增强 UV-B 辐射和干旱显著降低了桑树幼苗的叶绿素含量、净光合速率、蒸腾速率和 F_v/F_m,且在二者交互作用下桑树幼苗的上述光合生理指标均显著低于 UV-B 单独处理时的值。与雄株相比,在逆境条件下雌株的叶绿素含量、净光合速率等值降低更多,说明无论是在 UV-B 和干旱单因素还是二者交互作用下,雌株在光合能力方面所受的负面影响均高于雄株。

(3)增强 UV-B 辐射和干旱显著增加了桑树幼苗的相对电导率、MDA 含量、Pr 含量和抗氧化酶活性,且在干旱和增强 UV-B 辐射交互作用下桑苗所受的胁迫显著高于 UV-B 辐射单因素处理。在胁迫环境下,雌株桑苗的相对电导率、MDA 含量、游离脯氨酸含量显著高于雄株,且其叶片水势和抗氧化酶活性则显著低于雄株,说明桑树雌株的生理过程在逆境下受到的负面影响显著高于雄株。

(4)增强 UV-B 辐射使桑树雌雄植株的花青素含量和雌株的 UV-B 吸收化合物含量显著增高,雌株的 UV-B 吸收化合物含量显著高于雄株。干旱胁迫使雄株的花青素含量显著增高。增强 UV-B 辐射与干旱二者交互作用使雌株幼苗的 UV-B 吸收化合物含量和雌雄植株的花青素含量显著上升,雌株的 UV-B 吸收化合物含量显著高于雄株而花青素含量则显著低于雄株。说明在 UV-B 辐射及干旱胁迫下,桑树雄株因具有更低的 UV-B 吸收化合物含量和更高的花青素含量,故能更有效地消除 UV-B 辐射带来的胁迫影响。

(5)增强 UV-B 辐射使桑树雌雄幼苗叶绿体中的脂类颗粒变多,类囊体肿胀扭曲。干旱胁迫使桑树雌雄幼苗的淀粉粒显著增大、类囊体变少。UV-B 辐射与干旱二者交互作用使雌雄桑苗的叶绿体相对于单因素处理来说变得更短更小,类囊体相对于增强 UV-B 辐射处理变得更短、更肿胀。无论哪种处理下,雌株叶绿体的变形程度、类囊体的扭曲程度、淀粉粒大小均显著高于雄株,说明在 UV-B 与干旱的胁迫下,桑树雌株细胞器的敏感性强于雄株,且该两种环境因素的交互作用使雌株桑苗受到的伤害更大。

综上所述,未来 UV-B 辐射的增加和水资源的短缺将在一定程度上抑制桑树的生长。与雌株相比,雄株在 UV-B 辐射增强和干旱胁迫环境中的适应和存活能力会明显强于雌株。

[本章参考陈梦华硕士学位论文《桑树雌雄幼苗对 UV-B 和干旱交互胁迫环境的生理生态响应》, 2015]

第4章 干旱和氮沉降对桑树雌雄幼苗的影响

4.1 引 言

自第二次工业革命以来，受人类活动和工业现代化(矿物燃料燃烧、含氮化肥的生产和使用及发展畜牧业等)的影响，人类向大气中排放的含氮化合物激增并引起大气氮沉降量成比例增加。当前，氮沉降的持续增加已成了全球性的环境问题，尤其我国已经是全球氮沉降最严重的三大区域之一(Galloway et al.，2008；Reay et al.，2008；Liu et al.，2013；Yu et al.，2019)。据估计，全球每年沉降到各类生物群系的活性氮达 43.47 Tg N，并且未来将持续增加(Liu et al.，2013)。总的来说，氮沉降对植物的生长发育具有显著影响。例如，氮沉降加快了欧洲森林的生长速度(李德军等，2003)，提高了红树林植物的水分利用效率，促进其枝条生长(Martin et al.，2010)，有利于提高红云杉($Picea$ $rubens$)、欧洲赤松($Pinus$ $sylvestris$)及一些杜鹃科植物的抗寒能力(DeHayes et al.，1989；Sandli et al.，1993)。但也有研究表明，长期的氮素输入降低了美国东北部高海拔云杉森林内针叶树种和阔叶树种的生产力(McNulty et al.，1996)。另外，植物的叶片颜色和抗逆性也与氮沉降有关。过量的氮沉降使植物体内的氮元素含量增加而使其他元素的含量降低，引起植物体内营养元素的比例失衡，从而对植物本身造成伤害。例如，植物体内 K^+、Mg^{2+} 含量降低则其叶片会出现发黄和叶损失现象(Roelofs et al.，1985；Whytemare et al.，1997)，而植物体内 Ca^{2+} 含量降低则会削弱植物的抗寒抗冻能力(李德军等，2004b)。植物体内的氮含量还与植物的抗病能力呈负相关关系，氮含量越高，抗病能力越低(Strengbom et al.，2002；Jamieson et al.，2012)。氮沉降的增加还会降低叶片中丹宁的含量，提高植物叶片和芽的可口性，增大昆虫的取食强度(Erelli et al.，1998)。不同程度的氮沉降对植物的光合作用也有明显不同的影响。例如，Nakaji 等(2001)报道了日本柳杉($Cryptomeria$ $japonica$)幼苗净光合速率与氮输入量成正比，但在高氮处理下，赤松($Pinus$ $densiflora$)针叶的核酮糖-1,5-双磷酸羧化酶/加氧酶(Rubisco)浓度、活性及叶绿素含量降低。张蕊等(2013)报道了木荷($Schima$ $superba$)幼苗在中低氮沉降水平(50～100 kg N·hm^{-2}·a^{-1})下光合能力增强，而在高氮沉降水平(200 kg N·hm^{-2}·a^{-1})下光合能力降低。这说明一定浓度范围内的氮沉降有利于 Rubisco 的浓度和活性及叶绿素含量的增加，进而提高叶片的光合速率(Chen et al.，2015)。但是，当活性氮浓度超过某一阈值时就会引起植物体内营养失衡，对植物的光合作用产生不利影响(龚薇等，2021)。上述不一致的研究结论可能一方面与植物物种对氮沉降的响应不同有关，另一方面与氮沉降的水平有关。

同时，化石燃料的大量燃烧导致全球气候变暖，降雨格局的变化导致全球性的干旱日趋严重。近年来，植物如何响应干旱和大气氮沉降已经成为人们所关注的焦点，尤其是干旱地区的植物(李德军等，2003；Liu et al.，2013)。Lajtha 和 Schlesinger(1986)认为水分与植物氮的生态效应间存在密切关系。周晓兵等(2010)报道在土壤水分充足的条件下，增加氮浓度可以促进涩芥(*Malcolmia africana*)和钩刺沙冰藜(*Bassia hyssopifolia*)两种一年生植物的生长，但当土壤水分不足时则氮浓度的增加不利于植物的生长。此外，一定水平的氮沉降对干旱地区植物存在一定的生态补偿作用，可以部分缓解水分胁迫对植物的影响。例如，Kinugasa 等(2012)研究发现，氮沉降有助于干旱胁迫下的内蒙古草原恢复生产力；Báez 等(2007)发现，氮素的增加能够改善沙漠草本植物的盖度，降低当地植物的优势度。尽管目前关于大气氮沉降和干旱胁迫对植物影响方面的研究已经比较丰富，但现有调查研究大部分基于雌雄同株植物，关于氮沉降和干旱及两者共同作用对桑树雌雄幼苗的影响还鲜有报道。因此，本章以桑树作为研究对象，开展干旱、氮沉降及二者的交互作用对其雌雄幼苗生长发育的影响研究，揭示不同雌雄植株的生长状况、生物量的积累与分配、光合与用水效率及抗氧化酶等方面对模拟氮沉降和干旱胁迫条件下的响应，研究结果对掌握桑树对未来气候环境的适应能力具有参考意义。

4.2　实 验 方 法

4.2.1　实验设计

实验所用的桑树雌雄植株(品种为'沙 2×伦 109')，由四川省农业科学院蚕业研究所提供。2014 年 2 月初，将剪取的桑树枝条按不同性别，以每盆 1 株的形式扦插在 10 L 塑料花盆内。3 个月后，选取雌雄各 60 株长势一致的健康扦插苗进行实验处理。

实验采用三因素随机区组设计：2 个性别(雄、雌)×3 个 N 处理[CK(对照，0 g $N \cdot m^{-2} \cdot a^{-1}$)、N5(低氮，5 g $N \cdot m^{-2} \cdot a^{-1}$)、N40(高氮，40 g $N \cdot m^{-2} \cdot a^{-1}$)](注：其中氮量不包括大气沉降的背景值)×2 个水分(田间持水量的 80%、35%)。每个 N 处理 10 次重复，共 12 个处理组，其中氮沉降通过施用 NH_4NO_3 溶液来实现。自 2014 年 5 月开始，将 NH_4NO_3 溶入水中配成溶液，每周向 8 个处理组的幼苗全株用花洒方式均匀喷施 NH_4NO_3 溶液，每次喷施溶液前后对桑苗进行基本数据测量，实验持续时间为 5 个月；对照组喷施等量的自来水，保证喷施均匀。在实验期间，对桑树幼苗进行定时定量浇水，以保证幼苗的水分充足。每月进行除草和病虫害防治，并保持通风与光照。

另设 10 盆对照组用于测定土壤表面蒸发，采用隔天称重补水的方法控制实验盆中的土壤水分含量。每盆皆以木棒代替桑苗插于盆中，另外用塑料袋在每株茎基处将盆密封，以防止土壤水分的蒸发或渗漏。

4.2.2 测量指标

1) 形态生长和生物量

从 2014 年 5 月 1 日开始，每月月初对各组的雌雄桑苗进行株高、基径、叶片数的测量。5 个月后，将各组桑苗按照根、茎、叶分离，以游标卡尺测量植株基径，以 LI-3000C 便携式叶面积仪(LI-COR 公司，美国)测定每株桑苗叶面的总面积，并分别对根、茎、叶三者进行清洗，随后在烘箱内以 60 ℃恒温烘干至恒定质量后称其干重，得到根、茎、叶的生物量。随后计算总生物量(total biomass)、比叶重(leaf/ weight ratio，LWR)、株高变化(shoot height change)、基径变化(basal diameter change)、叶片数变化(leaf number change)及平均单叶面积(average per leaf area)。

2) 叶片水势

于 2014 年 9 月 15 日，在 12 个分组中每组分别选取 7 株桑苗，利用 WP4 露点水势仪(Decagon 公司，美国)对桑苗叶片的水势进行测量。具体方法参阅 3.2 节。

3) 叶绿体色素的测定

在实验处理结束后，选取每个处理组中的雌雄桑树幼苗各 7 株。擦净叶片组织表面污物后，分别对每株的新鲜叶片进行剪取，称量 0.1 g，将其剪成细丝后置于盛有 10 mL 混合浸提液试管中(80%丙酮)。试管加塞并用锡箔纸密封后，置于黑暗条件下，直至肉眼可观察到叶组织完全变白。随后使用分光光度计分别测定上清液 3 个波长(470 nm、646 nm、663 nm)下的吸光度 OD_{470}、OD_{645}、OD_{663}。测定指标分别为叶绿素 a(Chla)、叶绿素 b(Chlb)和类胡萝卜素(carotenoid)的浓度，测定方法选择经 Lichtenthaler(1987)修正后的 Arnon 法(Arnon，1949)。计算公式如下：

$$Ca\,(mg \cdot L^{-1}) = 12.21 OD_{663} - 2.81 OD_{646}$$
$$Cb\,(mg \cdot L^{-1}) = 20.13 OD_{646} - 5.03 OD_{663}$$
$$Cx\,(mg \cdot L^{-1}) = (1000 OD_{470} - 3.27 Ca - 104 Cb)/229$$

式中，Ca 为叶绿素 a 浓度；Cb 为叶绿素 b 浓度；Cx 为类胡萝卜素的总浓度。

4) 叶绿素荧光参数的测定

于 2014 年 7 月 19 日，进行桑苗叶片的叶绿素荧光参数测定。测定对象选择每个处理组中的雌雄桑苗各 7 株，将其由上至下的第 3～5 片完全展开叶进行暗适应 20 min，荧光参数的测定仪器选用 Imaging-PAM(Walz 公司，德国)，测定方法参考 Brugnoli 和 Björkman(1992)的方法。本实验测定指标包括光合量子产量(Yield)、光化学淬灭系数(qP)、非光化学淬灭系数(qN)和 PS Ⅱ 最大光化学量子产量(F_v/F_m)。

5)抗氧化酶活性的测定

选取每个桑苗处理组叶龄一致的新鲜叶片 7 片(每株桑苗一片),进行过氧化物酶(POD)、过氧化氢酶(CAT)、超氧化物歧化酶(SOD)的活性测定。

POD 和 CAT 活性采用磷酸缓冲液提取法测定。取新鲜叶片 0.3 g 于预冷研钵内,随后加入 6 mL 提取液[磷酸缓冲液,pH 7.8,并含有 1 $mmol \cdot L^{-1}$ 乙二胺四乙酸(EDTA)和 1%聚乙烯吡咯烷酮(PVP)]研磨至匀浆,在 4 ℃、15000 r/min 条件下离心 20 min,各取上清酶液 80 μL 进行酶活性测定。随后分别加入 3 mL 反应液,分别在 470 nm(POD)、240 nm(CAT)处比色。

反应液配制: POD 反应液, 37 mL $Na_2HPO_4 \cdot 12H_2O$(0.2 $mol \cdot L^{-1}$)+263 mL $NaH_2PO_4 \cdot 2H_2O$(0.2 $mol \cdot L^{-1}$)+1.704 mL H_2O_2(15 $mmol \cdot L^{-1}$)+愈创木酚(使用磁力搅拌器溶解)168 μL(3 $mmol \cdot L^{-1}$)。 CAT 反应液, 122 mL $Na_2HPO_4 \cdot 12H_2O$(0.2 $mol \cdot L^{-1}$)+78 mL $NaH_2PO_4 \cdot 2H_2O$(0.2 $mol \cdot L^{-1}$)+227.2 μL H_2O_2(1 $mmol \cdot L^{-1}$)。

POD 和 CAT 活性计算公式参见 2.2 节。

SOD 活性测定采用氮蓝四唑(NBT)比色法。取 0.3 g 新鲜叶片(不含叶脉)于预冷研钵中,加入预冷的 6 mL 提取缓冲液[磷酸缓冲液(pH 7.8),0.1 $mmol \cdot L^{-1}$EDTA 和 1%PVP]研磨至匀浆,并在 4 ℃、10000 r/min 条件下离心 20 min,上清液即实验所用的 SOD 液。在待测试管中依次加入 1.5 mL 磷酸缓冲液(pH 7.8,50 $mmol \cdot L^{-1}$)、0.3 mL 甲硫氨酸(Met)溶液(130 $mmol \cdot L^{-1}$)、0.6 mL NBT 溶液(750 $\mu mol \cdot L^{-1}$)、0.3 mL EDTA 溶液(100 $\mu mol \cdot L^{-1}$)、0.3 mL 核黄素(20 $\mu mol \cdot L^{-1}$)、0.1 mL 上清液、0.5 mL 蒸馏水,取两支试管作为对照管,以蒸馏水代替上清液。溶液混匀后,其中一支进行遮光处理,其余置于自然光下 30 min,以遮光的对照管为空白调零,分别在 560 nm 下测定溶液的吸光度(OD)。SOD 活性的计算公式参阅 2.2 节。

6)MDA 含量的测定

选取每个桑苗处理组叶龄一致的新鲜叶片 7 片(每株桑苗一片),每片选取叶片 0.3 g。加入 2 mL 10%的三氯乙酸(TCA)和少量石英砂研磨至匀浆,随后继续加入 4 mL TCA 进一步研磨,以 4000 r/min 离心 10 min,取上清液待测。在待测试管中依次加入 2 mL 上清液(对照组以蒸馏水代替上清液)和 2 mL 硫代巴比妥酸(TBA)溶液(0.6%),沸水浴 15 min 后,将其迅速冷却并再次离心 10 min。取上清液在 532 nm、600 nm 和 450 nm 波长下测定吸光度。测定方法选择硫代巴比妥酸(TBA)比色法。MDA 含量(C_{MDA})计算公式参阅 2.2 节。

7)可溶性蛋白含量的测定

上清液的提取采用 pH 7.8 的磷酸缓冲液[0.1 $mmol \cdot L^{-1}$EDTA、100 $\mu mol \cdot L^{-1}$ 苯甲基磺酰氟(PMSF)及 1%PVP]。在 4 ℃、4000 r/min 条件下离心 10 min。吸取上清液 0.1 mL 于 10 mL 试管中,随后加入 5 mL 考马斯亮蓝 G-250 试剂,放置 5 min,在 595 nm 波长下比色并分别记录各试管的吸光度,随后通过蛋白标准曲线查得可溶性蛋白含量。测定方法参考考马斯亮蓝 G-250 染色法。可溶性蛋白含量计算公式参阅 2.2 节。

8)N、P、K 含量的测定

实验结束后，将根、茎、叶分别分组烘干粉碎，送至西南大学进行根、茎、叶的 N、P、K 含量测定。

4.2.3　统计方法

数据分析采用统计软件 SPSS 18.0（SPSS 公司，美国），图表处理选择 Excel 2003（Microsoft 公司，美国）。对于性别、氮沉降和干旱处理的效应采用三因素方差分析（three-way，ANOVA），组间的平均值比较采用 Duncan 多重比较检验（Duncan's multiple range test）。其中，显著性水平设为 $\alpha=0.05$。

4.3　干旱和氮沉降对幼苗形态和生物量的影响

4.3.1　对幼苗形态的影响

本实验结果显示，当田间持水量为 80%时（土壤湿润），桑树雌雄植株的株高、总叶面积和平均单叶面积都随氮浓度的增加而增加，尤其是雌株增加显著；雌株幼苗在低氮（5 g $N·m^{-2}·a^{-1}$）处理下的基径、叶片数和比叶重略高于雄株（但未达到显著水平），在高氮（40 g $N·m^{-2}·a^{-1}$）处理下雌株的叶片数、总叶面积和比叶重均显著大于雄株。当田间持水量为 35%时（土壤干旱），桑树雌雄植株的株高、叶片数、总叶面积、比叶重和平均单叶面积随着氮浓度的增加而增加，以上指标中雄株增幅大多高于雌株；雌株幼苗在低氮（5 g $N·m^{-2}·a^{-1}$）处理下的株高、基径、叶片数、总叶面积和平均单叶面积均小于雄株（但未达到显著水平），在高氮（40 g $N·m^{-2}·a^{-1}$）处理下雌株的总叶面积和比叶重均显著小于雄株（表 4-1）。

表 4-1　干旱和氮沉降及两者交互作用对雌雄桑苗形态指标的影响

水分/%	氮	性别	株高/cm	基径/mm	叶片数/片	总叶面积/cm²	比叶重/(g·cm⁻²)	平均单叶面积/cm²
	N0	F	81.29±4.06de	8.49±0.62abc	14.86±1.10b	907.79±110.07cde	0.07±0.007b	62.84±8.13bc
	N0	M	87.3±1.94bcd	9.85±0.74a	14.14±0.40bc	1171.50±98.75cd	0.06±0.002bc	83.33±7.88b
80	N5	F	96.17±4.34abc	9.83±0.36a	14.57±0.53b	1790.28±95.51b	0.07±0.004b	123.08±5.93a
	N5	M	96.35±3.39abc	8.58±0.36abc	13.86±0.88bc	1805.19±145.79b	0.06±0.005bc	131.17±8.12a
	N40	F	103.13±5.55a	9.37±0.34a	18.57±1.91a	2445.38±336.1a	0.09±.0100a	131.08±14.13a
	N40	M	98.86±4.26ab	8.94±0.37ab	14.86±0.96b	1958±199.69b	0.07±0.004b	131.22±10.09a
	N0	F	59.85±3.83f	7.47±0.58bcd	9.14±0.80d	577.32±74.15e	0.03±0.004d	48.99±5.04c
	N0	M	63.8±4.00f	6.93±0.51d	9.57±0.81d	907.79±64.46e	0.03±0.003d	59.97±4.23bc
35	N5	F	70.16±2.31ef	6.98±0.29d	11.14±0.80cd	742.33±82.21de	0.04±0.003d	67.56±6.99bc
	N5	M	78.92±3.62de	7.24±0.34cd	12.43±0.95bcd	910.85±165.22cde	0.04±0.005cd	70.93±9.09bc
	N40	F	76.4±3.16de	7.49±0.44bcd	11.86±1.41bcd	918.80±131.04cde	0.04±0.005cd	78.02±8.88b
	N40	M	84.86±4.13cd	7.77±0.45bcd	15.00±1.38b	1322.70±169.75b	0.06±0.006b	84.46±4.83b

续表

水分/%	氮	性别	株高/cm	基径/mm	叶片数/片	总叶面积/cm²	比叶重/(g·cm⁻²)	平均单叶面积/cm²
		$P>F_S$	ns	ns	ns	ns	ns	ns
		$P>F_N$	0.00***	ns	0.00***	0.00***	0.00***	0.00***
		$P>F_W$	0.00***	0.00***	0.00***	0.00***	0.00***	0.00***
P		$P>F_{S×N}$	ns	ns	ns	ns	ns	ns
		$P>F_{S×W}$	ns	ns	0.01**	ns	0.01**	ns
		$P>F_{N×W}$	ns	ns	ns	0.03*	ns	0.00***
		$P>F_{S×N×W}$						

注：测定值以平均值±标准误表示，测定值后具有相同字母的表示相互之间差异不显著(Duncan 多重比较检验法)。*，$0.01<P≤0.05$；**，$0.001<P≤0.01$；***，$P≤0.001$；ns，无显著差异。$P>F_S$，桑树雌雄株性别间差异的显著性概率；$P>F_N$，氮沉降各下各指标差异的显著性概率；$P>F_W$，干旱处理下各指标差异的显著性概率；$P>F_{S×N}$，性别和氮沉降交互作用下各指标差异的显著性概率；$P>F_{S×W}$，性别和干旱交互作用下各指标差异的显著性概率；$P>F_{N×W}$，氮沉降和干旱交互作用下各指标差异的显著性概率；$P>F_{S×N×W}$，性别、氮沉降和干旱三者交互作用下各指标差异的显著性概率。

　　形态特征的变化是植物对环境胁迫最直观的反映，通常在胁迫环境下，植物具有个体矮小、生长缓慢和生物量低的特点，但在良好环境条件下植物往往生长良好，表现出较高的相对生长速率和生物量。本实验结果表明，干旱降低了雌雄桑树幼苗的株高、叶片数、总叶面积、比叶重和平均单叶面积。这说明干旱对雌雄桑树幼苗的生长形态具有显著的抑制作用。然而，与干旱处理不同，在充足的水分环境下，雌雄桑树幼苗的株高、总叶面积及平均单叶面积总体上表现出随氮浓度的增加而增加的规律，且雌株幼苗增加显著并在氮浓度为 40 g N·m⁻²·a⁻¹ 时达到最大值。在干旱和氮沉降交互作用下，桑树幼苗的株高、叶片数、总叶面积、比叶重和平均单叶面积也表现出随氮浓度的增加而增加的规律，但和充足水分环境下施氮相比，桑树幼苗的大多数形态指标均显著下降且桑树雌株幼苗的降幅大于桑树雄株幼苗。因此，桑树幼苗对干旱和氮沉降的响应存在着显著的性别差异，桑树雌株幼苗在湿润肥沃条件下生长发育较好，而桑树雄株幼苗对干旱和贫瘠有较好的适应能力，这也与 Ward 等(2002)对梣叶槭(*Acer negundo*)的研究结果类似。

4.3.2　对幼苗生物量的影响

　　本实验结果显示，当田间持水量为 80% 时(土壤湿润)，桑树雌雄植株的叶干重、茎干重、根干重和总干重总体上均随氮浓度的增加而增加，尤其是雌株的各生物量指标增加显著；雌株幼苗在低氮(5 g N·m⁻²·a⁻¹)处理下的根干重略高于雄株(但未达到显著水平)，在高氮(40 g N·m⁻²·a⁻¹)处理下的根干重和总干重显著高于雄株。当田间持水量为 35% 时(土壤干旱)，桑树雌雄植株的叶干重、茎干重和总干重总体上均随氮浓度的增加而增加，高氮处理下雄株增幅高于雌株；雌株幼苗在低氮处理下各部分生物量与雄株无显著差异，在高氮处理下叶、茎、根和总干重均低于雄株(但未达到显著水平)(表 4-2)。

表 4-2　干旱和增加氮沉降及两者交互作用对雌雄桑苗形态指标的影响

水分/%	氮	性别	叶干重/g	茎干重/g	根干重/g	总干重/g
	N0	F	4.04±0.63cde	11.69±2.00bc	10.24±1.61c	25.98±3.84d
	N0	M	4.91±0.49cd	14.3±1.31ab	11.86±1.09bc	28.46±1.89cd
80	N5	F	8.1±0.68b	17.54±1.38a	16.65±0.86a	42.28±2.04ab
	N5	M	7.61±0.87b	16.9±0.89a	14.95±1.22ab	39.46±2.57ab
	N40	F	10.98±1.42a	17.86±2.26a	15.82±2.23a	44.65±5.27a
	N40	M	9.07±0.93ab	15.37±1.06ab	10.63±1.40c	35.06±2.68bc
	N0	F	1.60±0.31f	5.50±1.21d	4.34±0.72d	11.44±2.00f
	N0	M	1.89±0.25ef	5.33±0.91d	4.86±0.73d	12.09±1.68ef
35	N5	F	2.69±0.4def	5.43±0.35d	4.73±0.81d	12.85±1.17ef
	N5	M	3.05±0.51def	6.05±0.88d	4.37±0.68d	13.46±1.97ef
	N40	F	3.48±0.52cdef	7.68±1.44d	4.04±0.81d	15.19±2.64ef
	N40	M	5.29±0.70c	8.60±1.15cd	6.69±1.07d	20.58±2.86de
		$P>F_S$	ns	ns	ns	ns
		$P>F_N$	0.00***	0.00	0.01	0.00
		$P>F_W$	0.00***	0.00	0.00	0.00
P		$P>F_{S×N}$	ns	ns	ns	ns
		$P>F_{S×W}$	ns	ns	0.04*	ns
		$P>F_{N×W}$	0.01**	ns	0.01*	0.02*
		$P>F_{S×N×W}$	ns	ns	0.05*	ns

注: 标示同表 4-1。

　　植物的生物量生产反映了植物对不同生境的适应能力,而植物器官生物量分配比例的变化表征了植物对资源获取能力的调整,反映了植物的生长策略(王惠等,2015)。由表 4-2 可知,干旱处理下桑树雄株幼苗的叶、茎和总干重随氮沉降的增加而增加,且在高氮处理下增加幅度明显大于雌株。这说明干旱环境下氮浓度的提升有助于雄株桑苗的生物量积累,增强雄株植株从土壤中吸收水分的能力和对干旱的适应能力,从而缓解干旱胁迫带来的伤害。此外,实验结果还表明雌株桑苗在氮沉降和水分供应充足的环境中比雄株桑苗的生物量高,而在干旱环境下桑树雌株幼苗的各组分生物量及总生物量均低于桑树雄株幼苗。这与干旱和增加氮沉降下桑树幼苗形态指标的变化相吻合,表明在资源条件较好的情况下雌株桑苗比雄株桑苗拥有更强的适应能力,而在资源匮乏环境中,雄株桑苗的生长表现更好。这些结果与对青杨研究得到的结果类似(Xu et al.,2008a;Zhang et al.,2010a)。植物性别间对胁迫环境的响应差异可能与雌雄之间的繁殖成本不同有关(Liu et al.,2021)。

4.4　干旱和氮沉降对幼苗叶绿素荧光参数的影响

4.4.1　对叶片光能转化效率的影响

本实验结果显示，当田间持水量为 80%时(土壤湿润)，在低氮浓度下，桑树雌株的 F_v/F_m 显著增高，而雄株的略有增高，在高氮浓度雌雄植株的 F_v/F_m 有所降低；雌雄株幼苗在低氮或高氮($40\ g\ N·m^{-2}·a^{-1}$)处理下的 F_v/F_m 无显著差异，但高氮处理下雄株的 F_v/F_m 略低于雄株。当田间持水量为 35%时(土壤干旱)，雌株幼苗在低氮($5\ g\ N·m^{-2}·a^{-1}$)处理下的 F_v/F_m 显著低于雄株，在高氮($40\ g\ N·m^{-2}·a^{-1}$)处理下则高于雄株(但未达到显著水平)(图 4-1)。

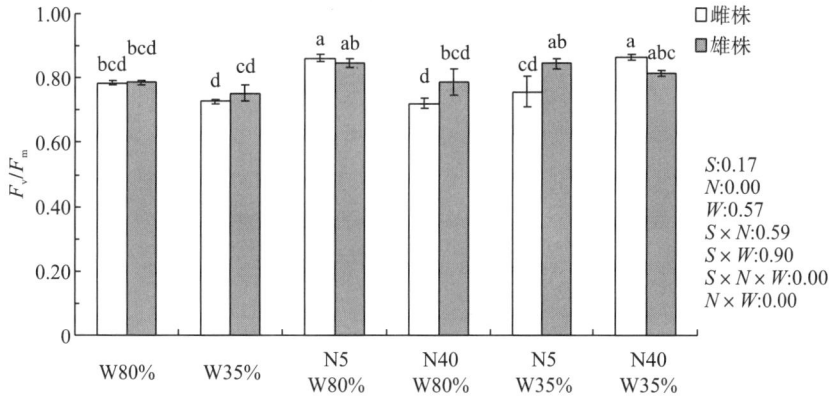

图 4-1　氮沉降和干旱及其交互作用对雌雄桑树幼苗荧光参数 F_v/F_m 的影响

数值为平均值±标准误。小写字母代表雄株(雌株)处理组间的差异性(Duncan 多重检验法，$P<0.05$)。后同

可变荧光(F_v)与最大荧光(F_m)的比值(F_v/F_m)与光合电子传递活性成正比，代表了 PSII 最大的光能转化效率。一般来说，该参数在非胁迫条件下的变化极小而在胁迫条件下则明显下降。实验发现，田间持水量为 35%时降低了桑树幼苗的 F_v/F_m 值(尽管未达到显著水平)，可能是由于叶黄素循环中环氧化态势的增加而并未产生光抑制伤害(Adams et al.，1995)。此外，在充足的水分环境下，幼苗的 F_v/F_m 值在氮素浓度达到最高时反而出现降低趋势，这与过量的氮沉降会导致植物光合速率降低的报道相吻合(龚薇等，2021)。且桑树雌雄幼苗的 F_v/F_m 对干旱和高氮处理的响应呈现出不同的变化规律，其中雌株幼苗呈现出显著上升，雄株幼苗则无显著差异。这表明雌雄桑树幼苗的光合表现对高氮沉降与干旱的响应具有性别差异。

4.4.2 对叶片光合量子产量(Yield)的影响

本实验结果显示,当田间持水量为 80%时(土壤湿润),桑树雌雄植株的 Yield 在低氮浓度下降低,在高氮浓度增加,尤其是雌株变化显著;雌株幼苗在低氮(5 g N·m^{-2}·a^{-1})处理下的 Yield 略低于雄株(但未达到显著水平),在高氮(40 g N·m^{-2}·a^{-1})处理下则显著低于雄株。当田间持水量为 35 %时(土壤干旱),桑树雌株幼苗的 Yield 随氮浓度的增加而逐步降低,而雄株则正好相反;雌株幼苗在低氮处理下的 Yield 与雄株无显著差异,在高氮处理下则显著低于雄株(图 4-2)。

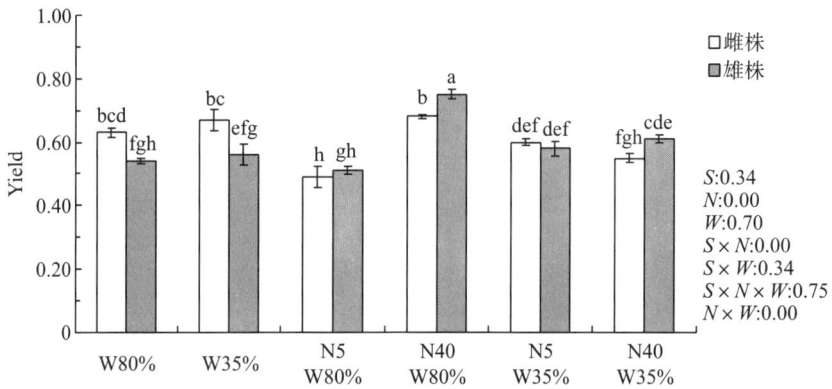

图 4-2 氮沉降和干旱及其交互作用对雌雄桑树幼苗荧光参数 Yield 的影响

PSⅡ实际光合效率 Yield 是植物所吸收光能中用于光合电子传递的能量的比例,Yield 的大小可以反映 PSⅡ反应中心的开放程度。本实验结果表明,在充足水分环境下,桑树幼苗的 Yield 随氮素浓度的增加先降低后增加,且桑树雄株幼苗的 Yield 高于雌株幼苗,并在高氮浓度下达到显著水平。这说明高浓度的氮沉降在一定程度上能使幼苗尤其是雄株幼苗具有更强的光合电子传递活性。此外,在干旱和氮沉降二者交互作用下,桑树幼苗的 Yield 呈现出不同的变化规律,其中桑树雌株幼苗的 $F_\mathrm{v}/F_\mathrm{m}$ 表现出随氮浓度的增加而下降,而桑树雄株幼苗的 $F_\mathrm{v}/F_\mathrm{m}$ 则随氮浓度的增加而升高的趋势。由此可见,氮沉降的变化改变了 PSⅡ反应中心吸收光能的分配,有效缓解了桑树雄株幼苗 PSⅡ的降低,提高了干旱胁迫下桑树雄株幼苗的光合电子传递和 PSⅡ反应中心活性。推测这可能是氮沉降缓解干旱胁迫下桑树非气孔限制的主要途径之一(张婷,2014),尤其是雄株幼苗。

4.4.3 对叶片荧光淬灭系数(qP 和 qN)的影响

本实验结果显示,当田间持水量为 80%时(土壤湿润),桑树雌雄植株的 qP 随氮浓度的增加而增加,而 qN 随氮浓度的增加表现出降低趋势,雄株的 qP 和 qN 值变化比雌株更显著;雌株幼苗在低氮(5 g N·m^{-2}·a^{-1})处理下的 qP 和 qN 与雄株无显著差异,但在高氮(40

g N·m^{-2}·a^{-1}）处理下 qP 显著低于、qN 显著高于雄株。当田间持水量为 35%时（土壤干旱），桑树雌株幼苗的 qP 随氮浓度的增加而增加，而雄株则略有下降；雌雄株幼苗的 qN 在施氮处理下相比对照均显著降低；雌株幼苗在低氮（5 g N·m^{-2}·a^{-1}）处理下的 qP 显著低于雄株，而在高氮（40 g N·m^{-2}·a^{-1}）处理下则无显著差异。雌雄株幼苗的 qN 值在低、高氮浓度下均无显著差异（图 4-3）。

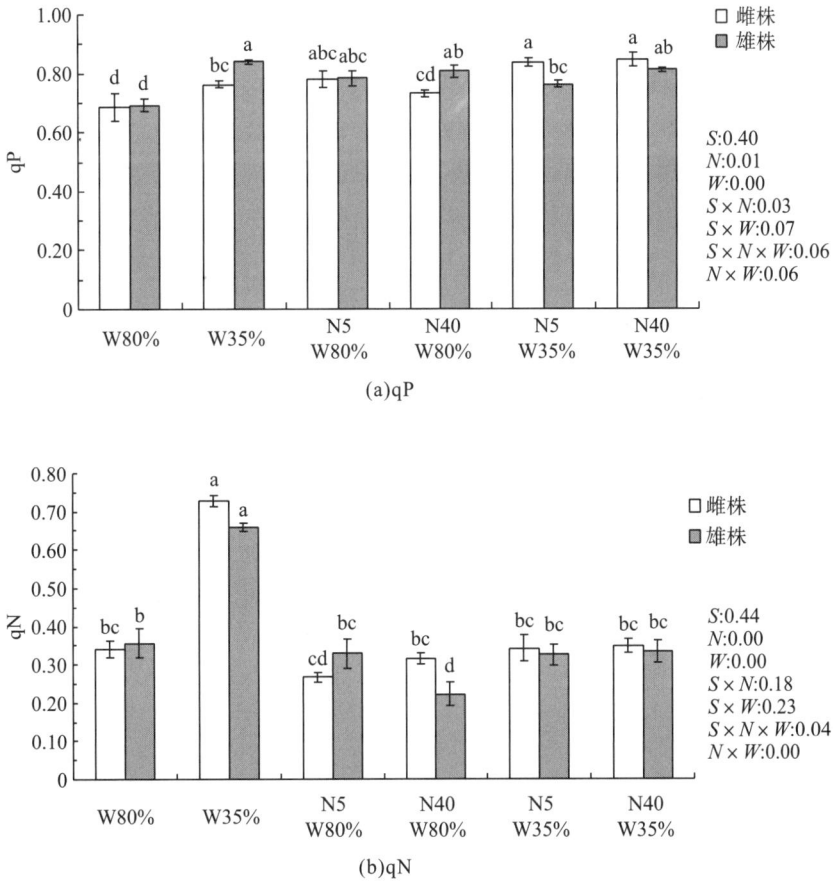

(a)qP

(b)qN

图 4-3　氮沉降和干旱及其交互作用对雌雄桑树幼苗荧光淬灭系数（qP 和 qN）的影响

　　上述数据表明，无论在何种处理条件下，桑树幼苗的光化学荧光淬灭系数 qP 与对照组相比总体上显著升高，而非光化学淬灭系数 qN 总体无显著变化，仅在干旱无施氮环境下显著升高。这说明在干旱胁迫下，植株可能通过提高热耗散及增大 PSⅡ反应中心开放比例和 CO$_2$ 固定电子数量的途径来保护其光合机能免受伤害。此外，与干旱处理相比，在干旱和氮沉降二者交互作用下，雌雄植株的非光化学淬灭系数 qN 显著降低而光化学淬灭系数 qP 略有增加（尤其是雌株显著增加）。这可能与氮沉降减少了 PSⅡ天线色素吸收的光能中以热能形式散掉的份额，将吸收更多的能量用于光合电子传递，为光合暗反应碳的还原与固定过程提供更多能量有关。

4.5　干旱和氮沉降对幼苗叶片抗氧化能力和水势的影响

4.5.1　对膜脂过氧化的影响

本实验结果显示，当田间持水量为 80%时（土壤湿润），桑树雌雄植株的丙二醛（MDA）含量随氮浓度的增加而显著增加，尤其是雄株变化显著；雌株幼苗在低氮（5 g N·m^{-2}·a^{-1}）处理下的 MDA 含量高于雄株，而在高氮（40 g N·m^{-2}·a^{-1}）处理下则显著低于雄株。当田间持水量为 35%时（土壤干旱），桑树雌株幼苗的 MDA 含量随氮浓度的增加表现出先降后升的趋势，而雄株幼苗则明显下降；雌株幼苗在低氮处理下的 MDA 含量略低于雄株（未达到显著水平），在高氮处理下则显著高于雄株（图 4-4）。

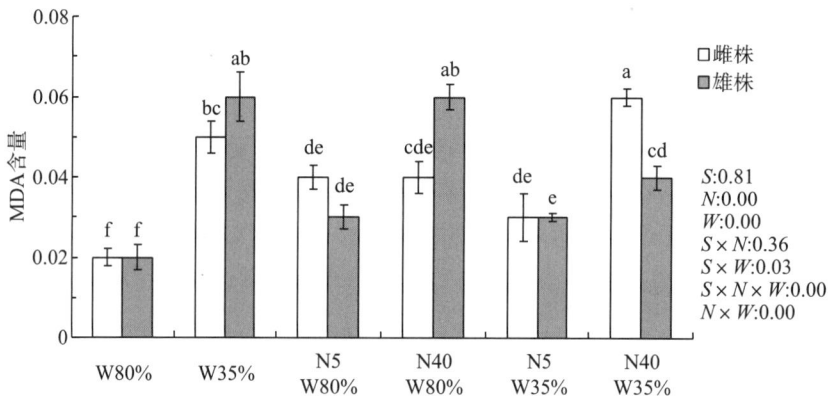

图 4-4　氮沉降和干旱及其交互作用对雌雄桑树幼苗叶片 MDA 含量的影响

本实验结果显示，干旱胁迫下低水平的氮沉降显著降低了雌雄桑树幼苗的 MDA 含量，但高水平的氮沉降则叠加了干旱对桑树雌株幼苗的伤害，使其叶片的 MDA 含量显著升高（图 4-4）。此外，在水分较好的情况下，桑树幼苗 MDA 含量随着氮浓度的增加逐渐升高，且雄株幼苗的变化幅度大于雌株，表现出显著的性别间差异。逆境胁迫下植物体内一般会产生多种具有强氧化能力的活性氧，影响植物正常代谢，而 MDA 就是膜脂过氧化的最终产物，其含量高低体现了植物受伤害的程度。一般来说 MDA 含量越高，植株受逆境伤害的程度就越高（Chakrabarty et al.，2007；Zhang et al.，2010a，2010b）。因此，本实验结果暗示了氮沉降能够影响植株的抗旱表现，且这种效应的强度在桑树的性别之间存在差异。

4.5.2　对抗氧化酶的影响

本实验结果显示，当田间持水量为 80%时（土壤湿润），桑树雌雄植株的 POD 活性随氮浓度的增加而增高，而 SOD 和 CAT 活性与对照相比无显著变化；雌株幼苗在低氮（5 g

$N \cdot m^{-2} \cdot a^{-1}$) 处理下的 POD 活性与雄株无显著差异，而在高氮 (40 g $N \cdot m^{-2} \cdot a^{-1}$) 处理下则显著高于雄株。当田间持水量为 35 %时 (土壤干旱)，桑树雌株幼苗的 POD 活性在高氮 (40 g $N \cdot m^{-2} \cdot a^{-1}$) 处理下表现出升高趋势，而雄株幼苗无显著变化；雌株幼苗 POD 活性在低氮 (5 g $N \cdot m^{-2} \cdot a^{-1}$) 处理下与雄株无显著差异，在高氮处理下则高于雄株 (但未达到显著水平)。此外，在干旱胁迫和氮处理下，雌株幼苗的 CAT 活性高于雄株 (但未达到显著水平) (表 4-3)。

表 4-3　氮沉降和干旱及其交互作用对雌雄桑树幼苗酶活性的影响

水分/%	氮	性别	SOD 活性	POD 活性	CAT 活性/ $(U \cdot g^{-1} \cdot min^{-1} FW)$
80	N0	F	250.87±33.98a	249.33±10.03c	107.72±17.67abc
	N0	M	277.23±34.99a	256.88±44.39c	95.96±6.47c
	N5	F	343.97±54.55a	521.04±57.15abc	108.87±2.46abc
	N5	M	287.44±39.48a	531.11±59.35abc	100.42±2.49bc
	N40	F	316.03±34.02a	671.14±78.31ab	102.3±4.96bc
	N40	M	309.89±20.91a	415.87±115.34c	109.51±5.45abc
35	N0	F	275.32±49.83a	551.36±41.83abc	93.22±3.47c
	N0	M	283.54±10.03a	575.76±37.81ab	110.66±4.11abc
	N5	F	341.83±29.78a	506.96±68.93abc	119.48±2.7ab
	N5	M	315.99±16.99a	536.55±63.55abc	111.16±2.46abc
	N40	F	347.12±48.94a	803.77±245.67a	125.27±7.40a
	N40	M	279.76±18.30a	580.65±91.67ab	104.97±5.23abc
P	$P > F_S$		ns	ns	ns
	$P > F_N$		ns	0.01**	ns
	$P > F_W$		ns	0.01**	ns
	$P > F_{S \times N}$		ns	ns	ns
	$P > F_{S \times W}$		ns	ns	ns
	$P > F_{N \times W}$		ns	ns	ns
	$P > F_{S \times N \times W}$		ns	ns	0.02*

注：标示同表 4-1。

上述数据表明，在干旱和氮沉降交互处理下桑树幼苗叶片中的 POD 活性随氮素供给量的增加先下降后升高，当氮沉降水平达到 40 g $N \cdot m^{-2} \cdot a^{-1}$ 时幼苗的 POD 活性达到最高。此外，二者交互作用下，桑树雌株幼苗的 POD 和 CAT 活性均高于雄株。由于 POD 和 CAT 可以使植物体内高浓度的 H_2O_2 进一步转变成无毒的 H_2O，它们具有维持代谢平衡，保护生物体免受活性氧自由基毒害的作用 (Chakrabarty et al., 2007)。本实验结果表明氮沉降刺激了桑树雌株幼苗体内抗氧化酶防御系统的活性来控制超氧阴离子自由基和 H_2O_2 浓度水平，以保护细胞免受活性氧的危害。实验结果还表明，氮沉降下桑树幼苗叶片中 SOD、POD 和 CAT 的活性与对照组相比大多都有提高的趋势，但没有达到显著水平。

4.5.3　对可溶性蛋白的影响

本实验结果显示，当田间持水量为 80%时（土壤湿润），桑树雌雄植株的可溶性蛋白 (Pr) 含量随氮素的增加呈现增加趋势，尤其是雌株；雌株幼苗在低氮(5 g N·m^{-2}·a^{-1}) 处理下的 Pr 含量与雄株无显著差异，而在高氮(40 g N·m^{-2}·a^{-1}) 处理下显著高于雄株。当田间持水量为 35%时（土壤干旱），桑树雌雄植株的 Pr 含量在施氮处理后明显降低，雌株的 Pr 含量降低最显著；雌株幼苗在低氮(5 g N·m^{-2}·a^{-1}) 处理下的 Pr 含量略低于雄株，而在高氮 (40 g N·m^{-2}·a^{-1}) 处理下与雄株无显著差异（图 4-5）。

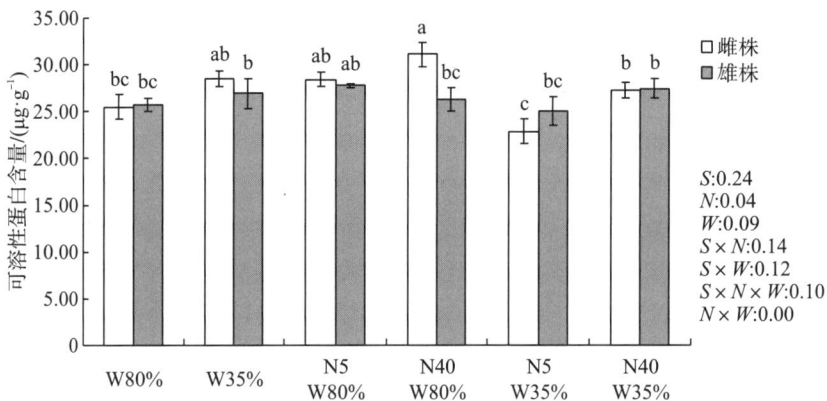

图 4-5　氮沉降和干旱及其交互作用对雌雄桑树幼苗可溶性蛋白含量的影响

可溶性蛋白作为植物体内重要的渗透调节物质，它不仅受干旱胁迫的影响，还与氮素的吸收和同化密切相关。本实验结果表明，在充足的水分环境下，氮沉降处理使桑树幼苗的可溶性蛋白含量升高。而在干旱环境下低浓度氮沉降使桑树雌株幼苗的可溶性蛋白含量显著降低，说明低浓度氮沉降可以减少一部分干旱对雌株所产生的影响，然而随着氮浓度的升高，氮素对雌株幼苗受到干旱胁迫的缓解作用逐渐减小。此外，在水分较充足的高浓度氮沉降环境下，桑树雌株幼苗的可溶性蛋白含量显著高于雄株，但在其他处理下二者间无显著差异。这可能是由于桑树雌株幼苗通过生成更多的可溶性蛋白，激活 SOD 活性以清除超氧阴离子自由基，增加 POD 活性以清除体内过高浓度的 H_2O_2，从而减轻逆境对桑树植株的伤害。具体的机制还需要通过其他实验进一步验证。

4.5.4　对叶片水势的影响

本实验结果显示，当田间持水量为 80%时（土壤湿润），桑树雌雄植株的叶片水势随氮素的增加略有降低趋势，尤其是雌株；雌株幼苗在低氮(5 g N·m^{-2}·a^{-1}) 处理下的叶片水势与雄株无显著差异，而在高氮(40 g N·m^{-2}·a^{-1}) 处理下则显著低于雄株。当田间持水量为 35%时（土壤干旱），桑树雌雄植株的叶片水势在施氮处理后明显降低，雄株的水势降低最显著；雌株幼苗在低氮处理下的叶片水势与雄株无显著差异，而在高氮处理下则略高于雄株(但未达到显著水平)(图 4-6)。

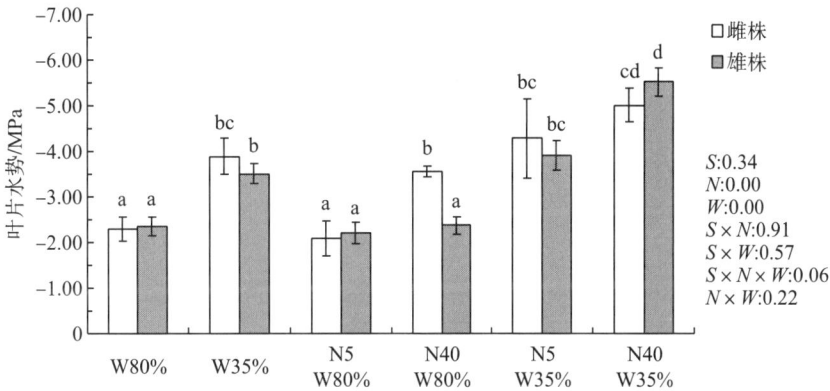

图 4-6　氮沉降和干旱及其交互作用对雌雄桑树幼苗叶片水势的影响

　　叶片水势能够灵敏地反映植物体内的水分亏缺程度，可以作为判断植物抗旱性强弱的一种指标(王丁等，2011；Dong et al.，2016)。本实验结果显示，干旱降低了桑树叶片的水势，这与张杰等(2008)、蔡昆争等(2008)和朱成刚等(2011)分别对小麦、水稻和胡杨的研究结果一致。同时，本实验结果表明，桑树对干旱的响应与氮沉降强度有关。其中低氮沉降对干旱下桑树叶片水势的影响不大，而高氮沉降与干旱胁迫下，雌雄桑树植株叶片的水势最低。这些结果表明高氮沉降加剧了干旱对桑树幼苗叶片水分的胁迫，尤其是桑树雌株。总体而言，干旱和高氮处理导致桑树幼苗的叶片水势显著降低，并且雌株幼苗的降低幅度大于雄株幼苗，表明桑树雌株的水分状况对环境变化比雄株更为敏感。

4.6　干旱和氮沉降对幼苗光合作用的影响

4.6.1　对光合色素的影响

　　本实验结果显示，当田间持水量为 80% 时(土壤湿润)，桑树雌雄植株的叶绿素 a、总叶绿素含量呈低氮水平降低、高氮水平升高的趋势，而类胡萝卜素含量随氮素的增加呈现增加趋势，尤其是雌株增加更明显；雌株幼苗在低氮(5 g N·m^{-2}·a^{-1})处理下的叶绿素 a、叶绿素 b、总叶绿素和类胡萝卜素含量与雄株无显著差异，而在高氮(40 g N·m^{-2}·a^{-1})处理下其叶绿素 a、总叶绿素和类胡萝卜素含量高于雄株(但未达到显著水平)。当田间持水量为 35% 时(土壤干旱)，桑树雌雄植株的叶绿素 a、总叶绿素和类胡萝卜素呈现低氮水平增高、高氮水平降低的趋势，雄株变化更明显；雌株幼苗在低氮(5 g N·m^{-2}·a^{-1})处理下的叶绿素 b 和类胡萝卜素含量显著低于雄株，而在高氮(40 g N·m^{-2}·a^{-1})处理下各指标与雄株无显著差异(表 4-4)。

表 4-4　氮沉降和干旱及其交互作用对雌雄桑树幼苗叶绿素含量的影响 （单位：mg·g^{-1}）

水分/%	氮	性别	叶绿素 a	叶绿素 b	总叶绿素	类胡萝卜素
	N0	F	15.27±0.82cd	5.89±0.25a	21.16±0.81abcd	4.81±0.46c
	N0	M	17.00±0.91bcd	5.52±0.39ab	22.52±1.17abc	5.35±0.47bc
80	N5	F	15.17±0.83cd	4.18±0.42bcd	19.35±0.71bcde	5.73±0.46bc
	N5	M	16.51±0.73bcd	4.04±0.44cd	20.55±1.07bcde	6.32±0.3bc
	N40	F	22.82±2.59a	3.60±0.43cd	26.42±2.55a	8.55±0.88a
	N40	M	21.11±2.95ab	3.53±0.39cd	24.64±2.70ab	7.54±1.00ab
	N0	F	12.16±1.34d	3.77±0.70cd	15.94±1.33de	5.35±0.57bc
	N0	M	13.32±0.82cd	3.19±0.42d	16.51±1.15de	5.37±0.81bc
35	N5	F	15.25±1.82cd	2.90±0.36d	18.15±2.14cde	5.82±0.70bc
	N5	M	18.35±1.25abc	4.86±0.85abc	23.21±1.87abc	8.72±1.32a
	N40	F	11.99±1.88d	3.10±0.40d	15.10±2.09e	4.57±0.77c
	N40	M	12.89±1.12d	3.14±0.31d	16.03±1.20de	4.54±0.56c
	$P>F_S$		ns	ns	ns	ns
	$P>F_N$		0.05*	0.00***	ns	0.02*
	$P>F_W$		0.00***	0.00***	0.00***	ns
P	$P>F_{S×N}$		ns	ns	ns	ns
	$P>F_{S×W}$		ns	ns	ns	ns
	$P>F_{N×W}$		0.00***	0.01**	0.00***	0.00***
	$P>F_{S×N×W}$		ns	ns	ns	ns

注：标示同表 4-1。

叶片光合色素主要包括叶绿素 a、叶绿素 b 及类胡萝卜素，不同色素在植物体内的作用不同。叶绿素 a 主要起两方面作用：一是与原初电子受体及少数蛋白质分子结合形成光合中心；二是起天线色素的作用。叶绿素 b 只起天线色素的作用。类胡萝卜素则同时具有天线色素和保护的作用(严德福，2012)。因此，光合色素含量变化常作为评估植物光合能力对环境胁迫响应的重要指标(Taiz et al.，2017)。本实验数据表明，在水分较充足的环境下，氮沉降有利于增加桑树幼苗的叶绿素 a、总叶绿素和类胡萝卜素含量。这说明在水分充足的情况下，氮沉降水平的提升有助于增强桑树幼苗的光合能力。在干旱(田间持水量35%)与氮沉降交互作用下，雌雄植株的叶绿素 a、总叶绿素和类胡萝卜素呈现低氮水平增高、高氮水平降低的趋势,雄株变化更明显,且低氮处理下雄株的类胡萝卜素显著高于高氮处理,表明高水平的氮沉降不仅没能减轻水分胁迫对桑树幼苗光合色素形成所带来的负面影响,反而加剧了水分胁迫的效应,这也和李明月(2013)对氮沉降和干旱对木荷(*Schima superba*)幼苗生理生态特征影响的研究结论相吻合。

4.6.2　对气体交换的影响

本实验结果显示,当田间持水量为80%时(土壤湿润),桑树雌雄植株的 g_s 在氮沉降下降低而 T_r 增高,雄株变化更明显;雌株幼苗在低氮(5 g N·m^{-2}·a^{-1})处理下的 P_n、C_i、g_s、T_r 与雄株无显著差异,而在高氮(40 g N·m^{-2}·a^{-1})处理下雌株的 T_r 则显著低于雄株。当田间持水量为35%时(土壤干旱),桑树雌雄植株的 P_n 和 g_s 与对照相比显著降低,但当施氮处理后有增高趋势;雌株幼苗在低氮处理下的 P_n 和 T_r 高于雄株(但未达显著水平),而在高氮处理下雌株的 P_n、C_i、g_s 略低于雄株(仍未达显著水平)(图4-7)。

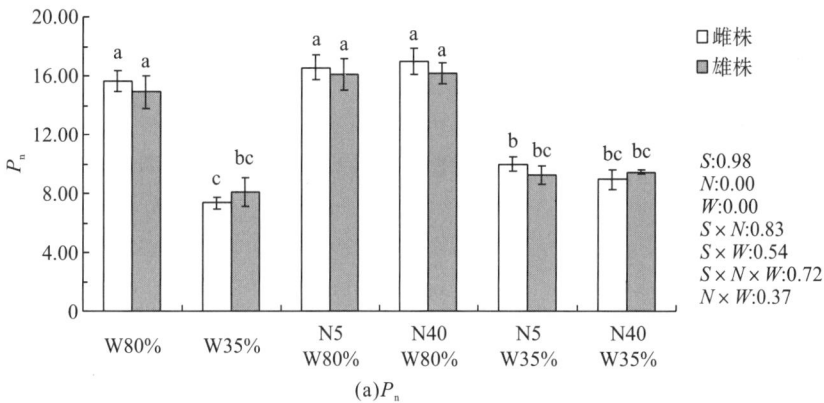

(a)P_n

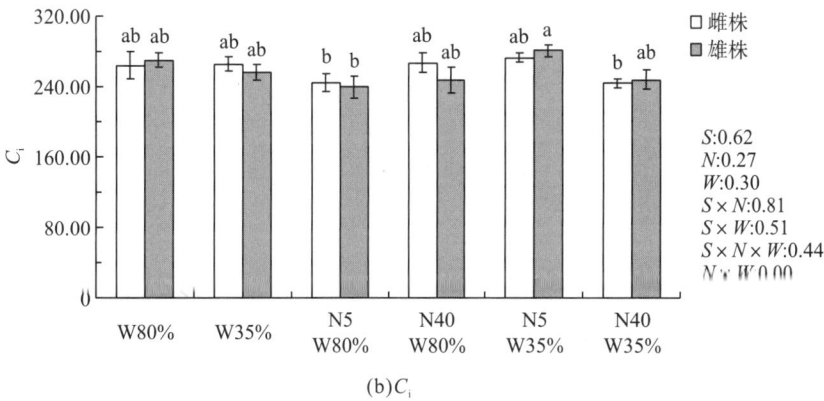

(b)C_i

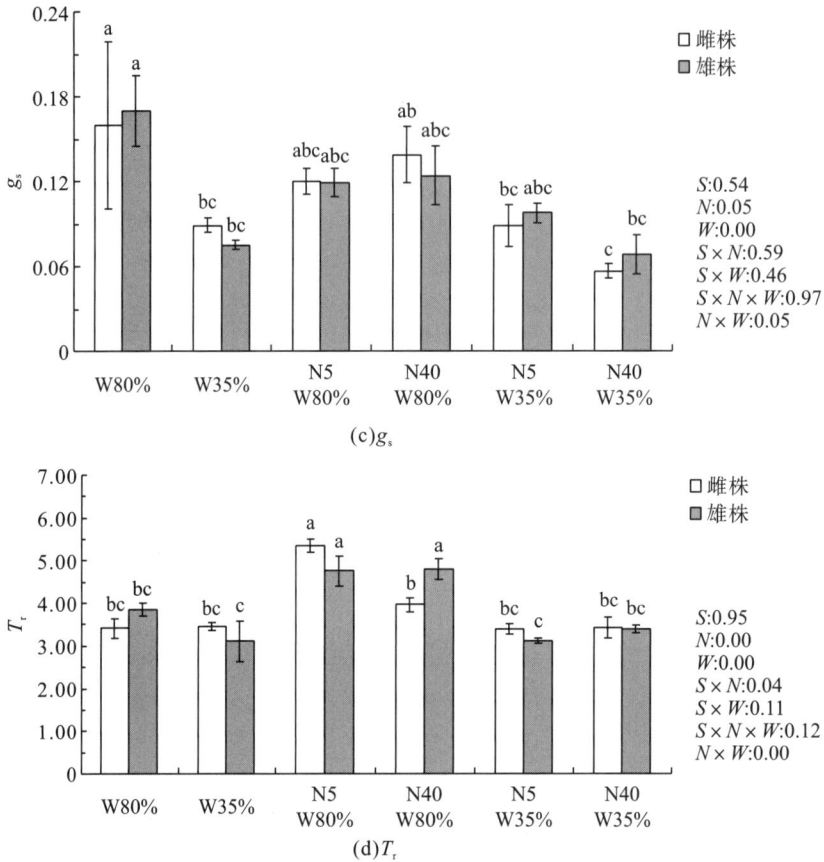

图 4-7　氮沉降和干旱及其交互作用对雌雄桑树幼苗气体交换参数的影响

　　上述结果表明,在干旱及干旱和氮沉降的交互作用下,桑树幼苗的净光合速率和气孔导度均显著下降,气孔导度的下降将导致桑树幼苗的净光合速率降低。然而,与对照相比,桑树幼苗的胞间 CO_2 浓度并没有发生显著变化,说明桑树幼苗叶片在水分胁迫及水分和氮沉降的交互胁迫下,并非发生了气孔限制,而是由非气孔限制因素(如叶片 Rubisco 的羧化过程等)导致。前述研究发现干旱和高氮沉降的交互作用下,桑树幼苗的叶绿素 b 和总叶绿素含量与对照(田间持水 80%无氮沉降处理)相比显著下降,这总体上也与雌雄桑苗净光合速率降低的变化规律相吻合。因此,我们认为光合色素含量的减少可能是导致桑树幼苗光合速率下降的另一个重要原因。

4.7　干旱和氮沉降对幼苗体内矿质元素的影响

4.7.1　对不同器官中氮浓度的影响

　　本实验结果表明,当田间持水量为 80%时(土壤湿润),桑树雌雄植株根和茎的 N 含量在低氮沉降下无显著变化而在高氮沉降下则明显增高;雌株幼苗在低氮($5\ \mathrm{g\ N\cdot m^{-2}\cdot a^{-1}}$)

或高氮(40 g N·m^{-2}·a^{-1})处理下根、茎和叶的 N 含量与雄株无显著差异。当田间持水量为 35%时(土壤干旱)，桑树雌雄植株根、茎和叶的 N 含量随氮沉降浓度的增加而显著增加，尤其是雌株；雌株幼苗在低氮处理下具有比雄株显著高的根 N，而在高氮处理下具有比雄株显著高的根 N、茎 N 和叶 N(图 4-8)。

氮素是植物生长发育过程中必需的大量元素之一，是限制植物生长、影响作物产量高低的重要因素，其含量受多种环境因子的影响。其中水分最为重要，它不仅通过影响氮代谢相关酶活性而影响氮素的同化吸收，还影响氮在植物体内的分配格局(Dulamsuren and Hauck，2021)。本实验数据表明，在干旱和氮沉降的交互作用下，桑树幼苗各组分(根、茎、叶)的氮含量均升高，该现象与重度干旱胁迫下木荷幼苗的根和叶在高水平氮处理下的氮含量最高的结论一致(李明月，2013)。除此之外，实验结果还表明，干旱和高氮沉降水平的交互作用下，桑树雌株幼苗根、茎、叶中的氮含量显著高于雄株，然而雌株的生物量积累和光合能力依旧低于雄株。这暗示了干旱胁迫下雌株的高氮并没有用于改善植物的光合能力，可能是氮在细胞水平上发生了重新分配。例如，在胁迫环境下，更多的氮被分配用来建构游离氨基酸或者结构性的成分而不是光合组分，降低了氮的利用效率来提高水分利用效率(Dong et al.，2015)。

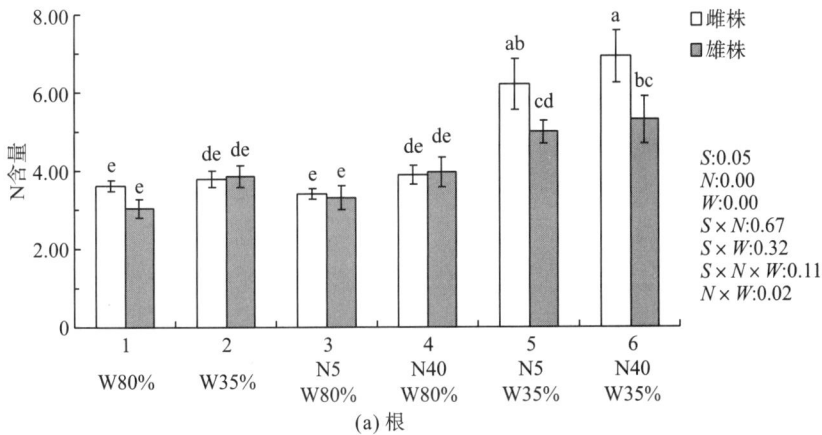

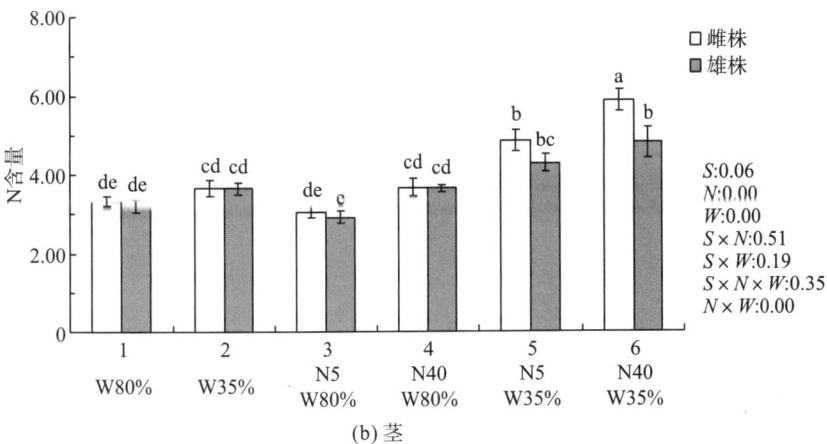

(a) 根

(b) 茎

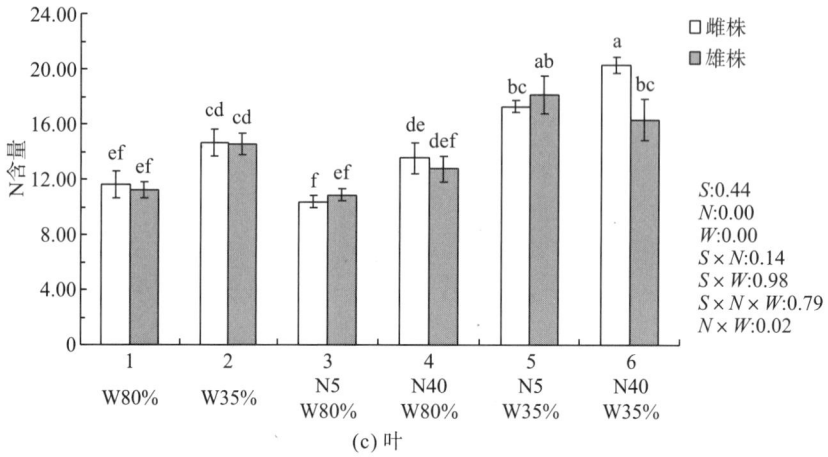

图 4-8 氮沉降和干旱及其交互作用对雌雄桑树幼苗 N 含量的影响

4.7.2 对不同器官中磷浓度的影响

本实验结果表明，当田间持水量为 80%时（土壤湿润），桑树雌雄植株根、茎和叶的 P 含量随氮沉降浓度的增加而呈降低趋势，尤其是雌株降低较明显；雌株幼苗在低氮（5 g N·m^{-2}·a^{-1}）处理下具有比雄株更高的根 P、茎 P 和更低的叶 P 含量（均未达显著水平），在高氮（40 g N·m^{-2}·a^{-1}）处理下雌雄植株之间无显著差异。当田间持水量为 35% 时（土壤干旱），桑树雌雄植株根、茎和叶的 P 含量随氮沉降浓度的增加而明显降低，尤其是雄株。雌株幼苗在低氮处理下的茎 P 含量显著高于雄株，而在高氮处理下则具有比雄株略高的根 P 和茎 P 含量（未达到显著水平）（图 4-9）。

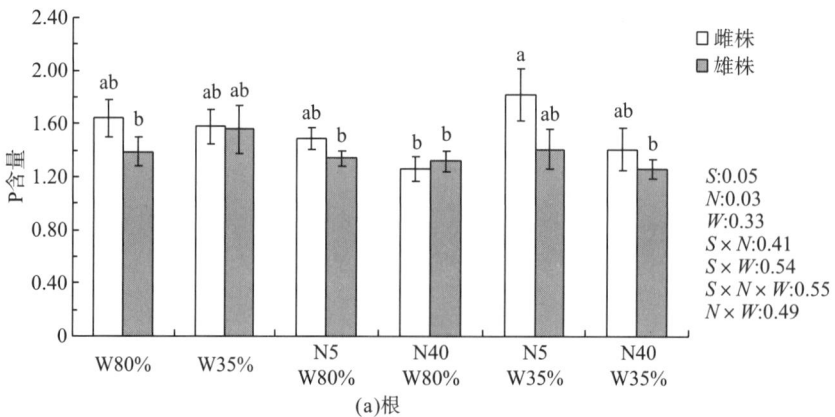

(a)根

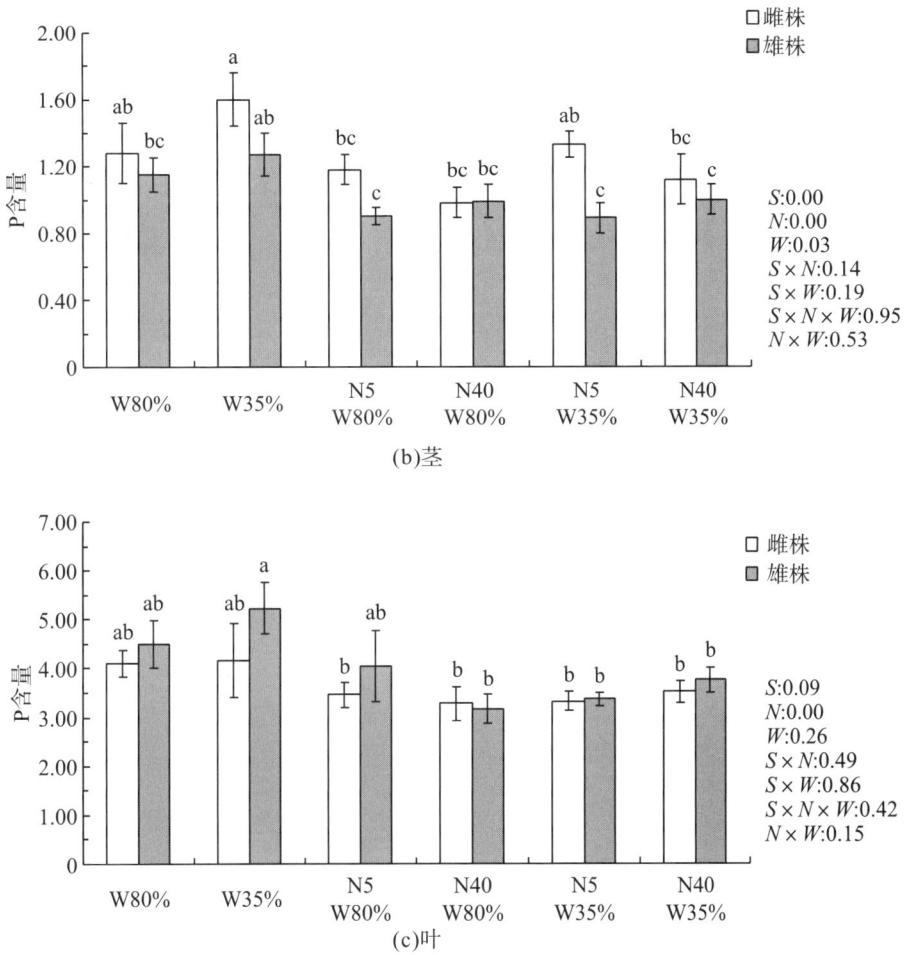

图 4-9　氮沉降和干旱及其交互作用对雌雄桑树幼苗 P 含量的影响

氮沉降除了会影响植物氮的代谢过程，还会影响其他元素，如磷元素。已有研究表明，氮输入会导致植物组织中磷含量的降低。例如，邓美凤(2016)研究发现，氮添加会引起华北落叶松(*Larix gmelinii* var. *principis-rupprechtii*)叶片磷的减少，导致氮磷比的升高。黄婷苗等(2015)研究发现，过量施氮会造成小麦籽粒的磷含量降低。本实验结果与上述结果相同，然而雌雄桑树幼苗根、茎、叶部位中磷的积累对氮沉降和干旱的响应具有一定的性别差异。推测这可能是雌雄植株生殖差异而导致其对 P 的需求不同所致。

4.7.3　对不同器官中钾浓度的影响

本实验结果表明，当田间持水量为 80%时(土壤湿润)，桑树雌雄植株根的 K 含量随氮沉降浓度的增加呈先降后增的趋势，而茎 K 含量和叶 K 含量呈现明显增加，尤其是雄株增加较明显；雌株幼苗在低氮(5 g N·m^{-2}·a^{-1})处理下具有比雄株略高的茎 K 含量和略低的叶 K 含量，而在高氮(40 g N·m^{-2}·a^{-1})处理下具有比雄株略低的根 K 含量和叶 K 含量，雌雄植株间的差异未达到显著水平。当田间持水量为 35%时(土壤干旱)，桑树雌雄植株的根 K 含量和茎 K 含量随氮沉降浓度的增高而增高，而叶 K 含量则在低氮浓度下增加、高氮浓度下降低；雌株幼苗在低氮处理下具有比雄株显著高的根 K 含量和茎 K 含量，而在高氮处理下雌雄植株间差异不显著(图 4-10)。

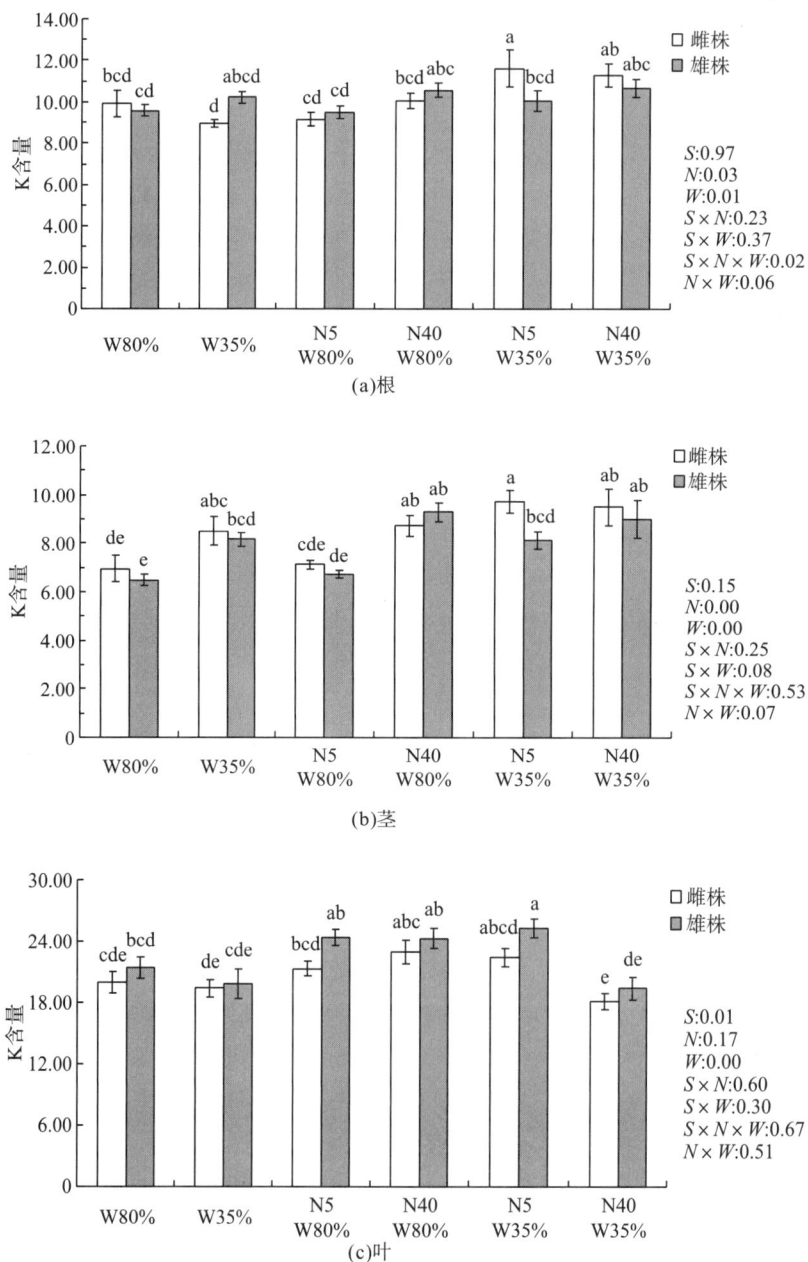

图 4-10　氮沉降和干旱及其交互作用对雌雄桑树幼苗 K 含量的影响

钾是植物生长发育所必需的矿质营养元素之一，其含量在植物体内仅次于氮。其在植物的光合作用中主要承担气孔调节、保障酶活性、优化光合性能及促进同化产物运输等生理功能 (Taiz et al.，2017)。本研究表明桑树各器官中的钾元素含量对不同水分和氮浓度处理的响应存在差异，干旱和低氮沉降交互处理提高了桑树雌株幼苗根系中的钾含量，总体上雌株幼苗的根 K 含量和茎 K 含量在干旱下高于雄株。Roelofs 等 (1985) 和 Whytemare 等 (1997) 发现处于高氮环境下的植物会出现 K、Mg 缺乏，从而导致叶片发黄和叶损失。而高氮沉降可以导致土壤中多余的 NO_3^- 淋失，从而引起其电荷平衡离子 K^+ 的淋失。这与本书的研究结果不一致。推测这可能是由于研究对象不同，桑树作为速生树种，根系发达，干旱下积累钾离子有利于提高根系的渗透能力，进而提高植物对干旱的抵抗力 (Xu et al.，2021)。此外，在干旱环境下氮沉降导致雌株根、茎中的 K 含量高于雄株，而叶片中的 K 含量表现为雄株略高于雌株。推测这是由于干旱下氮沉降导致雌株 K 吸收和运输的受阻程度高于雄株，从而叶 K 含量较低，也从另一方面体现了在干旱和氮沉降的交互作用下，雄性桑苗在叶 K 含量方面比雌性更具有优势。

4.8　小　　结

本章以桑树雌雄幼苗为模式植物，以 NH_4NO_3 溶液为外施氮源，在不同氮沉降水平 (0 g N·hm^{-2}·a^{-1}、5 g N·hm^{-2}·a^{-1}、40 g N·hm^{-2}·a^{-1}) 和不同土壤水分 (80%、35%) 条件下，比较桑树雌雄幼苗的形态生长、生物量积累、叶绿素荧光参数、气体交换、抗氧化酶系统、叶片水势及矿质元素含量方面的差异。研究结果如下。

(1) 在充足的水分环境下，随氮沉降浓度的增加，桑树雌雄植株的株高、总叶面积、平均单叶面积和生物量积累都增加，尤其是雌株显著；在干旱胁迫下，桑树雌雄植株的形态生长 (除基径外) 和生物量积累都表现出随氮沉降浓度的增加而增加的现象，雄株的大多数指标增幅高于雌株，说明雄株的形态生长和生物量积累在干旱和氮沉降的交互作用下具有更好的适应性。

(2) 在充足的水分环境下，随氮沉降浓度的增加，桑树雌雄植株的叶绿素荧光参数表现出 F_v/F_m 先升后降、Yield 先降后升、qN 逐步降低、qP 逐步增加的趋势。雌株的 F_v/F_m 和 Yield 变化显著，而雄株的 qP 和 qN 变化比雌株更显著。在干旱胁迫环境下，随氮沉降浓度的增加，桑树雌雄植株的叶绿素荧光参数表现出 F_v/F_m 逐步增加、qN 显著降低、Yield 雌株降低雄株升高和 qP 雌株增加雄株降低的趋势。在高氮处理下，雌株幼苗的 Yield 显著低于雄株，说明干旱下高浓度的氮沉降在一定程度上能使雄株幼苗具有更强的光合电子传递活性，从而维持比雌株相对较高的光合能力。

(3) 在充足的水分环境下，随氮沉降浓度的增加，桑树雌雄植株的 MDA 含量、POD 活性、Pr 含量表现出逐步增高趋势，而叶片水势略有降低。尤其是雌雄株的 MDA 含量和雌株的 Pr 含量和叶片水势变化明显；在干旱胁迫环境下，随氮沉降浓度的增加，桑树雌株的 MDA 含量和 POD 活性均表现出先降后升的趋势，而雌雄植株的 Pr 含量和叶片水势则有所降低。雌株幼苗在高浓度氮沉降的交互作用下，MDA 含量、CAT 活性和叶片水势高于雄株,说明干旱下高浓度的氮沉降使雌株产生了更多的活性氧物质,抗氧化酶系统及膜脂结构的胁迫程度高于雄株。

(4)在充足的水分环境下,随氮沉降浓度的增加,桑树雌雄植株的叶绿素 a、总叶绿素呈先降后升趋势,类胡萝卜素和蒸腾速率(Tr)呈增加趋势,而气孔导度(g_s)呈现下降趋势。雌株的叶绿素增加显著,雄株的 g_s 和 T_r 变化明显;在干旱胁迫环境下,净光合速率、气孔导度与对照(80%水分)相比显著降低,并随氮沉降浓度的增加,桑树雌雄植株的光合色素表现出低升高降、光合能力略有增高的趋势,雄株的色素变化更明显。雌株幼苗在干旱和高浓度氮沉降的交互作用下,其叶绿素 b 和类胡萝卜素显著低于雄株,说明干旱下高浓度的氮沉降使雌雄植株的气孔导度和色素含量显著下降,并导致其净光合速率降低,从而对植株光合能力带来负面影响。综合来看,雌株受到的影响更大。

(5)在充足的水分环境下,随氮沉降浓度增加到 40 g N·m^{-2}·a^{-1},桑树雌雄植株的 N 和 K 含量最终呈现明显增高、P 含量呈现降低的趋势。雌株的 N 含量增加和 P 含量降低、雄株的 K 含量增加均较显著。在干旱胁迫环境下,随氮沉降浓度增加,桑树雌雄植株呈现 N 和 K(根、茎)含量增加、P 含量降低的变化趋势。雌株的 N 含量显著增加而雄株的 P 含量显著降低。这说明,在水分较好及干旱下的氮沉降均能减少雌雄桑树幼苗根、茎、叶部位中 P 的积累,导致桑树幼苗 P 吸收不足。

综上所述,雌雄桑树对氮沉降的响应存在性别差异,且这些响应与氮沉降水平和土壤水分状况相关。适度的氮沉降会促进桑树幼苗的生长,尤其是雌株,而高氮抑制了桑树的生长,尤其是干旱环境下的雌株。

[本章参考王悦硕士学位论文《氮沉降对雌雄桑苗的不同影响》,2015]

第5章 铅污染对桑树雌雄幼苗的影响

5.1 引　　言

随着人类活动的加剧，排放到环境中的重金属污染物质日益增多，导致局部地区自然生态系统的正常功能受到影响(Choudhary et al.，2007；何洁等，2013；史静等，2013)。作为土壤重金属污染中最为普遍的铅污染问题近年来日趋严重(Hou et al.，2019；Longman et al.，2020)。由于具有毒性强和不可逆等特点，铅已成为对环境最具威胁的重金属之一(Sharma and Dubey，2005；Hou et al.，2019)。当铅元素进入土壤后，不仅干扰土壤的正常功能，还会影响植物的生长发育。

首先，大量研究表明，铅对植株形态和生物量积累的影响显著。不同种类植物对重金属铅的吸收、积累及耐性存在明显的差异，因而植物对铅浓度的响应目前存在两种截然相反的观点。一种观点认为铅会引起叶片中叶绿素、DNA、蛋白质及其酸性与碱性磷酸酶比例的减少(张红萍，2007)，对植物生长发育产生抑制作用。例如，Khizar 等(2013)发现，当铅浓度为 60 ppm 时，小麦的株高、叶片数、根长、鲜重、干重及光合色素等指标降低；Kabir 等(2009)发现，在铅浓度为 20 μmol·L^{-1} 时，桐棉(*Thespesia populnea*)的根长、株高、叶面积、叶片数和生物量显著低于对照；秦天才等(1998)在对小白菜(*Brassica campestris*)的研究中也发现了类似的结果，当铅浓度为 200 mg·L^{-1} 时，小白菜的侧根数目、根部生物量和根部体积呈现出降低的趋势，小白菜正常生长受到损害；此外，邵代兴(2007)还发现，当铅浓度为 500～1000 mg·kg^{-1} 时，白菜生长发育受到的毒害作用将随铅浓度的提升而加深。然而另一种观点认为，适量浓度的铅能激活土壤微生物活动，加速土壤养分的循环和转化，提高叶绿素的生物合成，因而有利于植物的生长发育(Zeng et al.，2008)。例如，Begonia 等(1998)在研究芥菜(*Brassica juncea*)时发现，铅浓度为 100 μg·mL^{-1} 时有利于印度芥菜根系和生物量增长；施翔等(2011)发现，紫穗槐(*Amorpha fruticosa*)、桤木(*Alnus cremastogyne*)和黄连木(*Pistacia chinensis*)三种木本植物在铅锌矿中具有较强的耐性；Kaznina 等(2005)在研究禾本科植物时也发现，铅浓度为 200 mg·kg^{-1} 时，植株的生物量得到显著增加；此外，Han 等(2013a)在研究铅和干旱胁迫对青杨(*Populus cathayana*)的影响时也发现，生长在铅浓度为 2.7 mmol·kg^{-1} 下的青杨，其生物量明显增加。

其次，过量的铅会破坏植物细胞膜，导致叶绿体、线粒体及细胞核受损，影响植物的光合作用(杨刚，2006)。例如，Piotrowska 等(2010)报道高铅浓度(1000 μmol·L^{-1})处理水平下无根萍(*Wolffia arrhiza*)的光合作用和叶绿素含量降低。Kosobrukhov(2004)报道高铅浓度(2000 mg·kg^{-1})处理水平下平车前(*Plantago depressa*)的细胞膜受损，光合作用和叶绿素含量显著降低。上述研究与姚广等(2009)对玉米幼苗和朱宇林等(2006)对银杏的研究结果相一致，均说明铅能抑制植株的光合作用。然而，不同种类植物对铅污染的耐性大小不一(刘秀梅等，2002；谢景千等，2010)。对一些植物来说，一定浓度的铅不仅不会抑制植株的光合作用，反而能增加叶片的叶绿素含量、光合能力。例如，周朝彬等(2005)发现，草木樨(*Melilotus officinalis*)在铅浓度为0～800 mg·L^{-1}时，其叶片发育正常，长势良好，净光合效率显著升高。同样，鲁先文等(2008)也在类似的研究中发现，在铅浓度为0～200 mg·kg^{-1}时，小麦的叶绿素含量会随着处理浓度的上升而增加。

最后，铅胁迫能够破坏细胞内自由基的平衡，导致蛋白质和生物大分子变形和细胞膜脂过氧化加剧，使酶失活、变性，甚至被破坏(Koricheva et al.，1997)。许多研究表明，低浓度铅处理下，受活性氧自由基的诱导，植物体内的SOD、POD和CAT活性会明显上升(何冰等，2003)。例如，Dey等(2007)在研究小麦时发现，铅浓度为200 μmol·L^{-1}时，其SOD和POD活性增加。Choudhary等(2007)在研究螺旋藻(*Spirulina* spp.)时也发现，其SOD活性会随着铅浓度(0.05～0.20 mg·L^{-1})的升高而升高。另一些研究还表明，长时间的高铅浓度处理将使植物细胞膜受损，SOD、POD和CAT活性下降。宋勤飞和樊卫国(2004)研究番茄(*Lycopersicon esculentum*)时发现，高浓度铅胁迫下，番茄细胞膜透性和丙二醛(MDA)含量明显升高，但CAT活性随铅浓度的增加表现出先促进后抑制的趋势。这说明，植物在受到不利环境因素干扰时会启动自身的保护机制来减少伤害，但过高的铅浓度会破坏植物体本身的调节系统，导致其体内的SOD、POD和CAT活性下降(庞欣等，2001)。

除此之外，外源铅浓度对植物体内重金属铅的积累和分布有很大的影响。例如，刘秀梅等(2002)报道了羽叶鬼针草(*Bidens maximowiczia*)、酸模(*Rumex acetosa*)的铅含量随着外源铅浓度的增加而增加。Kamel(2008)报道了蚕豆的根和嫩枝部位的含铅量随着外源铅浓度的增加而提高，且根内铅积累量高于地上部分。此外，李君等(2004)发现马蹄金(*Dichondra repens*)体内铅含量的分布规律为根＞茎＞叶。这与李永杰(2009)对大叶黄杨(*Buxus megistophylla*)的研究结论相一致。然而，上述研究很少有从性别的角度去揭示植株耐铅污染的差异。从现有文献来看，仅Han等(2013a)发现喷施铅剂量为596 mg·kg^{-1}时，青杨雌雄幼苗的生物量和净光合速率将增加，而铅剂量为894 mg·kg^{-1}时，雌株的细胞超显微结构受到的损伤比雄株大，雄株在光合能力方面比雌株表现出更强的可塑性。鉴于雌雄异株植物的雌雄个体在长期进化过程中已经在生长、空间分布和适应机制等方面表现出明显差异(Renner and Ricklefs，1995)，且多数研究表明，雌株受环境胁迫的影响大于雄株(胥晓等，2007；Xu et al.，2008a，2008b；杨鹏和胥晓，2012)。因此，推测雄株对铅的生理耐性和积累特性可能大于雌株。从已有的文献来看，对桑树的研究多在栽培管理、品质改良、盐胁迫和干旱胁迫等方面(潘一乐，2000；柯裕州等，2009；任迎虹，2009)，而关于其对重金属污染的生理耐性方面的研究较少，特别是从性别的角度揭示其耐铅污染差异的研究尚未见报道。据此，本章通过比较于铅污染土壤中生长的桑树雌雄植株在抗氧化酶活性、膜脂过氧化、气体交换、色素含量、形态生长、生物量积累及重金属积累等方面的差异来验证上述推测，以期为桑树雌雄植株对铅污染的生理耐性研究提供参考，也为修复铅污染土壤提供理论依据。

5.2　实　验　方　法

5.2.1　实验设计

实验材料源于四川省农业科学研究院蚕业所提供的桑树雌雄植株(品种为'沙 2×伦 109')。2013 年 3 月 1 日，从雌雄母株上分别截取长短、粗细一致的 2 年生健康枝条，按性别扦插于体积为 10 L、盛有均质土壤 10 kg(干重)的塑料盆内，每盆扦插 1 株。土壤选用当地广泛分布的紫色土壤作为盆栽基质，土样风干后充分混匀。依据《土壤环境质量农用地土壤风险管控标准(试行)》(GB 15618—2018)和四川省铅锌矿区土壤重金属概况(毛竹等,2007)，设置为 2 个不同铅浓度处理水平，分别为 0 mg·kg^{-1}、800 mg·kg^{-1}(以纯铅计，铅浓度已超过国家环境质量三级标准，达到污染水平)，以 Pb(NO$_3$)$_2$ 为铅源，实验采用双因素的完全随机设计：2 性别(雄、雌)×2 处理(对照、铅处理)，雌雄幼苗各 20 株，共 40 株。其中雌雄各 10 株用于土壤铅污染处理，另外各 10 株用于对照处理，于 2013 年 7 月 1 日开始铅处理。按照以上 Pb 含量进行折算，将 Pb(NO$_3$)$_2$ 与去离子水配成含铅 0 mg·mL^{-1}、16 mg·mL^{-1} 的 Pb(NO$_3$)$_2$ 溶液，然后按照处理水平分别把相应浓度的溶液 500 mL 均匀浇灌到土壤基质中，且每盆浇灌到处理组桑苗的铅量达 8 g，处理组和对照组均置于温室棚内。在处理后的整个实验期间，处理组和对照组均浇灌等量的清水以保持土壤湿度。各塑料盆内套有塑料袋(土壤置于塑料袋内)，盆底均置托盘以防渗漏。供试土壤的基本理化性质见表 5-1。

表 5-1　供试土壤的基本理化性质

土壤	pH	有机质含量/%	速效磷含量/(mg·kg^{-1})	速效钾含量/(mg·kg^{-1})	全 N 含量/(g·kg^{-1})	全 P 含量/(g·kg^{-1})
紫色土壤	8.0	0.99	5.8	77	7.6	8.9

5.2.2　测量指标

1) 土壤基本理化性质

土壤经风干过 100 目筛消毒后，随机选取样品各称取 0.5 g 送到西南大学资源环境学院研究室测定其有机质、营养元素和 pH。土壤基本理化性质分析参照鲍士旦(2000)的测定方法：pH 用 2.5∶1 水土比电位法测定，土壤有机质用 K$_2$Cr$_2$O$_7$ 外加热法测定，速效磷用 NaHCO$_3$ 浸提-钼锑抗比色法测定，速效钾用 NH$_4$OAc-火焰光度法测定，全 N 用凯氏蒸馏法测定，全 P 用 NaOH 熔融-钼锑抗比色法测定。

2) 生理特征

90 d 后随机选取各组幼苗 7 株，取叶龄一致、新鲜成熟的叶片用于生理指标测定。可溶性蛋白(Pr)含量的测定采用考马斯亮蓝法(Bradford，1976)；超氧化物歧化酶(SOD)活性的测定采用氮蓝四唑(NBT)比色法，以抑制 NBT 光氧化还原 50%的酶量为一个酶活力单位(Stewart and Bewley，1980)；丙二醛(MDA)含量的测定采用硫代巴比妥酸(TBA)比色法(李合生等，2000)；相对电导率使用手持便携式电导率仪(DSS-11A，中国)进行测定；叶绿素含量测定采用 Arnon 法(提取液为 80%丙酮)(Arnon，1949)；叶片叶绿素相对含量使用手持便携式叶绿素计(SPAD-502，日本)测定，随机选取每株植株上部叶片 10 片，测定其叶绿素值后取平均值。

3) 气体交换

2013 年 8 月 25 日上午，随机选取不同处理下雌雄植株各 7 株，选取植株上部第 3 或 4 片完全展开的向阳的叶片用于测定植株的气体交换特征。采用 LI-6400 便携式光合仪(LI-COR 公司，美国)测定其净光合速率(P_n)、气孔导度(g_s)、胞间 CO_2 浓度(C_i)和蒸腾速率(T_r)。测定时设置叶室温度为(26±2)℃；设定光合有效辐射为(1800±100) $\mu mol \cdot m^{-2} \cdot s^{-1}$；相对湿度为 60%±5%；$CO_2$ 浓度为(370±10) $\mu mol^{-1} \cdot mol^{-1}$。

4) 形态特征

实验结束后对各植株的株高(height growth，HG)、基径(basal diameter，BD)、总叶片数(total leaf number，TNL)进行测量。用 LI-3000C 便携式叶面积仪(LI-COR 公司，美国)测量植株的总叶面积(total leaf area，TLA)。

5) 生物量

实验结束后，将植株分别按根、茎、叶进行采收并分置于 60 ℃烘箱内烘干至恒重后测定各植株的总叶干重(total leaf dry mass，TLM)、总茎干重(total stem dry mass，TSM)、根干重(total root dry mass，TRM)、总生物量(total dry mass，TDM)，并计算比叶面积(specific leaf area，SLA)(叶面积与叶干重之比)和根冠比(root/shoot ratio，RSR)。

6) 重金属 Pb 测定

将各处理组内烘干至恒重的桑树雌雄幼苗的叶、茎和根系粉碎后分别过 100 目筛，并准确称取处理后样品 0.5 g 送至西南大学资源环境学院研究室测定叶、茎和根系中的 Pb 含量，并计算植物的转移系数(translocation factor，TF)(地上部重金属含量/地下部重金属含量)。

5.2.3 统计方法

采用 SPSS19.0 统计软件进行数据分析。平均值间的比较采用单因素方差分析(one-way

ANOVA）；不同处理间的差异采用 Duncan 多重比较检验(Duncan's multiple range test)；采用多因素方差分析性别与处理间的交互作用。显著性差异水平设定为 $\alpha = 0.05$。

5.3　铅污染对幼苗生长的影响

本实验结果表明，与对照相比，铅处理显著增加了桑树幼苗的株高($P < 0.001$)、基径($P < 0.001$)、总叶面积($P = 0.022$)、总叶片数($P = 0.005$)。铅处理下雄株幼苗的株高、基径和总叶面积增加幅度高于雌株，雄株的株高、基径和总叶面积增加幅度分别为 28%、21% 和 33%，雌株的株高、基径和总叶面积增加幅度分别为 5%、12% 和 18%(表 5-2)。

表 5-2　铅处理对桑树雌雄幼苗形态指标的影响

组别		株高/cm	基径/cm	总叶面积/cm²	比叶面积/(cm²·g⁻¹)	总叶片数
对照	雌株	116.67±2.91bc	10.68±0.38c	3992.50±276.40bc	249.53±10.68a	36.43±1.91ab
	雄株	107.41±4.05c	10.68±0.20c	3755.40±302.60c	238.04±8.83a	31.57±1.67c
铅处理	雌株	122.99±3.78b	11.99±0.35b	4692.00±227.2ab	238.72±21.70a	34.14±1.30bc
	雄株	137.66±3.09a	12.92±0.31a	4989.60±360.10a	252.77±28.13a	40.29±1.27a
$P > F_T$		< 0.001***	< 0.001***	0.022**	0.926ns	0.005**

注：数值为平均值±标准误，$P > F_T$ 表示铅处理各指标差异的概率。小写字母代表处理组间的差异性(Duncan 多重检验法，* $P \leqslant 0.05$，** $P \leqslant 0.01$，*** $P \leqslant 0.001$，ns 表示无显著差异)。后同。

此外，在铅处理下，桑树雌雄幼苗之间的叶生物量、茎生物量、根生物量、总生物量及根冠比无显著差异，但与对照相比，铅处理显著增加了桑树幼苗的叶生物量($P < 0.001$)、茎生物量($P < 0.001$)、总生物量($P < 0.001$)，且雄株的增加幅度高于雌株。雄株的叶生物量、茎生物量和总生物量增加幅度分别为 32%、30% 和 24%；雌株的叶生物量、茎生物量和总生物量增加幅度分别为 21%、24% 和 10%(表 5-3)。

表 5-3　铅处理对桑树雌雄幼苗生物量干重和根冠比的影响

组别		叶生物量/g	茎生物量/g	根生物量/g	总生物量/g	根冠比
对照	雌株	15.93±0.65b	34.40±2.14b	25.29±1.75a	75.62±1.66b	0.52±0.07a
	雄株	15.76±1.14b	33.36±1.64b	22.21±1.06ab	71.33±2.10b	0.45±0.02ab
铅处理	雌株	19.30±0.97a	42.67±1.94a	21.37±0.80b	83.33±2.68a	0.35±0.02b
	雄株	20.87±1.04a	43.45±1.59a	24.38±0.86ab	88.70±1.99a	0.38±0.02b
$P(F_T)$		< 0.001***	< 0.001***	0.501ns	< 0.001***	0.003**

从上述铅对桑树雌雄幼苗形态生长和生物量积累及其分配的影响结果来看，桑树雄株的茎伸长速率、叶面积增长速率、叶生物量、茎生物量、总生物量和根冠比均高于雌株，说明在该铅浓度下更有利于促进桑树雄株的生长、生物量的积累及其向地上部分的分配。前人的研究已经报道，低浓度的铅对植物的生长具有一定的刺激作用，能够刺激植物的株高、叶片生物量和地上部分鲜重与干重的增加。例如，铅处理对山荞麦(*Polygonum aubertii*)根的生长没有毒害作用，反而表现出明显的促进作用(刘拥海等，2006)。东南景天(*Sedum alfredii*)在 202.7 mg·L^{-1} 铅浓度处理下，其根数增多，根长显著增加(熊愈辉等，2004)。马蔺(*Iris lactea*)在铅含量低于 500 mg·kg^{-1} 处理下，其株高、根长、地上部和地下部干重明显增加，在 800 mg·kg^{-1} 铅处理下尽管马蔺株高、根长、叶片数低于对照，但差异不显著(原海燕等，2011)。究其原因，一方面可能与不同植株光合色素含量和光合能力的高低相关。另一方面，可能是铅离子激活了土壤微生物的活动，使土壤养分的循环与转化得以加速，从而提高了叶片叶绿素的合成，增强了叶片光合作用，进而增加其生物量(曾路生等，2008)。除此之外，还可能与实验使用的试剂 Pb(NO$_3$)$_2$ 有关，硝酸根是氮肥的主要成分，植物对氮肥具有较大的生长反应。氮素是植物需求量最大的营养元素，而硝态氮是植物可吸收利用的主要氮源，其与植物的很多生理过程联系密切。其中，光合作用受到植物体内氮含量的影响，而植物叶绿体的合成也需要氮素作为组成成分(刘秀杰和宫占元，2012；李静等，2012)。实验中桑树雌雄幼苗的生长参数都略有增加，有可能是实验所添加的 Pb(NO$_3$)$_2$ 形成了氮素营养效应，降低了铅离子在土壤中的有效质量浓度，在一定程度上缓解了重金属的伤害。

5.4   铅污染对幼苗气体交换和叶绿素含量的影响

本实验结果表明，与对照相比，铅处理显著增加了桑树幼苗的 P_n($P <$ 0.001)、g_s($P <$ 0.001)、C_i($P =$ 0.046)和 T_r($P <$ 0.001)。铅处理下，桑树雌雄幼苗叶片的 P_n、g_s 和 T_r 显著增加，且雄株增加的幅度显著高于雌株。雄株的 P_n、g_s 和 T_r 增加幅度分别为 48%、86% 和 88%；雌株的 P_n、g_s 和 T_r 增加幅度分别为 15%、26% 和 21%。对照中雌株的 P_n、g_s 和 T_r 均显著高于雄株，而铅处理下雌株的 P_n 和 T_r 则显著低于雄株(表 5-4)。

表 5-4   铅处理下桑树雌雄幼苗的叶片气体交换特征

组别		P_n/(μmol·m^{-2}·s^{-1})	g_s/(mol·m^{-2}·s^{-1})	C_i/(μmol·mol^{-1})	T_r/(mmol·m^{-2}·s^{-1})
对照	雌株	17.47±0.54c	0.27±0.02b	220.93±6.30a	5.30±0.29c
	雄株	15.04±0.62d	0.21±0.01c	224.02±2.33a	4.14±0.19d
铅处理	雌株	20.07±0.38b	0.34±0.01a	234.38±2.18a	6.39±0.16b
	雄株	22.27±0.44a	0.39±0.03a	230.88±7.05a	7.78±0.36a
$P(F_T)$		< 0.001***	< 0.001***	0.046*	< 0.001***

　　此外，铅处理显著影响了桑树雌雄幼苗的叶绿素 a、叶绿素 b、总叶绿素含量及叶绿素相对含量(图 5-1)。与对照相比，铅处理显著增加了桑树幼苗的叶绿素 a($P<0.001$)、叶绿素 b($P=0.002$)、总叶绿素含量($P<0.001$)及叶绿素相对含量($P<0.001$)，且雄株的叶绿素 a、叶绿素 b、总叶绿素含量及叶绿素相对含量增加幅度高于雌株。雄株的叶绿素 a、叶绿素 b、总叶绿素含量及叶绿素相对含量增幅分别为 45%、136%、56% 和 17%；雌株的叶绿素 a、叶绿素 b、总叶绿素含量及叶绿素相对含量增幅分别为 13%、62%、25% 和 14%(图 5-2)。

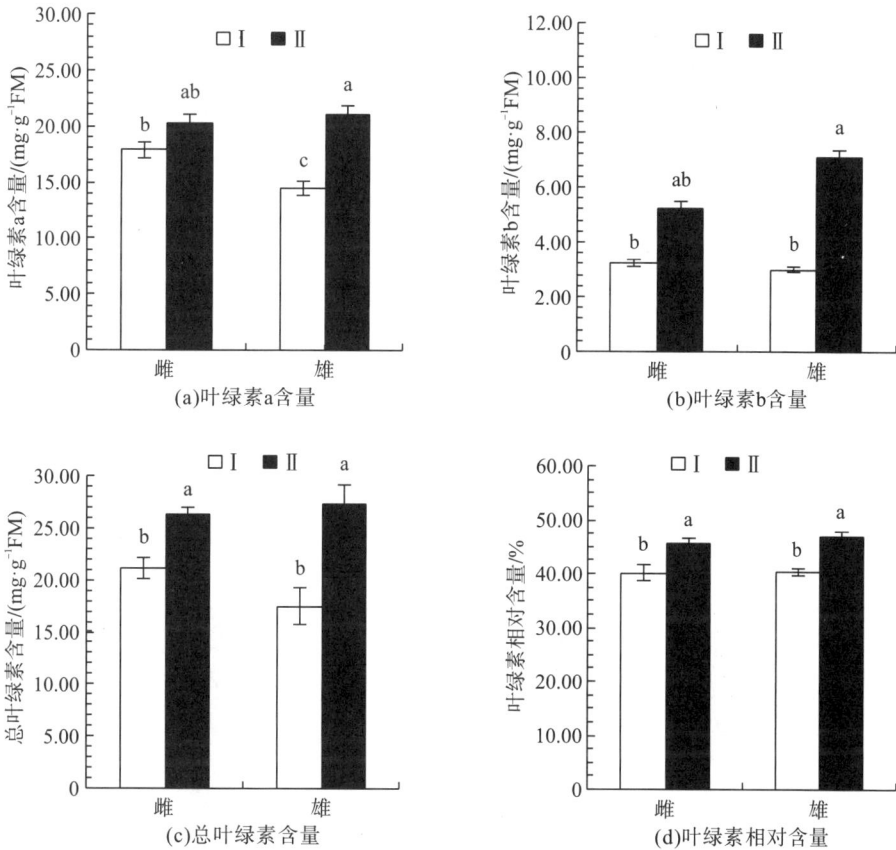

图 5-1　铅处理下桑树雌雄幼苗叶片的叶绿体色素含量

数值为平均值±标准误。Ⅰ，对照；Ⅱ，铅处理。柱子上不同字母表示处理间有差异(Duncan's 多重检验法；$P<0.05$)。后同

　　从上述铅对桑树雌雄幼苗气体交换和叶绿素含量的影响结果来看，施铅后桑树雌雄幼苗的气体交换能力不仅没有受到抑制，反而得到了促进，尤其是雄株幼苗的净光合速率。同时，雄株叶绿素含量在施铅后的增幅高于雌株(表 5-4，图 5-1)。这表明雌株的气体交换对铅比较敏感而雄株表现出较强的光合能力。通常而言，植物光合作用强度一方面取决于气孔的开闭行为，另一方面也与参与光合作用的主要色素有关。本实验中桑树雌雄幼苗的叶绿素 a、叶绿素 b 和总叶绿素含量显著增加，且雄株幼苗的叶绿素含量增

加幅度显著高于雌株(图 5-1)。这一结果与许多文献的结论相一致(周朝彬等，2005；谷绪环等，2008)。由于叶绿素是植物进行光合作用的主要色素，在光合作用过程中具有接受和转换的作用，其含量高低可衡量植物的衰老程度及光合作用能力(Islam et al.，2008)。因此，桑树雄株叶绿素 a、叶绿素 b 和总叶绿素含量显著增加，反映出雄株叶片的光能转化和能量提供能力相对较强。其原因可能与重金属铅离子对桑树雌雄植株的光合作用酶和细胞分裂酶产生的激活效应具有差异有关(Nyitrai et al.，2003)，但还需深入研究予以证明。

5.5 铅污染对幼苗抗氧化性能、膜脂过氧化程度、渗透调节物质及相对电导率的影响

5.5.1 对可溶性蛋白含量和超氧化物歧化酶活性的影响

本实验结果显示，在铅处理下，桑树雌雄幼苗叶片中的 Pr 含量和 SOD 活性无显著差异，但与对照相比，铅处理显著增加了桑树幼苗叶片中的 Pr 含量($P = 0.013$)和 SOD 活性($P = 0.027$)，且雄株增加的幅度高于雌株。雄株的 Pr 含量和 SOD 活性增加幅度分别为 17% 和 50%，而雌株的 Pr 含量和 SOD 活性增加幅度分别为 2% 和 16%(图 5-2)。

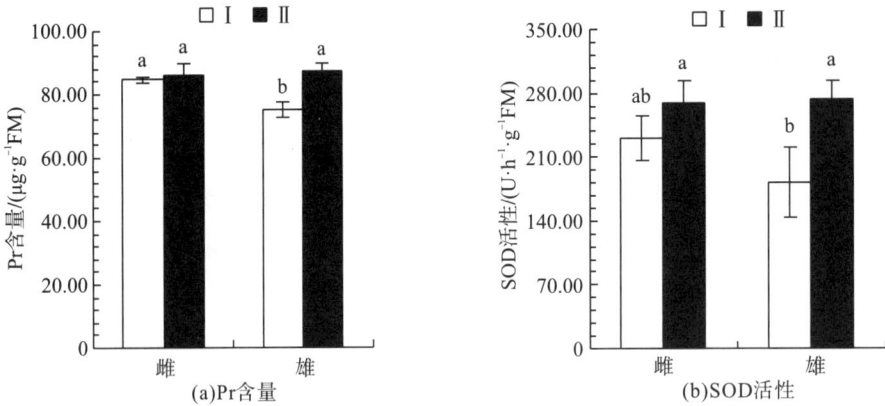

图 5-2　铅处理下桑树雌雄幼苗叶片的可溶性蛋白(Pr)含量和超氧化物歧化酶(SOD)活性

有研究表明，重金属离子进入植物体内后，会与一些化合物结合成金属络合物或螯合物，从而抑制蛋白质的合成。因此，Pr 含量是衡量植物是否受到重金属胁迫的重要指标，Pr 含量的增高有助于提高植物的抗逆性(李兆君等，2004)。此外，SOD 活性的变化可作为检测植物是否受重金属胁迫的另一生理指标(Rucińska et al.，1999)。在低浓度重金属处理时，植物体内 SOD 活性受到活性氧自由基的诱导，其活性上升并且参与清除自由基，故 SOD 活性的上升间接地反映植物对自身的一种保护机制。本实验中施铅后桑树雄株幼苗的 Pr 含量和 SOD 活性增加幅度都比雌株高(图 5-2)，而其气体交换却并未受到任何抑

制。由此说明了在铅处理下，桑树雄株 Pr 含量和 SOD 活性调节的幅度可能大于雌株，并表现出比雌株更强的适应能力。

5.5.2　对丙二醛含量和相对电导率的影响

铅对桑树雌雄幼苗 MDA 含量和相对电导率的影响如图 5-3 所示。与对照相比，桑树雌雄幼苗叶片中的 MDA 含量和相对电导率在铅处理（浓度为 800 mg·kg⁻¹）前后均无显著差异（$P > 0.05$），且雌雄性别间也无显著差异（图 5-3）。MDA 含量是植物在逆境条件下膜脂过氧化作用形成的产物，其含量的高低是衡量植物适应环境的一个重要指标，较低的 MDA 含量反映了该类植物对环境具有更强的抗逆性（许明丽等，2000）。细胞膜透性通过相对电导率来反映，相对电导率越小，细胞膜透性越小，说明细胞膜没有受到损伤（李元等，1992）。本实验中，铅处理（800 mg·kg⁻¹）对桑树雌雄幼苗的细胞膜没有产生显著影响（$P > 0.05$）。此外，在铅处理下，雌雄植株在 MDA 含量和相对电导率方面也无显著差异，但雄株的平均值均比雌株略低（图 5-3），表明其在铅污染下维持细胞膜完整性的能力可能比雌株略强。该结果与许多研究认为雄株在逆境（如干旱、重金属胁迫等）影响下具有更强的抗性相一致（Xu et al.，2008a；李俊钰等，2012）。

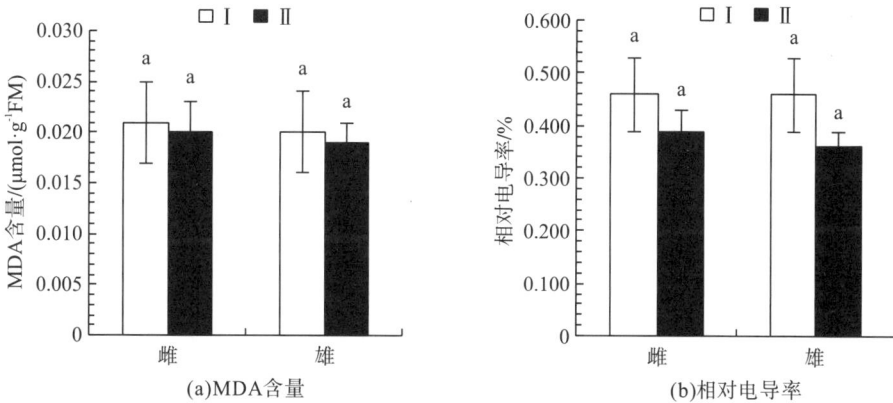

图 5-3　铅处理下桑树雌雄幼苗叶片的丙二醛（MDA）含量和相对电导率

5.6　重金属铅在雌雄幼苗体内的积累与转移

从图 5-4 可看出，与对照相比，铅处理下桑树幼苗的叶（$P < 0.001$）、茎（$P = 0.006$）和根系（$P < 0.001$）对铅的积累量显著增加，且重金属铅主要积累在桑树幼苗的根部，植株地上部分富集的铅相对较少。而铅处理下桑树雌雄幼苗叶、茎和根系对铅的积累量和转移系数虽然无显著差异，但雄株叶片和根系对铅的积累量与转移系数略高于雌株（图 5-4）。

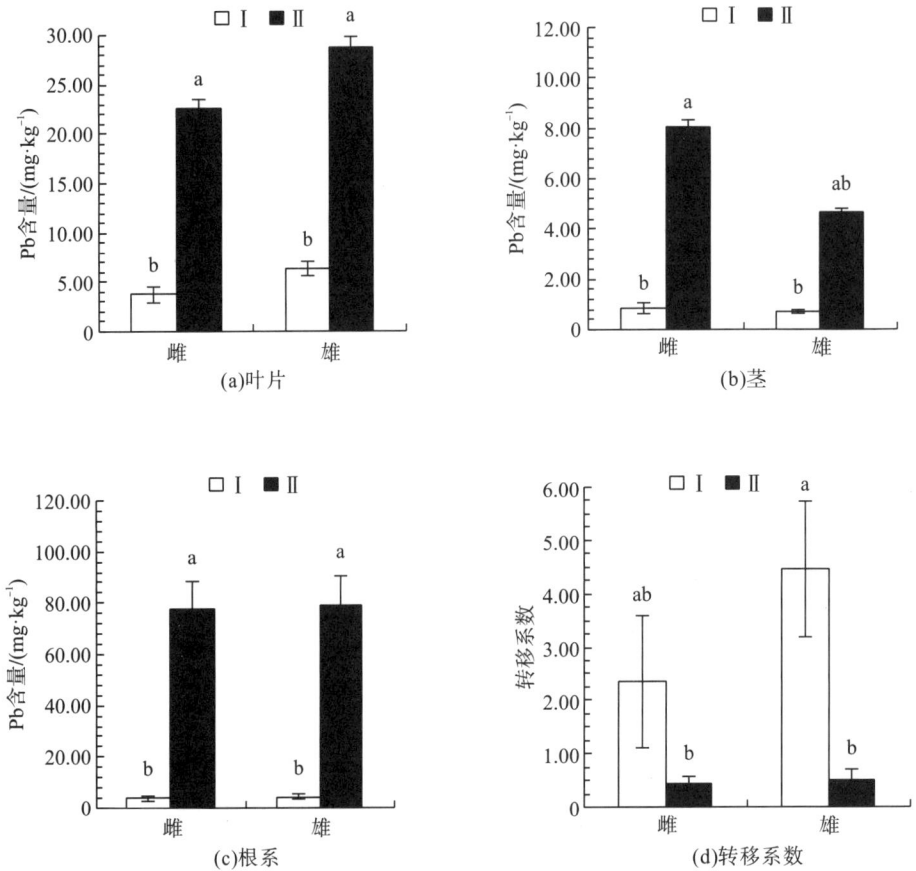

图 5-4　桑树雌雄幼苗的叶、茎和根系中的铅含量及转移系数

　　利用植物吸收污染土壤中的铅元素，必须要了解植物对铅的吸收、转移和积累机制 (Huang and Cunningham，1996)。有研究表明，植物对铅的吸收能力较低，向地上部运输的能力更低，而铅在植物根、茎、叶各器官的积累和分布是不同的(Arshad et al.，2008)，90%以上的铅主要积累在根系，而根系也只能吸收一小部分的铅(Zimdahl and Skogerboe，1977)。在本实验中，铅在雌雄幼苗体内的分布规律为根＞叶＞茎，根系的铅积累量高于叶片和茎的铅积累量(图 5-4)，而雌雄幼苗的根系和叶片对铅的积累量虽无显著差异，但雄株略高于雌株，表明雄株对重金属铅的吸收和积累能力更强。转移系数是指地上部重金属含量与地下部重金属含量的比值，用来评价植物将重金属从地下向地上运输和富集的能力。转移系数越大，表明植物将重金属从根系向地上部器官转运的能力越强。转移系数高于 0.5，说明植物能够把大量的重金属迁移到茎、叶，该类植物对重金属有较强的耐性，有利于重金属的固定(刘秀梅等，2002)。本实验中，施铅后桑树雌雄幼苗的转移系数虽无显著差异，但雄株的转移系数略高于雌株，雄株的转移系数高于 0.5，表明雄株对重金属铅的吸收转移能力较雌株强，具有较强的耐铅性，因此，桑树雄株可作为固定重金属铅的参考选择植物。

5.7　小　　结

本章以 $Pb(NO_3)_2$ 为铅源，探究硝酸铅处理对桑树幼苗生长发育、生理过程和铅元素积累的影响，以揭示桑树幼苗对铅污染的生理耐性和积累能力的性别差异。结果如下。

(1)施铅后桑树雌雄幼苗的形态生长与地上部生物量显著增加，根冠比显著降低，而雄株比雌株具更高的株高、基径和总叶片数。

(2)施铅后桑树雌雄幼苗的净光合速率(P_n)、气孔导度(g_s)、胞间 CO_2 浓度(C_i)和蒸腾速率(T_r)显著增加，雄株比雌株具有更高的 P_n 和 T_r；雌雄幼苗的叶绿素 a、叶绿素 b、总叶绿素及叶绿素相对含量显著增加，雄株增幅高于雌株。

(3)施铅后桑树雌雄幼苗的可溶性蛋白(Pr)含量和超氧化物歧化酶(SOD)活性显著增加，雄株增幅高于雌株，而丙二醛(MDA)含量和相对电导率无显著变化。

(4)铅在植物体内的分布为根>叶>茎，雄株根、叶中的铅含量和转移系数略高于雌株。

综上，桑树雌雄幼苗在灌施浓度为 800 mg·kg^{-1} 的铅离子处理下仍能正常生长，且铅对雌雄幼苗的气体交换、色素含量、形态生长和生物量积累均有明显的促进作用。与雌株相比，雄株在上述指标方面增加幅度更大，从而表明其对铅具有更强的生理耐性和积累特性。由于雄株的耐铅性强，生物量高，铅总积累量大且主要集中在根部，因此，桑树雄株比雌株具有更强的生理耐性和积累能力，它比雌株更适合作为固定重金属铅和土壤修复兼顾的树种。

[原文载于《环境科学学报》，2014，34(10)：2615-2623]

第6章 锌对铅胁迫下桑树雌雄幼苗的影响

6.1 引 言

铅胁迫对植物的影响除与植物本身有关外，还与其他环境因子有关。随着人类活动的加强，环境中的重金属物质急剧增加，并在土壤和水体中积累，导致重金属污染日益严重(Sharma and Dubey，2005；龚红梅和李卫国，2009)。铅和锌作为重金属污染中最常见的污染物，在自然环境中往往伴随存在。因此，铅、锌及其他重金属元素极易形成复合污染，对植物的生长结构、生理生化特性、生物量积累方面产生明显的生物效应(秦天才等，1998；陈怀满等，2002；沈志锦等，2007)。此外，由于它们具有毒性强、不可逆、不易降解和移动的特点，因此，近年来越来越引起人们的重视(Vandecasteele et al.，2002；Háněl，2002；陈程和陈明，2010)。

大量研究表明，锌广泛参与植物的生长发育。例如，Mateos-Naranjo 等(2008)报道锌处理(100 mmol·L^{-1})增加了大米草(*Spartina anglica*)的光合作用和叶绿素含量，但叶片的光能转化效率(F_v/F_m)没有发生变化。Chatterjee 和 Khurana(2007)在研究芥菜(*Brassica juncea*)时也发现，当锌浓度为 0.065 mg·L^{-1} 时，其生物量和种子含油量最高，而当锌浓度超过 0.065 mg·L^{-1} 时，其生物量和叶绿素 a、叶绿素 b 以及蛋白质含量显著降低。此外，晏敏等(2011)在研究宽叶山蒿(*Artemisia stolonifera*)时发现，当锌浓度为 0～500 mg·kg^{-1} 时，其株高、根长、生物量随锌浓度的升高而增加，而当锌浓度超过 3500 mg·kg^{-1} 时，植株开始出现受胁迫的症状。上述研究说明，适量的锌浓度有利于植株提高叶片叶绿素含量，增强光合作用，促进植株的生长(Wood and Sibly，1952)。然而，不同物种对锌的耐性不一致，对某些物种来说，高浓度的锌会与叶绿体中的蛋白质相结合并代替铁离子和镁离子的位置，导致叶绿素蛋白中心离子成分发生变化，从而降低叶绿素含量，抑制植物的生长(马成仓和洪法水，1998)。Monnet 等(2001)发现，锌处理(浓度为 20 mmol·L^{-1})降低了多年生黑麦草(*Lolium perenne*)的光合作用和光能转化效率(F_v/F_m)，抑制了植株的生长发育。Vaillant 等(2005)发现，锌处理(5 mmol·L^{-1})显著降低了 4 种曼陀罗属植物的光合作用、叶绿素荧光参数和叶绿素含量，并抑制了这 4 种植物的生长。此外，Michael 和 Krishnaswamy(2011)还报道了锌处理(浓度为 50 ppm)使大豆幼苗的 MDA 含量和 SOD 活性增加，其生长发育受到抑制。

在自然界中，绝对意义上的单一污染是不存在的，污染多具伴生性和综合性，即多种污染物相互作用最终形成复合污染。环境中的铅和锌由于具有相同的价态和相似的化学性质，二者极易相互作用产生复合污染。目前，国内外学者针对铅和锌的复合污染效应研究主要集中于农作物体系方面(刘素纯等，2006；郑九华等，2008；Chen et al.，2013)，对于生长迅速、生物量大、根系发达、具有较强吸收和积累能力的木本植物仍然研究较少，且尚未得到统一的结论。一些研究者认为，加入适量的锌能够有效缓解铅对植物的毒害。例如，王立新等(2008)发现低浓度(≤50 mg·L^{-1})的锌能够促进铅胁迫下豌豆(*Pisum sativum*)幼苗的生长，提高过氧化物酶的活性和叶绿素含量，缓解铅对豌豆幼苗的毒害。王培(2011)的研究也发现了类似情况，低浓度(≤50 mg·L^{-1})的锌有利于铅胁迫下小麦叶绿素的合成、净光合速率和生物量的提高。然而另一些研究者则认为，铅锌交互胁迫时，锌会加重铅对植物的毒害。例如，Bekiaroglou 和 Karataglis(2002)发现，在铅胁迫下加入浓度为 150 μmol·L^{-1} 的锌，薄荷(*Mentha haplocalyx*)①的叶绿素含量和根生物量显著下降，生长受到抑制。Symeonidis 和 Karataglis(1992)研究绒毛草(*Holcus lanatus*)时也发现，铅、锌交互处理时，锌浓度的增加显著降低了叶片的叶绿素含量和抗氧化酶活性，植株生长受到抑制。此外，刘蕊(2013)在针对台湾泡桐(*Paulownia kawakamii*)的实验中也发现了类似的规律。因此，在研究重金属铅对植物的影响时，必须考虑锌对铅胁迫下植株生长的影响。

目前，前人的研究主要集中在单一的镉、锰、铅和锌等重金属对植物的影响，而针对两种重金属交互作用对植物的影响的研究较少，关于铅、锌交互作用对雌雄异株植物生长影响方面的研究更少。由于该类植物长期对环境的适应，其雌雄个体在形态生长、生理生化特性及适应性等方面表现出明显的性别差异(Renner and Ricklefs，1995)。因此，本章通过研究锌对铅胁迫下桑树雌雄幼苗生长的影响，探索桑树雌雄幼苗形态生长、抗氧化酶活性、光合指标、细胞膜透性、生物量及桑树体内铅元素积累等指标的性别差异，旨在揭示锌对铅胁迫下桑树雌雄个体之间的差异性及其抗逆性，进一步探究锌对铅胁迫下的桑树雌雄幼苗是否具有缓解作用、对雄株的缓解作用强还是对雌株的缓解作用强、哪种性别植物对该类环境的适应性强，以期为今后开发利用植物进行铅污染土壤修复提供参考，为锌对桑树修复铅污染土壤的调节作用提供理论依据。

6.2　实　验　方　法

6.2.1　实验设计

本实验的材料是从四川省农业科学院蚕业研究所桑树科研实验基地剪取的杂交实生桑树雌雄异株幼苗。于 2014 年 2 月初，用枝剪从桑树成树上剪取长短一致的健康枝条，按照雌雄分别扦插在盛有均质土壤重量为 10 kg、体积为 10 L 的塑料盆内。待幼苗长至 15 cm 后，雌雄各选择 64 株长势大概一致的幼苗。然后于 2014 年 5 月 1 日进行实验，本实验采用三因素完全随机设计：2 性别(雌株、雄株)×4 铅[乙酸铅(CH$_3$COO)$_2$Pb·3H$_2$O]处理(0 mg·kg^{-1}、500 mg·kg^{-1}、1000 mg·kg^{-1}、2000 mg·kg^{-1})×2 锌处理(0 mg·kg^{-1}、50 mg·kg^{-1})。共 16 个处理，每个处理重复 8 次。对照处理用等量的清水浇灌。为了防止处理溶液渗漏，对照组和处理

---

① 目前改为 *Mentha Canadensis*。

组塑料盆外均置有托盘。

6.2.2　测量指标

1）生长和形态特征

待实验完全结束后，随机选取不同处理下的桑树雌雄幼苗各 5 株，将每株植株的根、茎、叶分离，然后测定每株植株的株高、基径、总叶片数。同时，运用便携式叶面积仪测定每株桑树的总叶面积。此外，使用根系扫描仪(EPSON TWAIN Pro)对每株植株的根部进行扫描，并运用专业的根系形态学和结构分析应用系统(WinRHIZO，加拿大)对植株的总根长、直径、平均表面积和根总体积等主要根系参数进行分析。随后将根、茎、叶(含脱落叶片)洗净，置于 60 ℃恒温烘箱烘至恒重后，称不同处理下的叶片干重、茎干重和根干重，并计算出总干重。

2）气体交换

于 2014 年 7 月 25 日，随机选取每种处理下的植株各 5 株，选取植株的功能叶片用于气体交换特征的测定。使用 LI-6400 便携式光合仪(LI-COR 公司，美国)测定桑树雌雄幼苗的净光合速率(P_n)、气孔导度(g_s)、胞间 CO_2 浓度(C_i)和蒸腾速率(T_r)。测定时，设置叶室温度为(25±2)℃；设定光强为(1800±100) $\mu mol \cdot m^{-2} \cdot s^{-1}$；相对湿度为 60%±5%；$CO_2$浓度为(380±10) $\mu mol^{-1} \cdot mol^{-1}$。

3）抗氧化酶活性的测定

实验结束后，完全随机选取每种处理的幼苗 5 株，取向阳、新鲜成熟的功能叶片用于生理生化指标的测定。需要测定的生理指标有过氧化物酶(POD)、过氧化氢酶(CAT)、谷胱甘肽还原酶(GR)、超氧化物歧化酶(SOD)活性。

POD 和 CAT 活性测定采用愈创木酚法。酶液提取方法为：分别剪取 0.3 g 新鲜叶片于预冷研钵中，分两次加入 3 mL 预冷的提取缓冲液(共加入 6 mL)〔磷酸缓冲液 pH 为 7.0，并含乙二胺四乙酸(EDTA)1 $mmol \cdot L^{-1}$ 和 1%聚乙烯吡咯烷酮(PVP)〕研磨成匀浆。匀浆在 42 ℃、15000g 条件下离心 20 min，取上清液(酶液)用于实验。酶测定方法为：各取上清液 80 μL，分别加入 3 mL 反应液(由 300 mL pH7.0 的磷酸缓冲液、1.704 mL H_2O_2、168 μL 愈创木酚组成)，POD 于 470 nm 处测定吸光度在 3 min 内每 10 s 中的变化值。CAT 在 240 nm 处测定吸光度在 3 min 内每 10 s 的变化值。POD 和 CAT 活性的计算公式参阅 2.2 节。

GR 活性的测定方法如下：反应液为 pH 7.8 磷酸(Na_2HPO_4-NaH_2PO_4)缓冲溶液+0.5 $mmol \cdot L^{-1}$ 氧化型谷胱甘肽。取约含 50 μg 蛋白质的酶提取液加入 1 mL 反应液(50 $mmol \cdot L^{-1}$磷酸缓冲溶液，pH 7.8，含 0.5 $mmol \cdot L^{-1}$氧化型谷胱甘肽)中，充分混匀。加入 100 μL 1.5 $mmol \cdot L^{-1}$ NADPH 轻轻混匀，启动反应。在紫外-可见分光光度计上读取 340 nm 处吸光度在 3 min 内每 15 s 中的变化值，反应温度为 25 ℃。根据消光系数计算每分钟每毫克蛋白质减少的 NADPH 量(摩尔消光系数为 6.22 $L \cdot mmol^{-1} \cdot cm^{-1}$)，用以表示酶活性，单位为 mmol NADPH·min^{-1}·mg^{-1} 蛋白。

SOD 活性的测定按照 Schickler 和 Caspi(1999)的方法，采用氮蓝四唑(NBT)比色法。酶液提取方法为：取 0.3 g 新鲜叶片于预冷的研钵中，分两次加入 3 mL 预冷的提取液(共 6 mL)(pH 为 7.8，并含 1 mmol·L^{-1}EDTA 和 1%PVP)研磨成匀浆，于 4 ℃条件下离心 20 min，转速为 15000g，取上清液(酶液)用于实验。酶测定方法如下：在待测试管中依次加入 pH 7.8 磷酸缓冲液 1.5 mL、50 mmol·L^{-1} 甲硫氨酸溶液 0.3 mL、750 µmol·L^{-1} NBT 溶液 0.6 mL、0.1 mmol·L^{-1} EDTA 溶液 0.3 mL、20 mmol·L^{-1} 核黄素 0.3 mL、上清液 0.1 mL、蒸馏水 0.5 mL，其中两支对照管以蒸馏水代替上清液，将加入的溶液混匀后，将两支对照管用锡箔纸包裹以遮光，其他各管置于自然光下反应 30 min，反应结束后，所有材料均避光保存，以遮光对照管作为空白调零，于 560 nm 波长处测定其吸光度。SOD 活性的计算公式参阅 2.2 节。

4)MDA 含量的测定

采用硫代巴比妥酸(TBA)比色法，称取新鲜叶片 0.3 g，分两次加入 3 mL 10%三氯乙酸(TCA)研磨成匀浆(共 6 mL TCA)，在转速为 4000g 下离心 10 min。吸取上清液 2 mL(对照组加入 2 mL 蒸馏水)，再加入 2 mL 的 0.6% TBA 溶液，然后摇晃均匀，于沸水浴反应 15 min，使其迅速冷却后再离心 10 min，转速为 4000g(在冰箱中冷却较快)。然后于 532 nm、600 nm 和 450 nm 波长处测定其吸光度。样品液中 MDA 浓度(C_{MDA})计算公式和样品中的 MDA 含量计算公式参阅 2.2 节。

5)可溶性蛋白含量的测定

采用考马斯亮蓝法进行可溶性蛋白含量的测定。上清液提取方法与 SOD 活性测定采用的方法相同。取样品上清液 0.1 mL，加入考马斯亮蓝 G-250 试剂 5 mL，蒸馏水 0.9 mL。然后在 595 nm 波长下测定其吸光度，并求出其标准曲线，然后通过标准曲线计算出该样品中可溶性蛋白的含量。样品中的可溶性蛋白含量计算公式参阅 2.2 节。

6)叶绿素含量的测定

实验处理结束时，随机选取不同处理下桑树雌雄幼苗各 5 株，准确称取新鲜叶片 0.1 g，并剪成细丝置于盛有 10 mL 浸提液(80%丙酮)的试管中，封口后用锡箔纸包裹试管，然后置于黑暗条件下至叶组织完全变白(一周左右)。并用紫外分光光度计分别测定 663 nm、645 nm 和 470 nm 波长处的吸光度 OD$_{663}$、OD$_{654}$ 和 OD$_{470}$，并用经过修正的 Arnon 法(Arnon，1949)对叶绿素 a(Chla)和叶绿素 b(Chlb)进行计算(周祖富和黎兆安，2005)。计算公式参阅 4.2 节。

7)叶绿素荧光参数的测定

于 2014 年 7 月 28 日，选取每种处理的雌雄植株各 5 株，用 Imaging-PAM(Walz 公司，德国)测定每株植株完全展开的功能叶的叶绿素荧光参数。参照 Brugnoli 和 Björkman(1992)的方法，测定前暗适应至少 20 min。测定指标包括 PSⅡ最大光化学量子产量(F_v/F_m)、光合量子产量(Yield)、光化学淬灭系数(qP)和非光化学淬灭系数(qN)。

8) 重金属 Pb 含量的测定

把烘干的根、茎、叶用粉碎机粉碎，用硝酸与高氯酸的混合液消煮提取，消煮至近干加硝酸溶解，用体积分数为 5% 的硝酸定容，然后用火焰原子吸收分光光度计测定。计算桑树转移系数(translocation factor，TF)(地上部分的铅含量/地下部分的铅含量)、生物富集系数(biological concentration factor，BCF)(植物体内的重金属含量/土壤中的重金属含量 ×100%)和耐性指数(tolerance index，TI)(地上部分干重/根部干重)。

9) 细胞超显微结构

实验中选取 1～2 mm 长的叶肉细胞(由上往下数第 5 片完全展开的叶)将其固定于 3% 的戊二醛中，在 4 ℃条件下用 0.1 mol·L^{-1} 的磷酸缓冲液(pH 7.2)浸泡 6～8 h 后取出，再用 1% 的四氧化锇继续固定，然后用 0.1 mol·L^{-1} 的磷酸缓冲液浸泡 1～2 h，随后将叶片放入 50%、60%、70%、80%、90%、95% 和 100% 的乙醇溶剂中脱水，并将叶片嵌入环氧树脂包埋剂中，切成 80 nm 的超薄片，用乙酸双氧铀和柠檬酸铅染色。最后将其安装在铜网格中用 H-600IV TEM 进行观察(Mateos-Naranjo et al.，2008；邵代兴，2007)。

6.2.3 统计方法

采用 SPSS19.0 统计软件进行平均值间的单因素方差分析(one-way ANOVA)，同时，采用一般线性模型进行性别、Pb 和 Zn 处理的三因素方差分析(three-way ANOVA)。组间平均值的比较采用邓肯多重范围检验(Duncan multiple-range test)，显著水平设定为 α=0.05。

6.3 锌对铅胁迫下幼苗形态生长的影响

6.3.1 对幼苗生长的影响

本实验结果显示，铅浓度为 500 mg·kg^{-1} 时，桑树雌株幼苗的株高、基径、叶片数和总叶面积与对照相比显著降低，而桑树雄株幼苗的各项形态生长指标无显著变化(除叶片数量显著降低外)；在铅浓度为 1000 mg·kg^{-1} 和 2000 mg·kg^{-1} 时，雌雄桑树幼苗的株高、基径、叶片数和总叶面积均显著降低，雌株幼苗降低的量高于雄株幼苗(表 6-1)。与此结果相反的是，锌处理对桑树雌株幼苗的生长表现出一定的促进作用，主要体现在株高和总叶面积上，而其他指标均未达到显著性差异水平。此外，与单独的铅处理相比(Pb500、Pb1000 和 Pb2000)，适当的铅锌交互作用(Pb500+Zn、Pb1000+Zn、Pb2000+Zn)有利于减少重金属铅对桑树雌雄植株带来的负面影响，尤其 Pb1000+Zn 处理下对桑树雌株幼苗的促进作用较好(表 6-1)。上述结果说明桑树雌株幼苗的形态生长受乙酸铅胁迫的影响较大，而雄株幼苗抵抗铅胁迫的能力更强，具有更强的耐受性。这也和 Zhang 等(2010a，2010b)、Xu 等(2008a，2008b，2010b)的研究结果相吻合。同时，施加 Zn 后能明显观察到铅胁迫后的植株在形态生长方面得到好转，说明适当添施 Zn 有利于缓解$(CH_3COO)_2Pb$ 胁迫带来的负面影响。

表 6-1　锌对铅胁迫下桑树雌雄幼苗形态生长的影响

组别	性别	株高/cm	基径/cm	叶片数	总叶面积/cm²
CK	F	19.20±1.15bc	1.15±0.09ab	6.80±0.26a	1721.89±47.08b
	M	18.83±0.17bcd	1.08±0.02bc	6.78±0.16a	1634.11±23.95bcd
Zn50	F	22.95±0.54a	1.18±0.06ab	7.30±0.60a	1859.69±72.59a
	M	19.65±0.56b	1.07±0.01bc	5.20±0.20b	1539.90±45.67d
Pb500	F	17.55±0.48d	1.03±0.03c	4.70±0.26bc	1601.89±34.89cd
	M	18.25±0.16cd	1.09±0.04bc	5.20±0.12b	1663.89±35.01bc
Pb1000	F	3.15±0.19hi	0.34±0.01f	3.40±0.10e	535.09±20.48gh
	M	4.90±0.33fg	0.47±0.04e	4.40±0.10cd	699.77±38.56f
Pb2000	F	2.30±0.12i	0.20±0.03g	1.80±0.34f	393.47±21.87i
	M	3.95±0.29gh	0.32±0.03f	3.20±0.12e	546.01±20.49gh
Pb500+Zn	F	19.30±0.49bc	1.12±0.02abc	4.77±0.03bc	1663.89±19.49bc
	M	19.50±0.22bc	1.22±0.02a	5.41±0.08b	1705.89±34.35bc
Pb1000+Zn	F	5.00±0.27fg	0.47±0.04e	4.30±0.12cd	625.94±11.56fg
	M	6.40±0.29e	0.64±0.03d	5.31±0.06b	846.19±22.08e
Pb2000+Zn	F	3.00±0.22hi	0.34±0.01f	2.30±30.12f	512.73±24.22h
	M	5.60±0.29ef	0.53±0.03e	3.83±0.20de	707.96±17.59f
P	F_S	0.742ns	0.372ns	0.161ns	0.667ns
	F_L	<0.001***	<0.001***	<0.001***	<0.001***
	F_Z	0.344ns	0.184ns	0.451ns	0.504ns
	$F_{S×L}$	<0.001***	<0.001***	<0.001***	<0.001***
	$F_{S×Z}$	0.109ns	0.407ns	0.05*	0.262ns
	$F_{L×Z}$	0.336ns	0.012*	<0.001***	0.013*
	$F_{S×L×Z}$	0.021*	0.811ns	0.001**	0.054ns

注：测定值以平均值±标准误表示，测定值后具有相同字母的表示相互之间差异不显著（Duncan 法）。*，$0.01<P≤0.05$；**，$0.001<P≤0.01$；***，$P≤0.001$；ns 无显著差异。$P>F_S$，桑树雌雄株性别间差异的显著性概率；$P>F_L$，铅胁迫条件下各指标差异的显著性概率；$P>F_Z$ 锌处理下各指标差异的显著性概率；$P>F_{S×L}$，性别和铅胁迫交互作用下各指标差异的显著性概率；$P>F_{S×Z}$，性别和锌交互作用下各指标差异的显著性概率；$P>F_{L×Z}$，铅胁迫和锌处理交互作用下各指标差异的显著性概率；$P>F_{S×L×Z}$，性别、铅胁迫和锌处理三者交互作用下各指标差异的显著性概率。

6.3.2　对幼苗根部形态的影响

本实验结果显示，铅浓度为 500 $mg·kg^{-1}$ 时，桑树雌株幼苗的总根长、总表面积、根平均直径和根总体积与对照组相比显著降低，而桑树雄株幼苗除总根长显著降低外，其余指标虽有降低但没有达到显著水平。铅浓度为 1000 $mg·kg^{-1}$ 和 2000 $mg·kg^{-1}$ 时，桑树雌雄幼苗的总根长、总表面积、根平均直径和根总体积与对照组相比均显著降低，但雌株幼苗降低的程度明显高于雄株幼苗（表 6-2）。与此结果相反的是，单独的锌处理使桑树雌雄幼苗的根部形态指标均有所增加。同时，与单独的施铅处理相比（Pb500、Pb1000 和 Pb2000），适当的铅锌交互胁迫（Pb500+Zn、Pb1000+Zn、Pb2000+Zn），对桑树雌雄幼苗的根部形态生长指标均有一定的促进作用，且雄株幼苗高于雌株幼苗（表 6-2）。

表 6-2　锌对铅胁迫下桑树雌雄幼苗根部形态生长的影响

组别	性别	总根长/cm	总表面积/cm²	根平均直径/mm	根总体积/cm³
CK	F	6601.11±379.25b	739.03±29.26ab	0.51±0.045bc	7.95±0.25a
	M	6504.00±111.83b	714.51±70.36abc	0.46±0.008cde	5.87±0.45c
Zn	F	7206.22±249.00a	764.87±34.68a	0.70±0.066a	8.31±0.29a
	M	6529.64±148.53b	712.42±19.94abc	0.56±0.016b	6.99±0.28b
Pb500	F	3565.87±57.08e	625.64±22.46d	0.42±0.006defg	5.31±0.09cd
	M	3949.50±45.21de	643.54±18.24cd	0.44±0.005cdef	5.54±0.09c
Pb1000	F	1610.50±108.01f	298.55±4.52fg	0.36±0.003fghi	2.82±0.22g
	M	1708.01±32.70f	369.99±12.98e	0.38±0.006fghi	3.74±0.09ef
Pb2000	F	398.18±25.99g	160.83±13.89i	0.32±0.012hi	3.22±0.06fg
	M	571.27±105.62g	256.85±12.51gh	0.35±0.008ghi	3.44±0.08ef
Pb500+Zn	F	3975.85±100.59d	628.75±12.62d	0.45±0.009cde	5.47±0.09c
	M	4434.85±113.30c	685.45±8.92bcd	0.48±0040cd	5.55±0.08c
Pb1000+Zn	F	1799.04±24.20f	332..01±2.36ef	0.40±0.012efgh	3.89±0.30e
	M	1964.83±49.25f	390.58±2.62e	0.46±0.008cde	4.81±0.12d
Pb2000+Zn	F	460.95±16.17g	191.55±2.66hi	0.32±0.009i	3.49±0.12ef
	M	715.04±60.80g	266.91±11.69fg	0.35±0.009ghi	3.73±0.11ef
P	F_S	0.86ns	0.379ns	0.765ns	0.801ns
	F_L	<0.001***	<0.001***	<0.001***	<0.001***
	F_Z	0.611ns	0.691ns	0.009*	0.149ns
	$F_{S×L}$	0.001**	0.028*	0.001**	<0.001***
	$F_{L×Z}$	0.090ns	0.977ns	0.001**	0.005**
	$F_{S×L×Z}$	0.294ns	0.362ns	0.188ns	0.386ns

注：标示同表 6-1。

　　根系是植物与土壤环境接触的重要器官，也是植物与土壤中不同重金属发生作用最直接的器官。通常植物在重金属胁迫下会通过改变其根系的形态和分布来适应不利的生长环境，因而根系形态变化可作为植物适应土壤重金属环境的一个重要指标。故本实验结果反映了桑树雌雄植株的根系发育受到重金属铅 [(CH₃COO)₂Pb] 的负面影响，并随其浓度的增加胁迫作用加剧，但雄株根系受到的毒害显著低于雌株。此外，在铅胁迫处理下施加一定的锌元素能有效促进桑树雌雄植株根系的发育，并缓解铅胁迫带来的毒害作用。在铅胁迫环境下，桑树雄株的根系比雌株的根系发育得更好，说明雄株根系对土壤重金属胁迫的抗性更大。

6.3.3　对幼苗生物量指标的影响

　　本实验结果显示，与对照相比，铅浓度为 500 mg·kg⁻¹ 时，显著抑制了雌株幼苗的叶生物量和总生物量，雄株也略有降低但没有显著差异，且雄株的叶生物量、茎生物量、根生物量和总生物量高于雌株。当铅浓度为 1000 mg·kg⁻¹ 时，显著抑制了桑树幼苗的生物量，雌雄幼苗间具有明显的性别差异，且雄株的生物量显著高于雌株。当铅浓度为 2000 mg·kg⁻¹ 时，显著抑制了桑树幼苗的生物量，且雄株的生物量高于雌株，除茎生物量外，雌雄幼苗间存在显著性别差异（表 6-3）。与对照相比，桑树幼苗的生物量在施加锌后略有增加，且雌株的生物量高于雄株。同时，在铅浓度为 500 mg·kg^{-1} 时，施加锌后显著增加了雌雄幼苗的叶生物量，而茎生物量、根生物量和总生物量虽有增加，但差异不显著，且雄株高于雌株。在铅浓度为 1000 mg·kg^{-1} 和 2000 mg·kg^{-1} 时，桑树雌雄幼苗的生物量在施加锌元素后显著增加(除 Pb2000+Zn 处理下的茎生物量外)，且雄株高于雌株(表 6-3)。此外，性别与铅胁迫对桑树雌雄幼苗的影响显著(表 6-3)。生物量减少是植株在重金属污染下的反应之一，也是衡量植物耐性的重要指标(Robinson et al.，2000；Di Baccio et al.，2003)，一般来说，铅胁迫下植株生物量和生长会受到抑制(曾路生等，2008)。因此，本实验结果反映了桑树雌雄幼苗在铅胁迫下生物量的积累受到抑制，并随胁迫加剧抑制作用加强，但雄株生物量积累受到的影响显著低于雌株。此外，在铅胁迫下施加一定量的锌元素能在一定程度上缓解桑树幼苗生物量积累受到抑制的状况，桑树雄株的生物量积累比雌株更多，说明其具有更强的抗逆能力。

表 6-3　锌对铅胁迫下桑树雌雄幼苗生物量的影响

组别	性别	叶生物量/g	茎生物量/g	根生物量/g	总生物量/g
CK	F	10.83±0.51ab	18.82±1.10ab	16.96±0.34ab	46.62±1.73ab
	M	10.32±0.15bc	18.20±0.16ab	16.38±0.17b	44.89±0.29bc
Zn50	F	11.45±0.19a	19.76±0.10a	17.66±0.17a	48.87±0.25a
	M	11.00±0.04ab	18.60±0.22ab	16.95±0.03ab	46.55±0.20ab
Pb500	F	9.40±0.14d	17.35±0.30b	16.40±0.27b	43.15±0.49c
	M	9.88±0.10cd	17.69±0.11b	16.73±0.21ab	44.31±0.28bc
Pb1000	F	3.24±0.18g	7.54±0.61e	3.80±0.44e	14.58±0.71g
	M	4.38±0.36f	10.53±0.17d	6.63±0.37d	21.53±0.19e
Pb2000	F	2.14±0.36h	4.17±0.20g	1.47±0.16g	7.78±0.46i
	M	3.26±0.19g	5.54±0.40fg	2.96±0.24ef	11.76±0.53h
Pb500+Zn	F	10.46±0.05bc	18.32±0.14ab	16.68±0.07ab	45.46±0.21bc
	M	10.92±0.03ab	18.50±0.05ab	16.90±0.04ab	46.32±0.01b
Pb1000+Zn	F	4.71±0.48f	9.17±0.36d	6.21±0.45d	20.08±0.78ef
	M	5.65±0.15e	13.06±1.63c	10.71±0.87c	29.42±2.24d
Pb2000+Zn	F	3.33±0.23g	4.40±0.33g	2.67±0.18f	10.40±0.23h
	M	5.01±0.34ef	7.07±0.26ef	5.83±0.61d	17.92±0.74f
P	F_S	0.436ns	0.36ns	0.321ns	0.356ns
	F_L	<0.001***	<0.001***	<0.001***	<0.001***
	F_Z	0.144ns	0.395ns	0.279ns	0.276ns
	$F_{S×L}$	<0.001***	<0.001***	<0.001***	<0.001***
	$F_{S×Z}$	0.691ns	0.499ns	0.034*	0.448ns
	$F_{L×Z}$	0.760ns	0.614ns	0.116ns	0.386ns
	$F_{S×L×Z}$	0.123ns	0.276ns	<0.001***	0.005**

注：标示同表 6-1。

6.3.4　对幼苗细胞器结构的影响

对叶绿体超显微结构的观察结果显示，对照条件下，桑树雌雄幼苗的类囊体丰富清晰，排列整齐，淀粉粒少，细胞壁和细胞膜光滑流畅[(图 6-1(a)和图 6-1(b)]。锌处理下叶绿体的超微结构和对照比较类似，而铅处理下的叶绿体，基质片层严重扭曲，类囊体扭曲膨胀排列紊乱，质体小球增多，淀粉粒增多增大，且桑树雌株幼苗的质体小球数量、淀粉粒数量及淀粉粒变形膨胀程度均大于雄株幼苗[(图 6-1(c)～图 6-1(f)]。此外，在铅锌交互作用下，雌雄桑树幼苗的淀粉粒和质体小球数量有所下降，类囊体排列整齐，且桑树雄株幼苗的淀粉粒和质体小球少于桑树雌株幼苗[(图 6-1(g)和图 6-1(h)]。这些结果表明，雌株幼苗叶绿体受到重金属的胁迫高于雄株幼苗，锌对雄株幼苗的叶绿体具有一定的缓解作用。由于叶绿体超显微结构与叶片光合特性和能力密切相关，因此，超显微结构的观察结果也反映出桑树雌雄幼苗的光合能力受到铅胁迫的抑制，而施锌处理可以在一定程度上降低铅胁迫对植株光合能力的影响。与雌株相比，桑树雄株的光合能力在胁迫环境下可能更高。

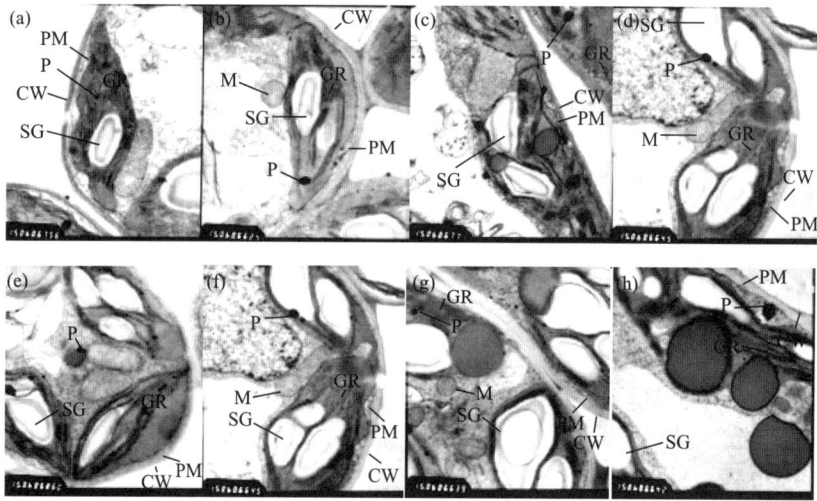

图 6-1　锌对铅胁迫下桑树雌雄幼苗叶片细胞超显微结构的影响

(a) 对照雌株；(b) 对照雄株；(c) 锌处理下的雌株；(d) 锌处理下的雄株；(e) 铅处理下的雌株；(f) 铅处理下的雄株；(g) 铅锌交互作用下的雌株；(h) 铅锌交互作用下的雄株；CW，细胞壁；GR，类囊体；M，线粒体；P，质体小球；PM，质膜；SG，淀粉粒

6.4　锌对铅胁迫下幼苗光合生理指标的影响

6.4.1　对幼苗光合色素的影响

叶绿素是参与植物光合作用最重要的一种光合色素，是反映植物光合能力和衰老程度的重要生理指标(秦芳等，2014；Islam et al.，2008)。大量研究表明，铅、镉、干旱等环境胁迫均会导致植物的叶绿素含量降低(秦天才等，1997；颜淑云等，2011)。本实验结果显示，与对照相比，铅浓度为 500 mg·kg^{-1} 时，桑树雌雄幼苗的叶绿素 a、叶绿素 b、总叶绿素和叶绿素相对含量略有降低但没有显著差异，且雄株叶绿素含量高于雌株。当铅浓度为 1000 mg·kg^{-1} 和 2000 mg·kg^{-1} 时桑树雌雄幼苗的叶绿素 a、总叶绿素和叶绿素相对含量

显著降低，而叶绿素 b 略有降低（铅浓度为 1000 mg·kg⁻¹ 时），但是差异不显著，且雄株叶绿素含量高于雌株（图 6-2～图 6-5）。与对照相比，在锌处理下，桑树雌雄幼苗的叶绿素 a、总叶绿素、叶绿素相对含量和雌株的叶绿素 b 显著增高，且雌株高于雄株。同时，在铅浓度为 500 mg·kg⁻¹ 时施加锌后，叶绿素含量略有增加，但是差异不显著，且雄株的叶绿素含量高于雌株。在铅浓度为 1000 mg·kg⁻¹ 时施加锌后，桑树雌雄幼苗的叶绿素 a、总叶绿素、叶绿素相对含量和雄株的叶绿素 b 显著增加，且雄株叶绿素含量显著高于雌株。当铅浓度为 2000 mg·kg⁻¹ 时施加锌后，雄株幼苗的叶绿素 a、总叶绿素和叶绿素相对含量显著增加，而叶绿素 b 虽有增加，但是差异不显著，且雄株高于雌株（图 6-2～图 6-5）。此外，性别与铅胁迫和铅胁迫与锌处理对桑树雌雄幼苗的影响显著。

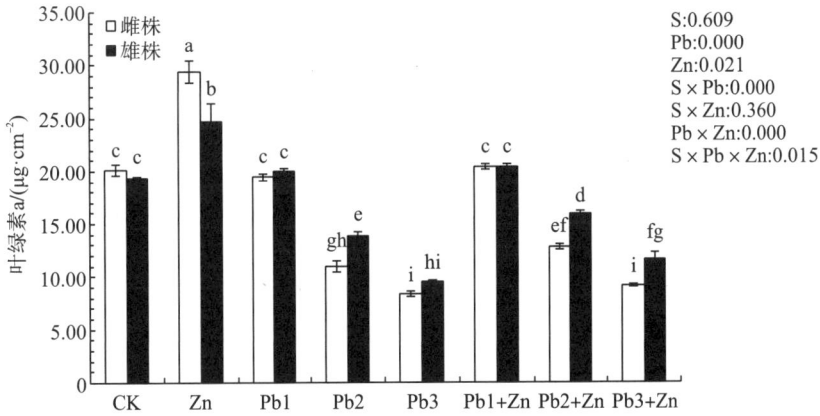

图 6-2　锌对铅胁迫下桑树雌雄幼苗叶绿素 a 含量的影响

注：Pb1、Pb2、Pb3 分别为 500mg·kg⁻¹、1000mg·kg⁻¹、2000 mg·kg⁻¹ Pb 处理。S，桑树雌、雄株性别效应；Pb，铅处理效应；Zn，锌处理效应；S×Pb，性别和铅交互的效应；S×Zn，性别和锌交互效应；Pb×Zn，铅和锌交互效应；S×Pb×Zn，性别、铅和锌三者交互效应。不同的小写字母代表处理组间的差异（Duncan 多重检验法，$P<0.05$）。后同

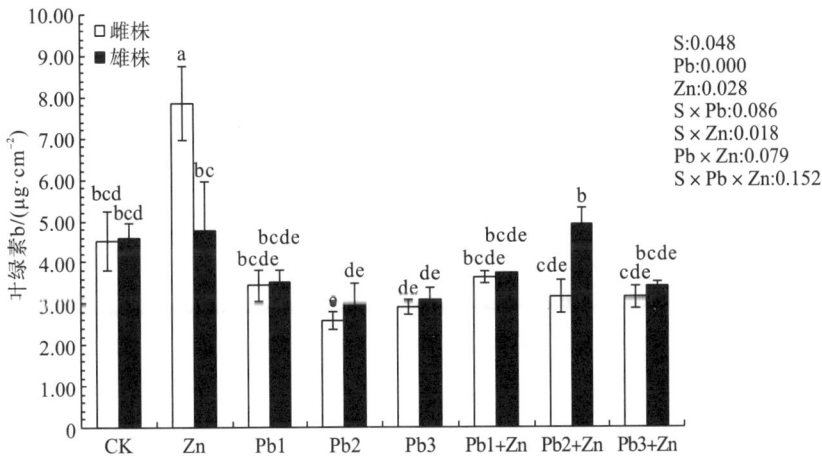

图 6-3　锌对铅胁迫下桑树雌雄幼苗叶绿素 b 含量的影响

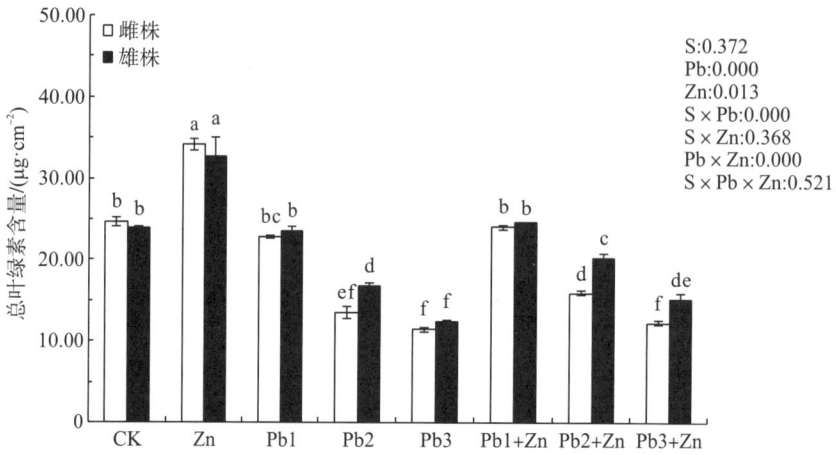

图 6-4　锌对铅胁迫下桑树雌雄幼苗总叶绿素含量的影响

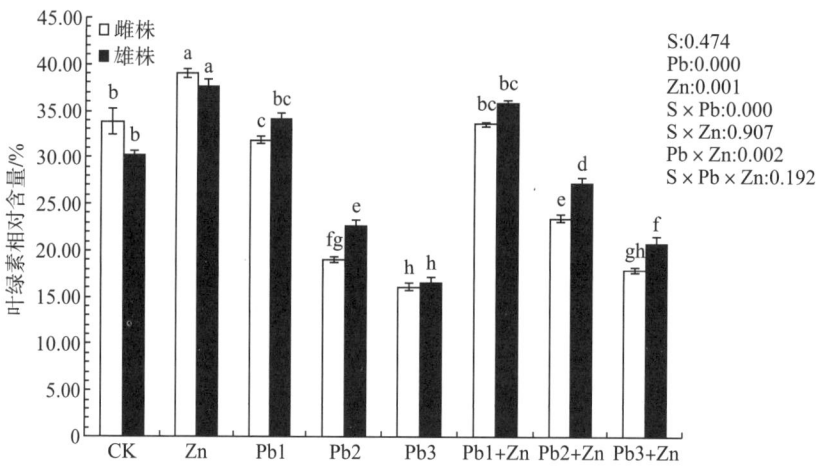

图 6-5　锌对铅胁迫下桑树雌雄幼苗叶绿素相对含量的影响

　　上述结果表明，桑树雌雄幼苗的叶绿素 a、叶绿素 b、总叶绿素和叶绿素相对含量与铅浓度呈负相关，随着铅浓度升高，桑树雌雄幼苗所受到的伤害增大，我们甚至观察到铅胁迫下桑树幼苗叶片边缘出现不同程度的变黄、新叶失绿等现象，且桑树雌株幼苗受伤害程度明显高于雄株幼苗。这一方面可能是铅胁迫抑制了叶绿素合成相关的酶活性而导致光合色素合成减少(Gallego et al.，1996；Singh et al.，1997)，另一方面可能与铅胁迫下活性氧自由基对叶绿体结构和功能的破坏有关(孙塞初等，1985)。此外，与上述研究结果不同的是，锌单独处理下(相比于对照)，桑树雌雄幼苗的叶片不仅没有受损且叶片叶绿素含量得到增加。同时，和单独铅胁迫相比，铅锌二者交互作用下叶绿素含量也略有增加(雄株幼苗的叶绿素含量高于雌株幼苗)。因此，桑树雄株幼苗比桑树雌株幼苗具有更高的抗铅耐性，锌铅交互作用下锌元素能够促进叶绿素的合成以缓解重金属铅的毒害。

6.4.2　对幼苗气体交换的影响

本实验结果显示（表 6-4），与对照相比，铅浓度为 500 mg·kg^{-1} 时，桑树雌雄幼苗的净光合速率、胞间 CO_2 浓度和气孔导度没有显著差异，而雌株的蒸腾速率显著低于对照的雄株。当铅浓度为 1000 mg·kg^{-1} 和 2000 mg·kg^{-1} 时桑树雌雄幼苗的净光合速率、胞间 CO_2 浓度、蒸腾速率和气孔导度与对照存在显著差异（除 Pb1000 处理下雄株的气孔导度外），且雄株的净光合速率显著高于雌株。与对照相比，桑树雌雄幼苗的净光合速率在施加锌后显著升高，胞间 CO_2 浓度、蒸腾速率和气孔导度虽有增加但差异不显著，且雌株净光合速率高于雄株。在铅浓度为 500 mg·kg^{-1} 时，雄株的净光合速率和胞间 CO_2 浓度在施加锌后显著高于铅处理下的雄株，雌株差异不明显，且雄株的净光合速率显著高于雌株。在铅浓度为 1000 mg·kg^{-1} 时，桑树雌雄幼苗的净光合速率和蒸腾速率在施加锌后显著增加，且雄株显著高于雌株。铅浓度为 2000 mg·kg^{-1} 时，雄株幼苗的胞间 CO_2 浓度、蒸腾速率和雌雄幼苗的气孔导度在施加锌后显著增加，雌株的胞间 CO_2 浓度和蒸腾速率略有增加但是差异不明显，且雄株净光合速率和气孔导度显著高于雌株。此外，性别与铅胁迫对桑树雌雄幼苗的影响显著。

表 6-4　锌对铅胁迫下桑树雌雄幼苗叶片气体交换特征的影响

组别	性别	净光合速率/ ($\mu mol \cdot m^{-2} \cdot s^{-1}$)	胞间 CO_2 浓度/ ($\mu mol \cdot mol^{-1}$)	蒸腾速率/ ($mmol \cdot m^{-2} \cdot s^{-1}$)	气孔导度/ ($mol \cdot m^{-2} \cdot s^{-1}$)
CK	F	17.09±0.12cd	300.12±0.37ef	7.90±0.03ab	0.21±0.002abcd
	M	16.88±0.17d	300.11±1.19ef	7.86±0.04bc	0.21±0.002abcd
Zn	F	18.06±0.03a	299.23±0.27f	8.08±0.04a	0.22±0.010a
	M	17.45±0.11bc	299.43±0.21f	7.72±0.06bc	0.22±0.002abc
Pb500	F	17.05±0.06cd	299.83±0.22ef	7.69±0.05c	0.21±0.001abcd
	M	17.05±0.03cd	297.34±0.39f	7.75±0.10bc	0.21±0.001abcd
Pb1000	F	9.41±0.15h	315.41±1.77d	4.75±0.11f	0.15±0.004g
	M	12.46±0.07f	318.29±0.33cd	5.17±0.02e	0.20±0.002d
Pb2000	F	5.30±0.09k	337.53±2.07b	1.37±0.12h	0.13±0.006h
	M	7.01±0.03i	335.51±2.99b	1.38±0.13h	0.16±0.004f
Pb500+Zn	F	17.05±0.04cd	299.77±0.06ef	7.82±0.08bc	0.22±0.001ab
	M	17.76±0.07ab	303.52±1.02e	7.86±0.04bc	0.22±0.003ab
Pb1000+Zn	F	10.52±0.16g	318.42±1.02cd	5.17±0.02e	0.18±0.005e
	M	12.94±0.03e	321.94±0.64c	5.49±0.06d	0.21±0.003bcd
Pb2000+Zn	F	6.18±0.02j	338.61±1.53ab	1.50±0.02gh	0.15±0.005fg
	M	7.02±0.03i	341.45±2.11a	1.62±0.06g	0.18±0.010e
	F_S	0.347ns	0.766ns	0.909ns	0.014*
	F_L	<0.001***	<0.001***	<0.001***	<0.001***
	F_Z	0.576ns	0.537ns	0.774ns	0.017*
P	$F_{S×L}$	<0.001***	0.329ns	<0.001***	<0.001***
	$F_{S×Z}$	0.028*	0.028*	0.310ns	0.173ns
	$F_{L×Z}$	0.042*	0.069ns	0.006**	0.008**
	$F_{S×L×Z}$	<0.001***	0.271ns	0.259 ns	0.015*

注：标示同表 6-1。

上述结果表明，随着铅胁迫浓度的增加，桑树雌雄幼苗的净光合速率、胞间 CO_2 浓度、蒸腾速率和气孔导度等气体交换指标不断降低，幼苗受到的伤害增大。通常而言，植物光合作用强度一方面取决于气孔的开闭行为，另一方面也和参与光合作用的光合色素相关(秦芳等，2014)。铅处理下桑树幼苗光合色素含量的降低(图 6-2～图 6-5)和气体交换指标的变化规律一致，说明非气孔因素限制了植株的光合作用强度。这也和李亚藏等(2012)对山梨(*Pyrus ussuriensis*)、姚广等(2009)对玉米的研究结论相吻合。此外，施加锌元素后，桑树幼苗的净光合速率、胞间 CO_2 浓度、蒸腾速率和气孔导度都比在单独铅胁迫处理下略有增加，且雄株幼苗气体交换指标(尤其是净光合速率)显著高于雌株幼苗。这反映出桑树雄株幼苗叶片的光能转化和能量提供能力相对较强，锌在一定程度上缓解了铅对桑树幼苗的毒害，桑树雄株幼苗在铅污染的环境下拥有更强的光合能力。

6.4.3　对幼苗叶绿素荧光参数的影响

本实验结果显示(表 6-5)，与对照相比，铅浓度为 500 mg·kg^{-1} 时，对桑树雌雄幼苗的 F_ν/F_m(最大光化学量子效率)和 qN(非光化学淬灭系数)没有显著影响，而显著抑制了桑树雌雄幼苗的 Yield(光合量子产量)和 qP(光化学淬灭系数)，且雌雄性别间没有显著差异。当铅浓度为 1000 mg·kg^{-1} 和 2000 mg·kg^{-1} 时，显著抑制了桑树雌幼苗的 F_ν/F_m 和雌雄幼苗的 Yield、qP，且雄株的 F_ν/F_m、Yield 和 qP 高于雌株。与对照相比，单独锌处理下显著增加了桑树雌雄幼苗的 F_ν/F_m、显著降低了雌雄幼苗的 qN，而对 Yield 无显著影响。同时，在铅浓度为 500 mg·kg^{-1} 时施加锌后，桑树雌雄幼苗的 F_ν/F_m 和 qP 增加，而 qN 显著降低，无显著性别差异。当铅浓度为 1000 mg·kg^{-1} 时，桑树雌雄幼苗的 F_ν/F_m、Yield 和 qP 在施加锌后增加，且雄株高于雌株。当铅浓度为 2000 mg·kg^{-1} 时，桑树雌雄幼苗的 F_ν/F_m 和 qP 在施加锌后略有增加，雄株高于雌株，而桑树雌雄幼苗的 qN 略有降低，且雌株略高于雄株。此外，性别与铅胁迫对桑树雌雄幼苗的影响显著。

表 6-5　锌对铅胁迫下桑树雌雄幼苗叶片叶绿素荧光参数的影响

组别	性别	最大光化学量子效率	光合量子产量	光化学淬灭系数	非光化学淬灭系数
CK	F	0.80±0.002bcd	0.698±0.012a	0.789±0.003bc	0.447±0.016c
	M	0.77±0.008de	0.690±0.004a	0.785±0.008c	0.464±0.007bc
Zn	F	0.83±0.008a	0.686±0.014a	0.803±0.005a	0.347±0.020d
	M	0.80±0.007bc	0.664±0.009ab	0.798±0.006ab	0.315±0.027d
Pb500	F	0.80±0.009bc	0.594±0.011cd	0.752±0.004fg	0.452±0.009c
	M	0.80±0.012bcd	0.621±0.014bc	0.756±0.006ef	0.454±0.006bc
Pb1000	F	0.72±0.005f	0.549±0.018def	0.739±0.003gh	0.485±0.003bc
	M	0.76±0.004e	0.569±0.021cde	0.740±0.003gh	0.490±0.003bc
Pb2000	F	0.62±0.02h	0.436±0.025h	0.721±0.005i	0.568±0.015a
	M	0.71±0.007f	0.521±0.013ef	0.729±0.002hi	0.515±0.066abc
Pb500+Zn	F	0.82±0.009ab	0.596±0.025cd	0.765±0.004d	0.372±0.018d
	M	0.82±0.005ab	0.603±0.014cd	0.772±0.003de	0.371±0.016d

续表

组别	性别	最大光化学量子效率	光合量子产量	光化学淬灭系数	非光化学淬灭系数
Pb1000+Zn	F	0.78±0.011cde	0.611±0.013bc	0.760±0.001def	0.363±0.011d
	M	0.80±0.003bc	0.624±0.018bc	0.764±0.003def	0.464±0.004bc
Pb2000+Zn	F	0.66±0.008g	0.464±0.008gh	0.742±0.004gh	0.527±0.014ab
	M	0.72±0.005f	0.510±0.033fg	0.743±0.004gh	0.480±0.023bc
P	F_S	0.146ns	0.509	0.65	0.956
	F_L	<0.001***	<0.001***	<0.001***	<0.001***
	F_Z	0.015*	0.608ns	<0.001***	<0.001***
	$F_{S×L}$	<0.001***	0.005**	0.017*	0.015*
	$F_{S×Z}$	0.255ns	0.57ns	0.833ns	0.56ns
	$F_{L×Z}$	0.557ns	0.713ns	0.09ns	0.137ns
	$F_{S×L×Z}$	0.096ns	0.017*	0.404ns	0.055ns

注：标示同表 6-1。

最大光化学量子效率(F_v/F_m)可以反映 PSⅡ 光能转换效率和植物受胁迫的程度(Jiang et al.，2003)。本实验结果表明铅胁迫下桑树雌雄幼苗的 F_v/F_m 随铅浓度的增加逐渐降低，对叶片的光合效率造成一定的损害，但当施加一定量的锌元素后，F_v/F_m 略有上升且雄株幼苗高于雌株幼苗，在一定程度上缓解了铅胁迫对桑树的损害。另外，在单独的铅胁迫下，桑树幼苗的 qP 降低，而铅锌交互作用下 qP 却比单独的铅胁迫有所增加，反映出锌元素在一定程度上有利于促进桑树幼苗的光反应中心。同时，非光化学淬灭系数(qN)作为早期胁迫最敏感的指标之一，表示了以热能形式耗散的光能部分(钱永强等，2011)。单独铅胁迫下，qN 随着铅浓度的增加逐渐上升，而铅锌交互作用下 qN 却比单独的铅胁迫略有降低。此外，Yield 的下降也可作为反映光抑制程度的参数(蔡永萍等，2004)。Yield 随铅浓度的增加而降低且桑树雌株降低的量高于雄株，可见铅胁迫下桑树雌雄幼苗叶片受光抑制程度比较严重，部分桑树的 PSⅡ 反应中心可能遭到光破坏，这一结果也与徐伟红等(2007)的研究结果相一致。然而，在铅锌交互作用下 Yield 略有回升，表明锌元素能够缓解铅对桑树叶片光合结构的破坏。总之，随着铅胁迫浓度的提高，桑树雌雄幼苗的 F_v/F_m、Yield 和 qP 有所下降，而 qN 略有上升。其过剩能量以非光化学淬灭形式耗散，导致桑树幼苗 PSⅡ 反应中心受损，出现严重的光抑制现象。

6.5　锌对铅胁迫下幼苗活性氧代谢的影响

6.5.1　对幼苗膜脂过氧化程度的影响

如图 6-6 所示，与对照相比，在铅浓度不断递增的情况下，桑树雌雄幼苗的丙二醛(MDA)含量不断增加，尤其是在铅浓度为 2000 mg·kg^{-1} 时，桑树幼苗的 MDA 含量最高，且雌株的 MDA 含量显著高于雄株。与对照相比，单独施加锌的处理对桑树雌雄幼苗的

MDA 含量无显著影响。但是，在 Pb1000+Zn 和 Pb2000+Zn 处理下，桑树雌雄幼苗的 MDA 含量与单独铅处理相比显著降低，而 Pb500+Zn 处理下 MDA 含量略有降低，但是差异不显著。此外，性别与铅胁迫处理、性别与锌处理、铅胁迫与锌处理和性别、铅胁迫与锌处理对桑树雌雄幼苗的影响显著。

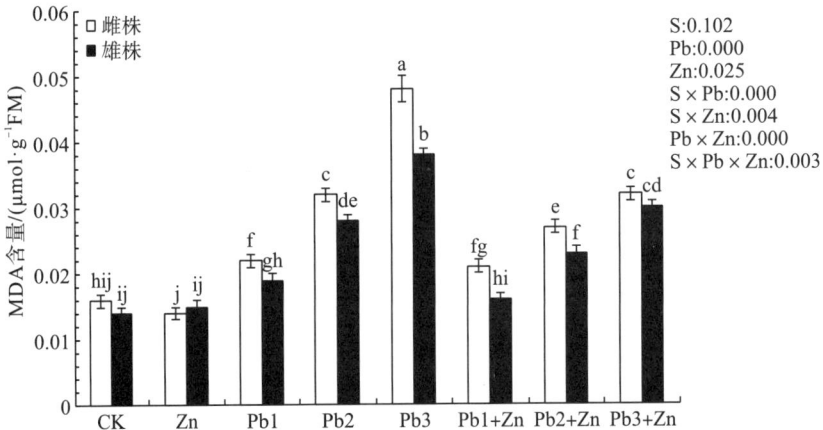

图 6-6　锌对铅胁迫下桑树雌雄幼苗叶片 MDA 含量的影响

MDA 是膜脂过氧化的最终产物，其含量高低可以衡量逆境条件下活性氧及细胞膜受伤害程度(许明丽等，2000)。施铅处理下，幼苗叶片的 MDA 含量随着铅浓度的增加而显著上升，特别是在铅浓度为 2000 mg·kg^{-1} 时，桑树幼苗的 MDA 含量最高，且雌株的 MDA 含量显著高于雄株。这一方面说明，铅胁迫会破坏叶片活性氧的代谢平衡，加剧膜脂过氧化；另一方面说明，雌雄幼苗对铅胁迫的耐性存在明显的性别差异，即雄株幼苗的抗铅胁迫能力比雌株幼苗强，这和前述研究结果相吻合。此外，和施铅处理不同，单独施锌对桑树雌雄幼苗的 MDA 含量并没有显著影响，但在铅锌交互作用下(铅浓度为 1000 mg·kg^{-1} 和 2000 mg·kg^{-1} 时)，幼苗的 MDA 含量和单独施铅相比显著降低且雄株幼苗的 MDA 含量低于雌株幼苗，表明施锌可以缓解膜脂过氧化水平从而缓解铅对植物的伤害，这也与原海燕等(2007)对马蔺(*Iris lactea*)的研究结果一致。

6.5.2　对活性氧清除系统的影响

如图 6-7 所示，随着铅浓度的不断递增，桑树雌雄幼苗的 SOD 活性与对照相比先上升后下降。在铅浓度为 500 mg·kg^{-1} 和 1000 mg·kg^{-1} 时，SOD 活性不断上升，在铅浓度为 2000 mg·kg^{-1} 时，SOD 活性下降，且雄株的 SOD 活性高于雌株。在铅浓度为 500 mg·kg^{-1} 和 1000 mg·kg^{-1} 时，桑树雌雄幼苗的 SOD 活性在施加锌元素后增加，当铅浓度为 2000 mg·kg^{-1} 时，桑树雄株幼苗的 SOD 活性在施加锌元素后显著增加，而雌株显著降低。与对照相比，在单独锌处理下，桑树雌雄幼苗的 SOD 活性没有显著差异。此外，性别与铅胁迫处理、性别与锌处理、铅胁迫与锌处理和性别、铅胁迫与锌处理对桑树雌雄幼苗的影响显著。

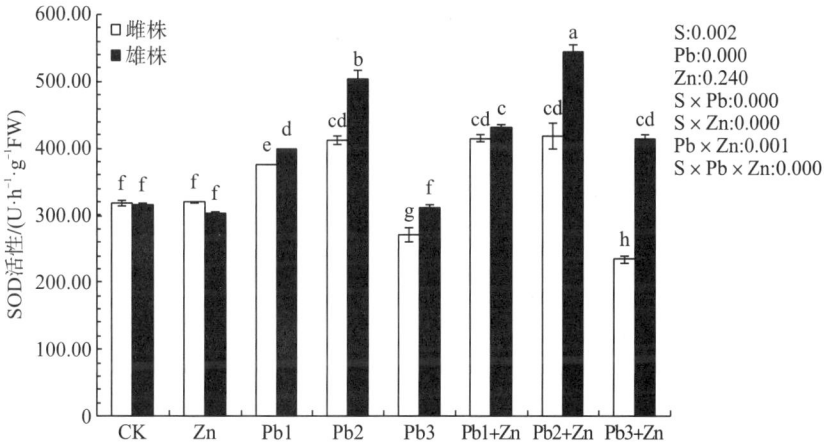

图 6-7　锌对铅胁迫下桑树雌雄幼苗叶片 SOD 活性的影响

如图 6-8 所示，与对照相比，随着铅浓度的不断递增，桑树雌雄幼苗的 CAT 活性先上升后下降。在铅浓度为 500 mg·kg^{-1} 和 1000 mg·kg^{-1} 时 CAT 活性不断上升，在铅浓度为 2000 mg·kg^{-1} 时，CAT 活性下降，且雄株的 CAT 活性高于雌株。在铅浓度为 500 mg·kg^{-1} 和 2000 mg·kg^{-1} 时，桑树雌雄幼苗的 CAT 活性在施加锌元素后增加，当铅浓度为 1000 mg·kg^{-1} 时，桑树雄株幼苗的 CAT 活性在施加锌元素后显著降低，且雄株高于雌株。与对照相比，在单独锌处理下桑树雌雄幼苗的 CAT 活性显著增加。此外，性别与铅胁迫处理、铅胁迫与锌处理和性别、铅胁迫与锌处理对桑树雌雄幼苗的影响显著。

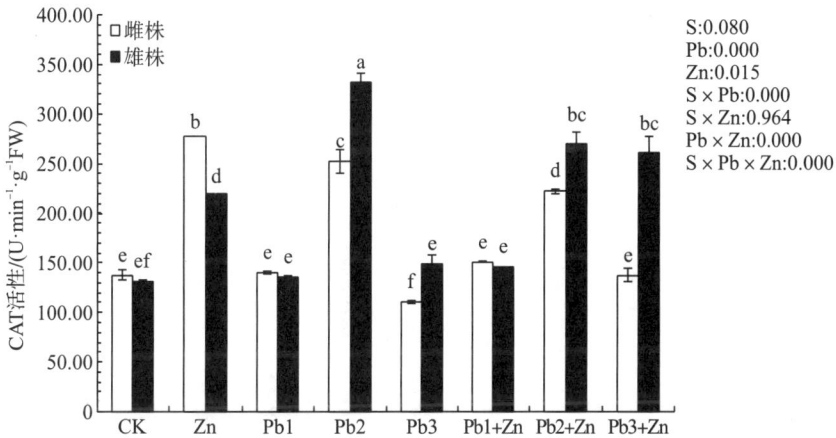

图 6-8　锌对铅胁迫下桑树雌雄幼苗叶片 CAT 活性的影响

如图 6-9 所示，与对照相比，随着铅浓度的不断递增，桑树雌雄幼苗的 POD 活性先上升后下降。在铅浓度为 1000 mg·kg^{-1} 时，POD 活性上升到最高值。在铅浓度为 2000 mg·kg^{-1} 时，POD 活性略有下降，且雄株的 POD 活性高于雌株。在铅浓度为

500 mg·kg^{-1} 和 1000 mg·kg^{-1} 时，桑树雌雄幼苗的 POD 活性在施加锌元素后增加，且雄株高于雌株。当铅浓度为 2000 mg·kg^{-1} 时，桑树雄株幼苗的 POD 活性在施加锌元素后显著降低，且雌株低于雄株。与对照相比，在单独锌处理下，桑树雌雄幼苗的 POD 活性显著增加。此外，性别与铅胁迫处理、铅胁迫与锌处理和性别对桑树雌雄幼苗的影响显著。

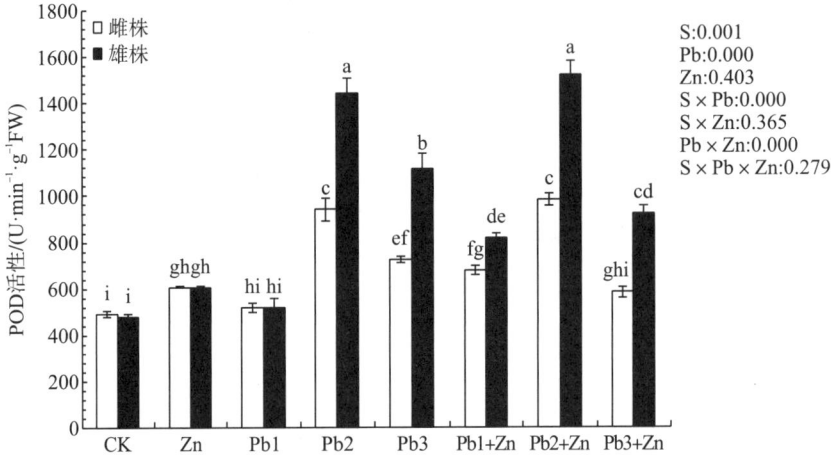

图 6-9　锌对铅胁迫下桑树雌雄幼苗叶片 POD 活性的影响

如图 6-10 所示，与对照相比，随着铅浓度的不断递增，桑树雌雄幼苗的 GR 先上升后下降。在铅浓度为 500 mg·kg^{-1} 时 GR 上升，在铅浓度为 1000 mg·kg^{-1} 和 2000 mg·kg^{-1} 时，GR 下降，且雄株的 GR 高于雌株。与单独铅胁迫相比，桑树雌雄幼苗的 GR 在施加锌元素后增加，且雄株的 GR 高于雌株。与对照相比，在单独锌处理下，桑树雌雄幼苗的 GR 显著增加。此外，性别与铅胁迫处理、性别与锌处理、铅胁迫与锌处理和性别、铅胁迫与锌处理对桑树雌雄幼苗的影响显著。

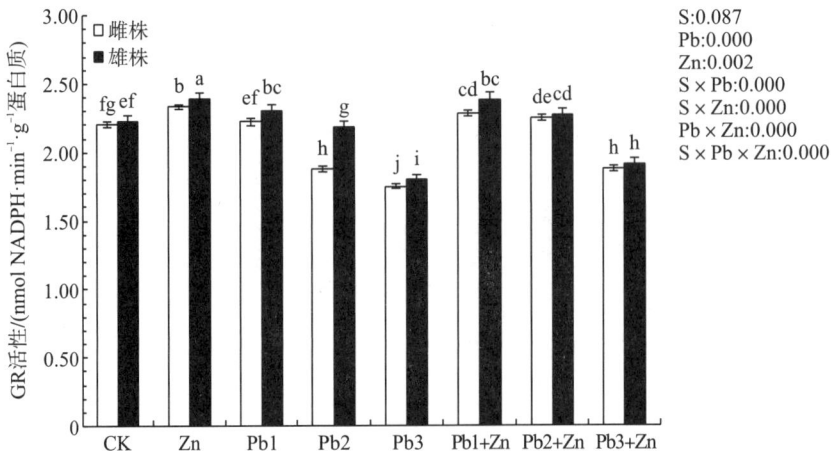

图 6-10　锌对铅胁迫下桑树雌雄幼苗叶片 GR 活性的影响

重金属胁迫不仅对植物体内活性氧水平有影响，而且影响其活性氧清除系统。由图 6-7～图 6-9 可知，随着铅浓度的增加，桑树幼苗叶片的抗氧化酶(SOD、POD、CAT)活性整体呈先上升后下降的趋势，且都在 1000 mg·kg^{-1} 时达到最大值；而 GR 活性则随铅浓度的增加逐渐降低。另外，本实验还表明，铅处理浓度为 1000 mg·kg^{-1} 和 2000 mg·kg^{-1} 时，雄株幼苗的 SOD、POD、CAT 及 GR 活性均高于雌株幼苗。这一方面说明高浓度的铅对桑树幼苗的抗氧化防御系统具有破坏作用；另一方面也说明，雄株幼苗较雌株幼苗具有更强的抗氧化能力。然而，与施铅处理不同，单独施锌(与对照相比)对桑树雌雄幼苗的 POD、CAT、GR 活性表现出明显的促进作用。此外，在铅锌交互作用下，桑树雌雄幼苗的 SOD、POD、CAT 及 GR 活性变化趋势与铅处理下基本一致，从而进一步说明，施锌能在一定程度上缓解铅胁迫对桑树幼苗叶片防御系统的破坏，然而这种保护能力是非常有限的，会随着铅浓度的升高逐渐下降(李永杰等，2009)。

6.5.3 对幼苗可溶性蛋白的影响

如图 6-11 所示，与对照相比，在铅胁迫处理下，桑树雌雄幼苗的可溶性蛋白含量增加，且雄株显著高于雌株。在铅锌交互作用处理下，桑树雌雄幼苗的可溶性蛋白含量与单独铅胁迫相比呈显著减少的趋势，且雄株显著高于雌株。此外，性别与铅胁迫处理、性别与锌处理和性别、铅胁迫与锌处理对桑树雌雄幼苗的影响显著。

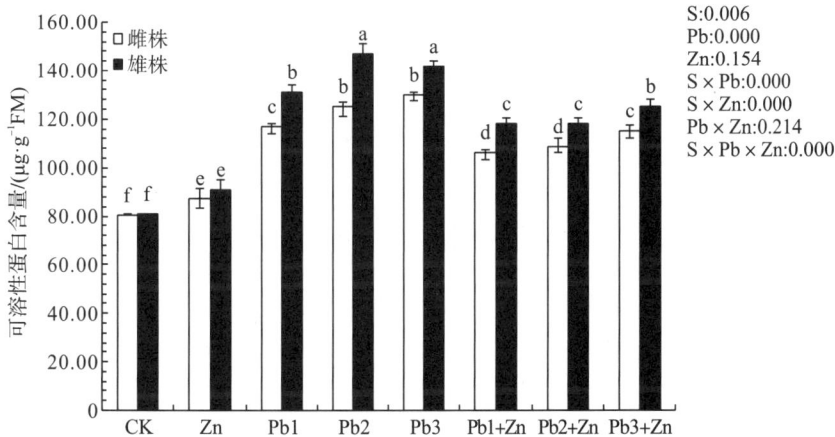

图 6-11 锌对铅胁迫下桑树雌雄幼苗叶片可溶性蛋白含量的影响

有研究表明，重金属进入植物体内后，会与一些化合物结合成金属络合物或螯合物，从而抑制蛋白质的合成。因此，可溶性蛋白(Pr)含量是衡量植物是否受到重金属胁迫的重要指标，Pr 含量的增高有助于提高植物的抗逆性(李兆君等，2004；秦芳等，2014)。本实验结果表明，单独施锌、单独施铅及铅锌交互作用均显著增加了桑树幼苗的 Pr 含量，且雄株幼苗的 Pr 含量明显高于雌株幼苗。这和李俊钰(2012)的研究结果相吻合，表明雄株幼苗相比雌株幼苗具有更强的抗逆性。此外，实验结果还显示，在三种不同逆境胁迫下，植株的 Pr 含量表现出不一致的变化规律，其中铅胁迫下 Pr 含量最高，其次为铅锌交互胁迫，锌胁迫对幼苗叶片 Pr 含量的影响最小，表明桑树幼苗通过增加可溶性蛋白的合成来对抗铅胁迫的不利影响，这也和吴桂容(2007)对重金属 Cd 对桐花树(*Aegiceras corniculatum*)幼苗生理生态效应的研究结果相类似。

6.5.4　对幼苗叶片相对电导率的影响

如图 6-12 所示，与对照相比，随着铅浓度不断递增，桑树雌雄幼苗的相对电导率不断增加，尤其是在铅浓度为 2000 mg·kg^{-1}时，桑树幼苗的相对电导率达到最高，且雌株的相对电导率显著高于雄株。与对照相比，单独施锌处理显著影响了桑树雌雄幼苗的相对电导率。同时，在铅锌交互作用处理下，桑树雌雄幼苗的相对电导率与单独铅处理相比有所降低。此外，性别与铅胁迫处理、性别与锌处理、铅胁迫与锌处理和性别、铅胁迫与锌处理对桑树雌雄幼苗的影响显著。

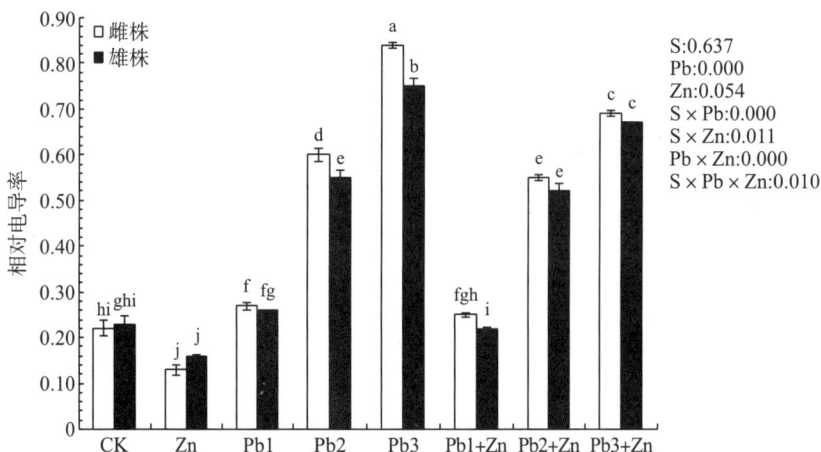

图 6-12　锌对铅胁迫下桑树雌雄幼苗叶片相对电导率的影响

细胞膜是细胞的重要组成部分，具有调节和控制细胞内外物质交流的作用，一旦受损，细胞内离子失衡，就会产生毒害，抑制植株生长，甚至引起植株死亡(庞士铨，1990)。而相对电导率(REL)作为衡量细胞膜透性的重要指标，其值越大，细胞膜透性越大，细胞膜受到的损伤就越严重(李元等，1992)。图 6-12 显示，施铅处理下，幼苗叶片的 REL 随着铅浓度的增加而上升，铅浓度为 1000 mg·kg^{-1}和 2000 mg·g^{-1}时的 REL 与对照(CK)相比达到显著水平，特别是在铅浓度为 2000 mg·kg^{-1}时，桑树幼苗的 REL 最高，且雌株的 REL 显著高于雄株，表明在铅胁迫下雌株幼苗的细胞膜透性大于雄株幼苗，伤害程度也更严重。此外，与施铅处理相反，单独施锌和铅锌交互作用明显降低了桑树雌雄幼苗的 REL，且铅锌交互作用下雌株的 REL 高于雄株，雌株表现出更强的受害特性(图 6-12)，这与田如男等(2004)进行的铅胁迫对 4 种常绿阔叶行道树幼苗细胞膜透性的研究结果一致。本实验结果说明锌元素能够在一定程度上缓解铅胁迫对桑树叶片细胞膜的伤害。

6.6　锌对铅胁迫下幼苗体内铅积累和转移的影响

6.6.1　重金属铅在幼苗中的积累

由表 6-6 可知，桑树雌雄幼苗根、茎和叶中的铅含量随着铅浓度的增加而呈上升趋势，且吸收铅的部位主要是根部。在铅浓度为 1000 mg·kg^{-1} 和 2000 mg·g^{-1} 时，根、茎和叶中的铅含量与对照相比，均达显著水平。桑树幼苗各器官铅含量大小为根>叶>茎，且雄株积累铅的程度高于雌株。然而，当施加锌元素后，不同处理下桑树雌雄幼苗各器官的铅含量有所降低，且分布规律仍为根>叶>茎，雄株积累铅的能力高于雌株。此外，性别与铅胁迫对桑树雌雄幼苗的影响显著。

表 6-6　铅、锌及铅锌交互作用下重金属铅在桑树雌雄幼苗根、茎和叶中的分布情况

组别	性别	根 Pb 含量/(mg·kg^{-1})	茎 Pb 含量/(mg·kg^{-1})	叶 Pb 含量/(mg·kg^{-1})
CK	F	42.32±5.24e	13.70±1.72f	18.88±1.66e
	M	47.5±5.67e	13.03±1.55f	19.86±2.74e
Zn	F	42.60±5.93e	14.21±2.57f	18.78±2.18e
	M	66.32±6.28e	12.67±1.25f	19.15±0.91e
Pb500	F	211.2±21.99de	57.36±5.89def	89.8±2.17e
	M	273.2±8.75de	77.36±2.93def	99.4±4.24e
Pb1000	F	374.8±44.75d	145.92±6.53d	242.96±4.15cd
	M	412.8±35.07d	288.56±27.84c	244.40±10.62cd
Pb2000	F	1596.6±321.67b	390.20±60b	786.6±30.67b
	M	2163.2±134.32a	722±73.23a	941.8±77.06a
Pb500+Zn	F	158.40±22.28de	46.04±1.17ef	30.63±5.19e
	M	190.8±19.22de	62.04±2.23def	36.63±5.02e
Pb1000+Zn	F	220.6±5.25de	116.84±2.55de	202.86±4.8d
	M	383.00±66.41de	228.56±27.84c	221.74±2.30d
Pb2000+Zn	F	887.2±21.46c	337.00±59.13bc	768.2±9.57b
	M	1450.8±259.00b	643.40±61.82a	871.2±75.6a
P	F_S	0.237ns	0.374ns	0.098ns
	F_L	<0.001***	<0.001***	<0.001***
	F_Z	0.146ns	0.773ns	0.446ns
	$F_{S×L}$	<0.001***	<0.001***	<0.001***
	$F_{S×Z}$	0.9ns	0.463ns	0.876ns
	$F_{L×Z}$	<0.001***	0.713ns	0.442ns
	$F_{S×L×Z}$	0.936ns	0.916ns	0.984ns

注：标示同表 6-1。

　　自然界中大多数植物对铅的吸收能力较弱(一般为 10 mg·kg^{-1})，且绝大部分积累在根部，向茎和叶迁移的数量较少，因此，重金属铅在植株不同器官中的含量存在着显著差异(Arshad et al.，2008)。本实验结果表明，施铅处理下幼苗体内的铅含量随铅处理浓度的增加而升高，铅浓度为 1000 mg·kg^{-1} 和 2000 mg·g^{-1} 时与对照相比达到显著水平，特别是当铅浓度为 2000 mg·kg^{-1} 时，雌雄幼苗根、茎、叶中的铅含量达到最高，分别为 1596.6 mg·kg^{-1}/2163.2 mg·kg^{-1}、390.20 mg·kg^{-1}/722 mg·kg^{-1}、786.6 mg·kg^{-1}/941.8 mg·kg^{-1}。这也和 Singh 等(1997)发现，根铅含量＞叶铅含量＞茎铅含量的结果相一致。另外，单独施锌对桑树雌雄幼苗中的铅含量并没有显著影响，但在铅锌交互胁迫下，幼苗中的铅含量和单独施铅相比则有所降低。这一结果说明了锌元素能抑制幼苗对重金属铅的吸收，并能有效阻止铅元素从根部向地上部分的运输(McKenna et al.，1993)。此外，实验还发现雄株幼苗的铅含量在任何 Pb2000 和 Pb2000+Zn 处理下均显著高于雌株幼苗，这说明雄株幼苗相比于雌株幼苗具有更高的铅富集能力。

6.6.2　重金属铅在幼苗中的转移

　　由表 6-7 可以看出，桑树雌雄幼苗的转移系数和耐性指数都高于1，且雄株高于雌株。在铅锌交互作用下，桑树雌雄幼苗的转移系数和耐性指数都比单独铅处理下的值略高。不同铅处理下桑树雌雄幼苗的生物富集系数均高于 0.3，且雄株高于雌株。施加锌后，生物富集系数有所降低。

表 6-7　铅、锌及铅锌交互作用对桑树雌雄幼苗的 TF、TI 和 BCF 的影响

组别	性别	转移系数(TF)	耐性指数(TI)	生物富集系数(BCF)
Pb500	F	52.11±7.21c	1.63±0.03d	0.42±0.04cd
	M	54.68±7.91c	1.65±0.02cd	0.55±0.02c
Pb1000	F	110.62±14.86b	1.77±0.13cd	0.37±0.04cde
	M	132.73±11.95ab	2.27±0.13cd	0.41±0.04cd
Pb2000	F	76.13±7.61c	2.15±0.19cd	0.80±0.07b
	M	79.43±10.46c	2.95±0.21b	1.08±0.07a
Pb500+Zn	F	65.06±3.04c	1.73±0.01cd	0.32±0.04de
	M	71.79±5.48c	1.74±0.01cd	0.38±0.04cde
Pb1000+Zn	F	145.45±5.7a	2.29±0.19c	0.22±0.01e
	M	150.13±13.80a	2.97±0.34b	0.31±0.03de
Pb2000+Zn	F	111.65±11.89b	3.03±0.24b	0.44±0.01cd
	M	125.40±9.52ab	4.46±0.39a	0.73±0.13b
P	F_S	0.390ns	0.013*	0.029*
	F_L	<0.001***	<0.001***	<0.001***
	$F_{S×L}$	0.867ns	0.019*	0.096ns

注：标示同表 6-1。

植物地上部分重金属含量与根重金属含量的比值(转移系数)和重金属在植物体内的转移能力有关(从地下部分向地上部分转运),转移能力越强比值越大(刘秀梅等,2002)。本实验结果表明雄株幼苗的转移系数大于雌株幼苗,表明雄株幼苗对铅的吸收运输能力强,具有比雌株幼苗更强的耐铅性,这也和雄株幼苗的耐性指数高于雌株幼苗的结果相一致。此外,生物富集系数(BCF)作为衡量重金属积累效率的指标之一(Zhang et al.,2002),在不同铅浓度处理下均高于 0.3,且雄株幼苗的系数明显高于雌株幼苗,在 2000 mg·kg^{-1} 时达到最高,为 1.08,说明桑树雄株幼苗具备修复重金属污染的潜力。

6.7　小　　结

本章研究了锌对乙酸铅[$(CH_3COO)_2Pb·3H_2O$]胁迫下桑树雌雄幼苗生长的影响,探索桑树雌雄幼苗在形态生长、抗氧化酶活性、气体交换、光合色素含量、细胞膜透性、叶绿素荧光特征、生物量积累及体内重金属元素积累等指标上的性别差异,以揭示锌对铅胁迫下桑树雌雄幼苗是否具有缓解作用,该缓解作用对哪种性别植株更有利。结果如下。

(1)与铅胁迫相比,在铅锌交互作用下,桑树雌雄幼苗的形态生长指标、根部形态生长指标、生物量和细胞器的完整性略有升高,且雄株高于雌株,而雌株细胞中的淀粉粒和质体小球多于雄株。

(2)与铅胁迫相比,在铅锌交互作用下,桑树雌雄幼苗的叶绿素 a、叶绿素 b、总叶绿素、叶绿素相对含量、净光合速率和蒸腾速率明显增加,且雄株高于雌株。同时,在铅锌交互作用下,桑树雌雄幼苗的 F_v/F_m、Yield 和 qP 与单独铅处理相比略有增加,且雄株高于雌株。

(3)与铅胁迫相比,在铅锌交互作用下,桑树雌雄幼苗的 MDA 含量和相对电导率有所显著降低,而 SOD、CAT、POD 和 GR 活性总体上有所增加,且雄株高于雌株。

(4)与铅胁迫相比,在铅锌交互作用下,桑树雌雄幼苗的转移系数和耐性指数都有所升高,且雄株高于雌株。不同铅处理下桑树雌雄幼苗的生物富集系数均高于 0.3,且雄株高于雌株。施加锌后,生物富集系数有所降低。

综上,施加锌对乙酸铅胁迫下的桑树雌雄幼苗形态生长、抗氧化酶活性、气体交换、光合色素含量、细胞膜透性、叶绿素荧光特征、生物量积累等具有缓解作用。在铅胁迫环境中,桑树雄株具有比雌株更强的生长发育、光合作用、生物量积累及吸收重金属的能力,更具备修复重金属污染的潜力。

[本章参考秦芳硕士学位论文《锌对铅胁迫下桑树雌雄幼苗生长的影响》,2015]

第7章 根系分泌物对桑树雌雄幼苗的影响

7.1 引　言

　　根系分泌物是植物根系释放到周围环境中的化学物质,在地下生态过程中起着多重作用,已经成为当前生态学研究的热点(Bais et al.,2006)。其不仅能直接改变土壤的理化性质、调节植物自身生长、影响土壤微生物群落动态,还可作为信号分子参与植物根系与根际微生物、土壤昆虫及相邻植株根系间的相互作用(Rovira,1969;Rougier,1981;Bais et al.,2002;史刚荣,2004;Baetz and Martinoia,2014)。近年来,随着有关植物根系间相互作用机制研究的不断深入,根系分泌物在这一过程中的角色开始引起人们重视(Yu and Matsui,1997;Bertin et al.,2003;Pierik et al.,2013)。从现有文献来看,相关研究不再局限于根系分泌物的非特异性化感作用,而是逐渐向其特异性作用方向发展(Biedrzycki et al.,2010,2011;Semchenko et al.,2014)。例如,Biedrzycki 等(2010)对拟南芥(*Arabidopsis thaliana*)的研究表明,根系分泌物能促使远缘植株的侧根数量增多,而对近缘植株则无此作用。另外,Semchenko 等(2014)对发草(*Deschampsia cespitosa*)的研究也表明,根系分泌物水溶液对植物根系生长的影响具有基因型和物种特异性,指示其可能与根系间的识别作用有关。然而,此类研究工作开展甚少,目前仅涉及少数几种草本植物,针对木本植物的研究更是未见报道。雌雄异株植物由于适应环境长期进化,其雌雄个体间存在着不同的资源需求和生长分配策略,因此,在不同性别组合的相互作用中表现不同(Hawkins et al.,2009;Mercer and Eppley,2010;Chen et al.,2014,2015)。例如,Chen 等(2014)研究了不同水分条件下青杨(*Populus cathayana*)雌雄植株在性别内和性别间的竞争差异,发现在水分充足的条件下,处于性别间竞争的雌株生长状况优于雄株,处于性别内竞争的雌雄植株生长无显著差异;而在干旱胁迫下,处于性别内竞争的雌株生物量积累最少。这种性别差异不仅与雌雄植株对生长资源的直接响应有关,作为地下生态过程中的重要角色,根系分泌物也可能参与雌雄植株相互作用的过程中(Pierik et al.,2013;Mercer and Eppley,2014)。根据 Mercer 和 Eppley(2014)对海滨盐草(*Distichlis spicata*)不同性别组合相互作用的研究结果,相比对照和同性植株的根系分泌物处理,异性植株的根系分泌物使得海滨盐草的干物质积累减少,根冠比增大。由于根系分泌物具有高度的特异性(Micallef et al.,2009;Badri et al.,2009;Pierik et al.,2013),且不同性别的受体可能会对同一来源的根系分泌物产生不一致的响应,因此,推测不同来源的根系分泌物对雌雄植株的生长发育具有不同影响。

7.2　实验方法

7.2.1　实验设计

实验材料桑(*Morus alba* L.)('沙 2×伦 109'品种)来源于四川省农业科学院蚕业研究所。2014 年 5 月中旬,将不同性别的扦插苗分别移栽至西华师范大学生命科学学院实验地(30°14′~31°16′N,106°~107°1′E)均质沙床内,保持水分充足。待幼苗稳定生长 2 个月后,选取株高、基径、叶片数量基本一致的雌雄扦插苗各 30 株,移入水培营养液中缓苗 2 周,移栽前用蒸馏水洗净幼苗根部。所有幼苗随机划分为 2 个组(P 组和 T 组),其中 P 组 24 株用于提供根系分泌物,T 组 36 株用于处理。实验采用水培法,于 2014 年 7 月 25 日开始进行。水培容器为自制的玻璃缸,规格分为容积 12 L(20 cm×20 cm×30 cm)和 24 L(40 cm×20 cm×30 cm)两种。其中 12 L 玻璃缸内种植 1 棵雄株或雌株,24 L 玻璃缸中种植 2 棵植株(1 雌 1 雄)。实验设置对照和两种不同来源根系分泌物处理(实验设计如图 7-1 所示)。根系分泌物分别来源于单培的异性植株和混培的雌雄植株,每组处理 6 个重复。实验持续 100 d。

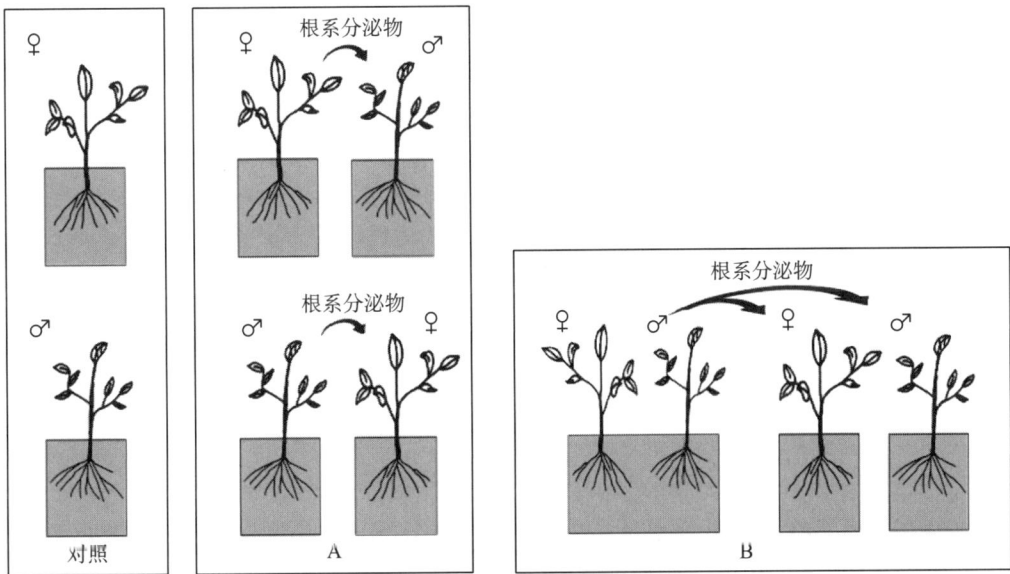

图 7-1　实验设计示意图

A 单培异性植株根系分泌物处理;B 混培雌雄植株根系分泌物处理,后同

7.2.2 培养条件和处理

水培溶液为改良 Hoagland's 溶液（Fodor et al.，2005）：1.25 mmol·L^{-1} KNO$_3$、1.25 mmol·L^{-1} Ca(NO$_3$)$_2$、0.24 mmol·L^{-1} MgSO$_4$、0.25 mmol·L^{-1} KH$_2$PO$_4$、11.6 μmol·L^{-1} H$_3$BO$_3$、2.92 μmol·L^{-1} MnCl$_2$、0.1 μmol·L^{-1} ZnSO$_4$、0.10 μmol·L^{-1} Na$_2$MoO$_4$、0.05 μmol·L^{-1} CuSO$_4$、5.47 μmol·L^{-1} FeSO$_4$ 及 10 μmol·L^{-1} Na$_2$EDTA。玻璃缸内加入 8 L 水培溶液。每隔 5 d，倒掉 T 组植株的营养液，并将 P 组植株生长的水培溶液倒入 T 组相应的玻璃缸内，每隔 10 d 更换所有玻璃缸中的营养液（含对照组）。为排除光照对幼苗根系生长的影响，玻璃缸的外侧均用黑色塑料袋包裹，并在玻璃缸表面用相同尺寸的泡沫板固定植株。为保证植株正常生长，实验处理期间，每隔 2 d 用加氧泵（ACO-005，东莞艾森泵业科技有限公司）给各组同步加氧 1 次，每次持续 2 h。

7.2.3 测量指标

实验结束后，随机选取各处理的雌雄植株各 5 株，测定其株高、基径、叶片数和叶面积。基径为植株基部的直径，本实验基径的测量统一选择扦插条长出的枝干基部。叶面积的测定采用 LI-3000C 便携式叶面积仪（LI-COR 公司，美国）。然后将植株分成根、茎、叶 3 部分，用清水洗净，放入烘箱内烘至恒重（70℃，48 h），测定各部分质量，并计算比叶面积（叶面积/叶干重）和根冠比（地下部分与地上部分生物量之比）。

7.2.4 数据分析

采用 SPSS19.0 软件进行数据分析。其中，各处理间性状差异的比较采用单因素方差分析（one-way ANOVA），性别与处理间的交互作用比较采用双因素方差分析，各组值的两两比较采用 Duncan 检验，显著性水平选取 $\alpha=0.05$。

7.3 对幼苗生长性状的影响

表 7-1 显示，在对照条件下，桑树雌雄植株的株高、基径、叶面积、叶片数、比叶面积等形态生长指标均无显著差异。单培异性植株的根系分泌物促进了受体雌雄植株的生长。雌雄植株的株高、基径、叶面积大多有所增加，且雌株的增长幅度大于雄株。与对照相比，雌株的株高、基径、叶面积分别增加了 107%、164% 和 94%，达到显著水平，雄株的株高、基径、叶面积分别增加了 31%、41% 和 31%。另外，在单培异性植株根系分泌物处理条件下，雌雄各形态性状间也无显著差异。混培雌雄植株的根系分泌物对受体植株的生长不再有促进作用，植株各指标与对照相比均无显著差异。此外，桑树幼苗叶片数受到性别与处理交互作用的显著影响（表7-1）。上述结果说明了异性来源的根系分

泌物对桑树雌雄植株地上部分的形态生长均有促进作用，且对雌株幼苗株高、基径和叶面积的促进作用更强。同时，也间接反映出雌雄植株根系分泌物的成分和含量极有可能存在明显不同。

表 7-1　根系分泌物对桑树雌雄幼苗生长性状的影响

组别	性别	株高/cm	基径/mm	叶面积/cm²	叶片数/片	比叶面积/(cm²·g⁻¹)
对照	F	10.52±1.31c	0.58±0.13b	830.95±81.55b	14.40±0.68ab	265.62±42.58a
	M	14.32±1.27abc	0.81±0.07b	1254.91±197.6ab	4.60±0.68ab	312.64±24.83a
A	F	21.74±4.51a	1.53±0.21a	1610.87±262.4a	14.80±0.86a	322.61±58.94a
	M	18.80±1.74ab	1.14±0.17ab	1643.25±276.1a	14.80±0.66a	292.68±13.73a
B	F	13.10±2.23bc	0.71±0.26b	977.26±75.36b	12.40±0.93b	387.05±39.79a
	M	19.80±2.50ab	0.84±0.17b	1255.70±82.04ab	16.00±0.45a	425.60±90.79a

注：表中数据代表平均值±标准误，同一列数据不同小写字母标识表示差异显著($P<0.05$)。

已有研究表明，根系分泌物可以改善土壤养分条件，或作为根系交流的信号分子，在植株的相互作用中带来积极效应(Walker et al.，2003；Bais et al.，2006)。本实验中采用水培方式，植株处于比土培更均质的环境中，养分充足均匀，单培异性植株的根系分泌物对桑树雌雄植株形态生长的促进作用极可能是分泌物中某种或某些物质起到信号传递的作用，促使植株在相同条件下根系生长加快，故能获取更多养分，最终促进了雌雄植株株高、基径和叶面积的增加。然而，Mercer 和 Eppley(2014)对另一种雌雄异株植物海滨盐草的研究显示，在异性根系分泌物处理下，植株的根系比地上部分发育得更好，与本实验结果并不完全一致。其一方面可能是物种差异性、实验条件或实验持续时间不同所致，另一方面与他们分析数据时未将雌雄植株分开来比较的方法差异有关。

7.4　对幼苗生物量及其分配的影响

本实验结果表明，单培异性植株的根系分泌物促进了受体植株的干物质积累，与对照相比，除雄株叶生物量外，雌雄幼苗各部分生物量均显著增加，且雌株的生物量积累增加量高于雄株[(图 7-2(a)～(e)]。雌株的根、茎、叶生物量分别增加了 349%、216%和 86%；雄株的根、茎、叶生物量分别增加了 52%、53%和 43%。同时，雌株的根冠比也显著增加[图 7-2(f)]。与对照相比，除雌株根生物量和根冠比显著增加外，混培雌雄植株的根系分泌物对受体雌雄植株的其他生物量指标无显著作用(图 7-2)。此外，茎生物量受到根系分泌物和性别交互作用的影响显著。上述结果说明异性来源的根系分泌物对桑树雌雄植株的根、茎、叶及总生物量的积累均有促进作用，且对雌株幼苗生物量积累的促进作用更大。然而，混培雌雄植株的根系分泌物却没有此现象。

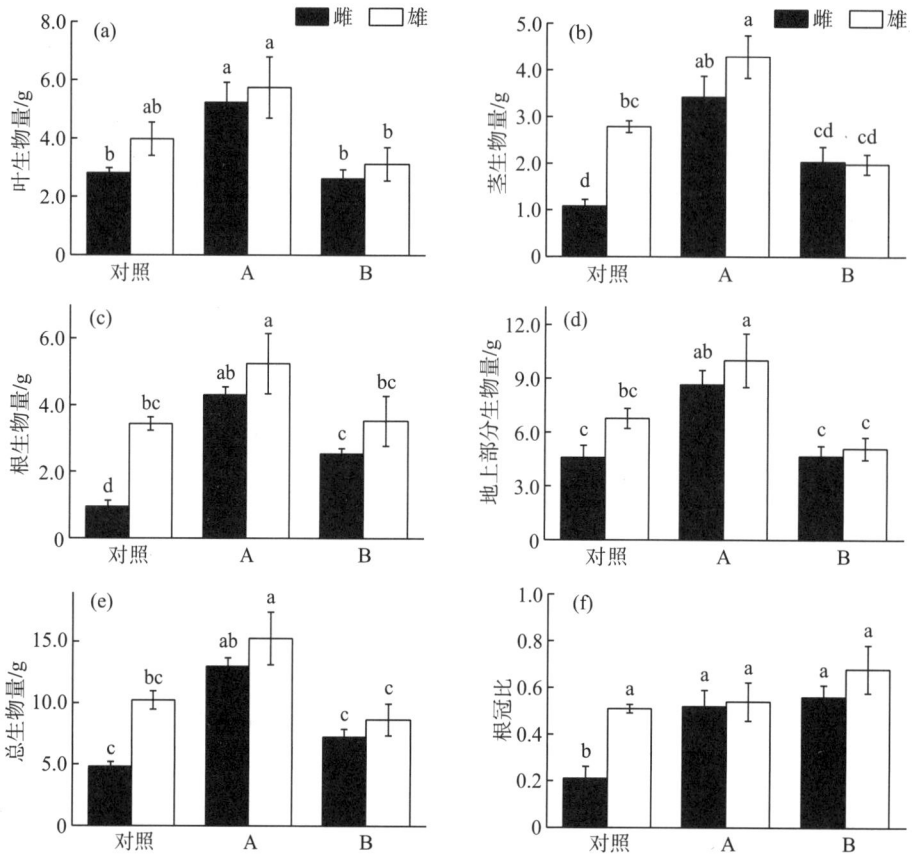

图 7-2　根系分泌物对桑树雌雄幼苗生物量和分配的影响

数值为平均值±标准误，不同小写字母标识表示差异显著($P<0.05$)

　　前人研究表明，从雌雄植株分配和繁殖的角度来看，雌株在一般情况下有更高的生殖投入，由于资源分配的权衡策略，木本雌雄异株植物的雌株个体往往比雄株小(Obeso，2002；Varga and Kytöviita，2012)。在本实验的对照条件下，雌株因其繁殖成本较高，故将更多资源分配给地上部分，地下部分分配较少，因而获取的养分和水分较少，植株较小。另外，还有研究表明，雌株比雄株更具竞争力(Eppley，2006；Mercer and Eppley，2010；Sánchez et al.，2011；Hesse and Pannell，2011)。在本实验中，桑树雌株受到异性根系分泌物处理时，根系分配量显著增加，有利于雌株增强其地下竞争能力，因而获得更多的水分和养分，植株生物量积累更多，而雄株的这种现象则相对较少，这与前人对雌雄植株竞争能力的研究结果相吻合(Eppley，2006；Sánchez et al.，2011；Hesse and Pannell，2011)。因此，从整体上看，异性根系分泌物对雌株形态生长和生物量积累的促进作用较大。然而，此前尚未有实验排除其他因素的干扰，单独比较异性植株根系分泌物对雌雄植株生长发育影响的差异，其生态学意义有待于进一步探索。此外，混培植株的根系分泌物水溶液对雌雄植株的生长不再有促进作用的原因，主要是根系分泌物的产生会受到土壤理化性质、光照、温度等多种环境因素，以及病虫害、微生物等生物因素的影响(Rovira，1969)。因此，在雌雄植株混培模式下，植物根系可能会互相影响其分泌物的产生，导致其中对植株生长起促进作用的有效成分减少或消失。

7.5　小　　结

本章采用水培法种植植株，将同龄单培雌雄植株及混培雌雄植株的根系分泌物水溶液分别倒入不同处理组（对照组不作处理），研究了不同来源的根系分泌物对受体雌雄植株生长和生物量分配的影响。结果如下。

（1）桑树单培雌雄植株的根系分泌物促进了异性受体植株的生长和干物质积累，使得受体雌株的株高、基径、叶面积和根、茎、叶生物量及受体雄株的根、茎生物量显著增加。

（2）雌株的增加幅度大于雄株。与对照相比，雌/雄株的株高、基径、叶面积及根、茎、叶生物量分别增加了107%/31%、164%/41%、94%/31%、349%/52%、216%/53%和86%/43%。

（3）除雌株根生物量和根冠比显著增加外，混培雌雄植株的根系分泌物对受体雌雄植株的其他生物量指标均无显著影响。

综上，不同来源的根系分泌物对受体桑树雌雄植株生长发育的影响不同。桑树单培雌雄植株的根系分泌物能显著促进异性受体植株的生长和干物质积累，尤其是雌株的生长和生物量的积累显著增加。混培雌雄植株的根系分泌物对受体雌雄植株大部分生长和生物量性状无显著影响。这种由根系分泌物引起的差异可能是雌雄植株间相互作用的一种机制。

[原载于《植物生理学报》，2016，52(1)：134-140]

第8章 不同性别组合种植对桑树幼苗的影响

8.1 引　言

如何提高作物和林业的产量一直是农林业生产的核心问题。近年来，已发现单一品种种植会出现作物品质变劣、病虫害加重等现象，造成产量下降，使农林业可持续发展面临极大挑战（高群等，2006；孙雪婷等，2015）。有研究表明，将不同物种混合种植（混栽）有利于提高作物的产量，如玉米-小麦（*Zea mays-Triticum aestivum*）混栽（郝艳如等，2002）、玉米-花生（*Z. mays-Arachis hypogaea*）混栽（焦念元等，2008）、桑-大豆（*Morus alba-Glycine max*）混栽（胡举伟等，2013）等。除了种间的混栽，有研究也表明不同品种水稻（*Oryza sativa*）（刘二明等，2003）、不同基因型玉米（李潮海等，2002；赵亚丽等，2013）的混栽也可以提高作物产量。这些研究表明，不同物种或品种间混栽提高产量的机制主要在于混栽促进了植物根系的生长、生理活性、植株对资源（光、水、养分等）的利用效率（黄高宝，1999；Jolliffe and Wanjau，1999；Rodrigo et al.，2001），使植物表现出较强的竞争力（宋日等，2002；左元梅和张福锁，2004）；同时植株间根系可能会因为养分的选择性差异（Li et al.，2015），在混栽时达到养分互补（Simard et al.，1997）。此外，不同物种混栽增加了物种的多样性，较高生物多样性的生态系统往往具有较强的抗病虫害能力（王玉正和岳跃海，1998；肖靖秀等，2005；Gurr et al.，2016），能够提高作物生态系统的稳定性。

在30多万种被子植物中，存在约6%的雌雄异株植物（Renner，2014）。由于自然界长期适应性进化，雌雄个体间在生长、存活和资源配置等方面已经表现出明显的差异（胥晓等，2007）。近年来的研究表明，雌雄植株间对环境变化（如光照、温度、水分、养分等）的生理生态响应也存在差异（Ward et al.，2002；Li et al.，2005a；Xu et al.，2008a，2008b；刘金平和段婧，2013；Li et al.，2015）。桑（*Morus alba* L.）属桑科（Moraceae）桑属（*Morus*），属雌雄异株植物，不仅在传统养蚕业中具有重要的经济价值，在生态恢复方面还具有较高的生态价值，在我国南方被广泛种植（韩世玉，2006；杨怀等，2012）。为此，本章对不同性别组合种植模式下桑树产量差异进行研究，探究不同性别组合种植是否对桑树产量具有显著影响，以便为改善桑树的栽培提供理论依据和参考。

8.2　实　验　方　法

8.2.1　实验设计

实验材料来源于四川省农业科学院蚕业研究所，品种为'沙 2×伦 109'。于 2014 年 5 月中旬，分别从性成熟的雌雄株上截取长短、粗细一致的 2 年生健康枝条，按不同性别扦插在沙床内培养，扦插成活后摘除多余的新梢，每棵苗木只保留一个新梢。待根系长出并萌发生长约 2 个月后，选其大小一致且健壮无病虫害的幼苗放入蒸馏水中缓苗 7 d。移栽到西华师范大学生命科学学院实验地的人工栽培室（106°3′E，30°48′N，海拔 276 m）内进行处理。该栽培室透光率达 90%，具体构造见 2.2.2 节。

实验处理按三种组合模式（雌-雌、雄-雄、雌-雄）移至 15 个盛有 18 LHoagland's 营养液（Fodor et al.，2005）的玻璃缸（40 cm×20 cm×30 cm，容积 24 L）内培养。每缸内放置 2 株，缸间距约为 30 cm，苗间距为 10 cm 并用泡沫板予以固定。玻璃缸外罩黑色塑料袋以排除光照对根系生长的影响。每种组合模式设置 5 个重复。不同组合模式的玻璃缸从左向右随机排列，每列 3 个玻璃缸，共 5 列。实验处理期间，每 5 d 更换营养液，并对每种处理的玻璃缸按顺时针方向移动 90°以保证植株受照均匀。实验于 2014 年 7 月中旬开始，水培时间持续 100 d。

8.2.2　测量指标

1）形态特征

实验结束后对各植株的株高（插穗上长出的新枝长度）、基径（插穗上长出的新枝基部直径）、总叶片数、总叶面积进行测量。用 LI-3000C 便携式叶面积仪（LI-COR 公司，美国）测量植株的总叶面积。

2）生物量

实验结束后对每缸的雌雄植株分别按根（插穗上的新根）、茎（插穗上的新枝中轴部分）、叶进行采收。样品在 70 ℃条件下烘干 48 h 至恒重后称叶干重、茎干重和根干重，并计算每个玻璃缸中植株（2 株）的生物量（产量）。根重比、茎重比和叶重比分别为根、茎、叶产量与总产量之比。根冠比为根部产量与地上产量之比。产量相对变化率=［雌-雄（雌-雌）混栽的产量－雄-雄混栽的产量］/雄-雄混栽的产量。

8.2.3　数据分析

采用 SPSS19.0 软件进行数据分析。不同处理间产量及其分配的差异采用单因素方差分析(one-way ANOVA)中的 Duncan 多重比较予以检验。性别与处理间的交互作用采用双因素方差分析予以检验。显著性差异水平均为 $\alpha = 0.05$。

8.3 不同种植模式下桑树幼苗产量及其分配差异

实验结果显示，不同组合的种植模式对桑树幼苗的产量及其分配具有显著影响(图 8-1 和图 8-2)。雌-雌组合和雌-雄组合种植的桑树幼苗总产量显著高于雄-雄组合种植的桑树幼苗总产量。雌-雌组合的叶产量显著高于雄-雄组合，根产量显著低于雌-雄组合。同时，雌-雄组合的根重比、根冠比显著高于雌-雌组合，而不同组合间的茎产量、茎重比、叶重比没有显著差异(图 8-1 和图 8-2)。由此可见，桑树异性(雌-雄)混栽的产量(尤其是根系部分)高于同性，这可能与雌雄植株对资源的利用能力具有差异有关。例如，Chen 等(2014，2015)研究发现，在水分或养分充足时，雌雄青杨混合种植中的雌株的生物量、资源捕获和利用效率(比叶面积、光合速率、光合氮利用效率)等性状都比雄株高。这种现象说明雌雄植株间在资源捕获和利用效率上可能也存在差异，这种差异带来的生态位分化将可能导致雌雄植株生长空间的分异，从而有效地缓解雌雄植株间的性别竞争(Eppley，2006；Chen et al.，2014，2015)，这也是雌雄异株植物对环境长期适应的结果(Korpelainen，1991；Correia and Barradas，2000)。所以，本章通过比较不同性别桑树混栽后植株的生长差异发现了不同性别种植模式间桑树幼苗的产量存在显著差异，不仅拓展了以往主要基于种间、品种或基因型间作物的混栽模式(Jolliffe and Wanjau et al.，1999；Rodrigo et al.，2001；郝艳如等，2002；焦念元等，2008；胡举伟等，2013)，也为作物栽培提供了新的思路。

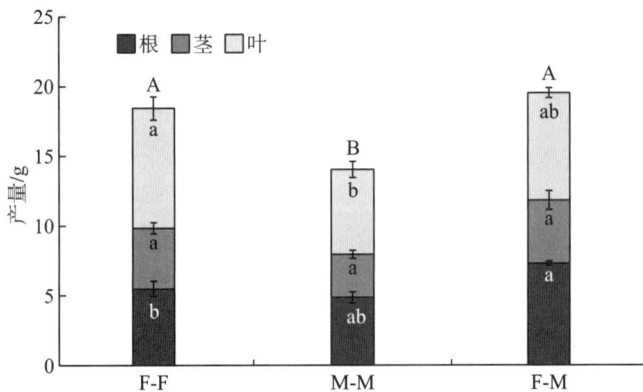

图 8-1　不同组合模式下桑树幼苗产量的差异

数值为平均值±标准误。F-F，雌-雌组合，M-M，雄-雄组合；F-M，雌-雄组合。不同大小写字母标识表示差异显著($P<0.05$)。后同。

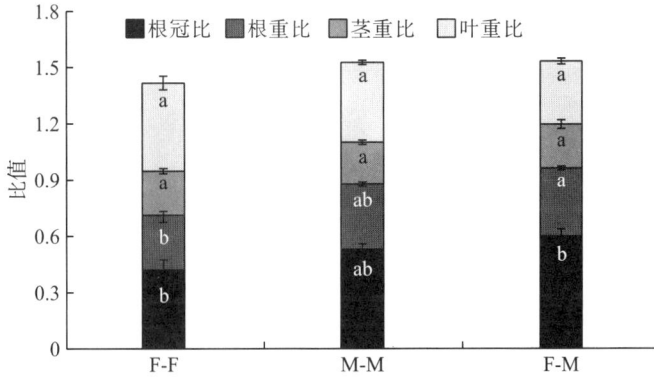

图 8-2　不同组合模式下桑树幼苗产量分配的差异

标示同图 8-1。

8.4　不同种植模式下桑树幼苗的平均产量相对变化率

实验结果表明，不同组合的种植模式对桑树幼苗平均产量相对变化率的影响有差异（表 8-1）。相对于雄-雄组合，雌-雄桑树幼苗根、茎和总产量分别增加了 49.8%、45.8% 和 39.2%，同时雌-雌组合种植的根、茎和总产量分别增加了 11.4%、42.9% 和 31.6%。此外，在雌-雄组合中相对于雄-雄组合各部分的产量增长幅度为根＞茎＞叶（表 8-1）。由此表明，雌-雄组合有利于提高桑树的产量。

表 8-1　雌-雄或雌-雌相对于雄-雄桑树组合的平均产量相对变化率

处理	平均产量相对变化率			
	总产量	根产量	茎产量	叶产量
M-M	14.00	4.84	3.10	6.07
F-M	19.49(+39.2%)	7.25(+49.8%)	4.52(+45.8%)	7.71(+27.0%)
F-F	18.43(+31.6%)	5.39(+11.4%)	4.43(+42.9%)	8.60(+41.7%)

注：F-F，雌-雌组合；M-M，雄-雄组合；F-M，雌-雄组合。

除了前面提及的资源利用差异可以使雌-雄组合模式下的桑树产量增高外，我们认为这可能与植株的根系分泌物也有内在联系。根系分泌物能调节作物的营养状况，促进或抑制作物的生长，从而影响作物的产量。例如，刘小明等(2012)对玉米(*Zea mays*)的研究表明，大豆的根系分泌物能促进玉米的生长，提高玉米的产量，而番薯(*Ipomoea batatas*)的根系分泌物能抑制玉米的生长，降低玉米的产量。郑立龙和柴强(2011)也发现，根系分泌物间甲酚对小麦(*Triticum aestivum*)、蚕豆(*Vicia faba*)的产量具有负效应。此外，王海斌等(2012)对水稻(*Oryza sativa*)的研究表明，水稻的产量大小与其化感潜力大小呈正相关。因此，植物根系分泌物对作物产量的影响具有物种、品种的特异性(陈龙池等，2002)。相关研究证实，不同来源的桑树根系分泌物对受体桑树雌雄植株生物量积累的影响不同，雌雄单株的根系分泌物有利于异性受体植株的生物量积累(竺诗慧等，2016)。因此，本实验不同性别种植模式中雌-雄组合的种植有利于提高桑树产量的另一个重要原因就是受到根系分泌物的相互作用。

8.5　不同种植模式下桑树雌雄个体的形态特征

不同模式的种植对桑树雌雄幼苗个体的形态性状具有显著影响(表 8-2)。与雄-雄组合相比，雌-雄组合种植时雄株的株高显著增加($P = 0.027$)。与雌-雌组合相比，雌-雄组合种植时雌株的株高略有升高，而总叶面积略有降低，但均无显著差异。此外，雌-雄组合种植时，雌株的基径大于雄-雄组合种植的雄株，但其雄株的总叶面积低于雌-雌组合种植的雌株(表 8-2)。这些结果表明，雌-雄组合有利于雄株个体的生长，但对雌株的影响不大。这种差异带来的生态位分化将可能导致雌雄生长空间的分异，从而有效地缓解雌雄间的性别竞争(Eppley，2006；Chen et al.，2014，2015)。

表 8-2　不同组合模式下桑树雌雄个体的形态性状

处理	性别	株高/cm	基径/mm	叶片数	总叶面积/cm^2
F-F	F	29.92±1.24ab	3.71±0.17a	14.67±0.44a	1262.78±120.85a
M-M	M	23.58±2.97b	2.92±0.21b	13.00±0.87a	885.33±76.34ab
F-M	F	33.57±2.15a	3.66±0.06a	14.33±0.67a	1095.01±217.92ab
	M	30.53±0.69a	3.22±0.30ab	13.67±0.67a	760.29±111.15b
P	F_S	0.044	0.016	0.123	0.036
	F_P	0.027	0.552	0.812	0.332
	$F_{S×P}$	0.426	0.410	0.481	0.884

注：数值为平均值±标准误，不同小写字母标识表示差异显著($P<0.05$)。F，雌株；M，雄株；F-F，雌-雌组合；M-M，雄-雄组合；F-M，雌-雄组合。F_S，性别效应；F_P，模式效应；$F_{S×P}$，性别与模式交互效应。后同。

8.6　不同种植模式下桑树雌雄个体的生物量积累

许多研究表明，雌雄植株分别与其同性植株种植时，其株高、生物量干重会显著降低(Rogers and Eppley，2012；Mercer and Eppley，2014)。从本实验结果来看，除了雄-雄组合种植的雄株叶生物量、地上生物量和总生物量显著低于雌-雄组合种植的雌株外，与雌-雌或雄-雄组合相比，雌-雄组合种植时雌株和雄株的生物量(包括根、茎、地上和总生物量)均无显著差异(表 8-3)。这表明雌雄植株对不同性别的邻株具有响应差异，植物能对邻株进行"亲缘"识别及"自我"与"非我"识别(Bais et al.，2004；黄世华等，2011)。Biedrzycki 等(2010)对拟南芥(*Arabidopsis thaliana*)进行研究时发现，与"亲缘"植株相比，当邻株为"陌生"植株时，拟南芥根部长出更多的侧根用以获取土壤中的水和矿物养料，而当加入根分泌抑制剂钒酸钠时，这种差异现象消失。此外，Semchenko 等(2014)

对发草(*Deschampsia caespitosa*)的研究也表明，根系分泌物对植物根系的生长具有基因型、物种种类和种群群体的特异性。因此，根系分泌物可能参与了植物的识别过程，这种识别作用在雌雄异株植物中主要体现为其对不同性别植株的响应。本实验中雌雄植株对不同性别的邻株具有响应差异，可能是由于不同性别组合的混栽引起识别作用，但其机制还需要进一步研究。

表 8-3　不同组合模式下桑树雌雄个体的生物量积累

处理	性别	根生物量/g	茎生物量/g	叶生物量/g	地上生物量/g	总生物量/g
F-F	F	2.70±0.33a	2.22±0.19a	4.30±0.41a	6.52±0.46ab	9.21±0.53ab
M-M	M	2.42±0.20a	1.55±0.13a	3.03±0.28b	4.58±0.41b	7.00±0.60b
F-M	F	4.30±0.87a	2.50±0.46a	4.27±0.45a	6.77±0.84a	11.06±1.67a
	M	2.96±0.72a	2.03±0.40a	3.45±0.38ab	5.47±0.50ab	8.43±1.09ab
	F_S	0.215	0.116	0.026	0.023	0.054
P	F_P	0.112	0.272	0.638	0.353	0.167
	$F_{S \times P}$	0.401	0.768	0.577	0.593	0.852

8.7　小　　结

不同物种或品种间混栽有利于提高作物和林业的产量已被许多实验所证实，而不同性别间混栽对作物产量的影响还未见报道。本章以雌雄桑(*Morus alba* L.)幼苗为实验材料，比较不同的种植模式(雌-雌、雄-雄、雌-雄)对其形态、生物量积累、产量及分配的影响，以期找到提高产量的新途径，从而为桑树的种植培育提供理论和技术支撑。结果如下。

(1)在三种组合种植模式下，雌-雌组合和雌-雄组合的总产量显著高于雄-雄组合(*P*= 0.024)。与雄-雄组合相比，雌-雌和雌-雄组合的桑树总产量均显著增加，分别增加了31.6%和39.2%。

(2)与雄-雄组合相比，雌-雌组合的叶产量显著增加，增加了 41.7%，而雌-雄组合的根产量显著增加，增加了 49.8%。

(3)从产量的分配看，雌-雄组合的根重比和根冠比最大。

(4)从形态特征来看，雌-雄组合种植时雄株的株高显著增加(*P* = 0.027)。雌-雄组合种植时，雌株的基径高于雄-雄组合种植时的雄株，但其雄株的总叶面积显著低于雌-雌组合种植时的雌株。

综上所述，三种不同性别组合种植下桑树的产量有差异，雌-雄桑树组合的产量最高，而雄-雄组合产量最低。雌-雄组合有明显的增产优势，可以为桑树的优质培育提供新的思路。

[原载于《生态学杂志》，2016，35(9)：1-6]

第9章 分枝数对桑树幼苗生长发育的影响

9.1 引 言

作为植株的重要构成部分，枝条的数量、大小和分布格局等特征对植株的形态构成具有非常重要的作用(Nelson et al.，1981)，它直接决定着植株的外部形态、空间结构、叶片数量和面积、地上生物量的积累等。从国内外文献来看，相关的研究工作开展得并不多，仅少数文献报道了枝条特征与植株形态和生物量之间的关系。例如，Ceulemans 等(1990)对杨树的研究表明，不同的枝条特征和枝条分布格局将直接导致植株在树冠的性状和空间结构方面出现明显的差异。Suzuki(2000)对常绿树木柃木(*Eurya japonica*)的研究也表明，枝条上下排列次序的差异是引起植株呈现不同空间结构的主要因素。该结论与King(1998)对澳大利亚东北部及中美洲雨林中 58 个不同物种幼苗的观测结果一致，均反映出枝条的特征决定植株的形态这一现象。

另一些研究还表明，植株的分枝特征与植株的生物量分配也具有紧密的内在联系。例如，Porté 等(2002)在对海岸松(*Pinus pinaster*)的研究中发现枝条性状和树木生长之间存在显著的异速生长关系。Kellomäki(1986)对欧洲赤松(*Pinus sylvestris*)进行深入研究后指出，欧洲赤松的分枝数和枝条总生物量呈明显的负相关关系，同时树冠较小的植株比外冠较大的植株具有更大的分枝密度和更少的生物量。Kim 等(2003)通过调查菊花(*Dendranthema grandiflorum*)扦插苗的分枝数对植株品质和产量的影响后发现，当分枝数达到4时，植株的株高生长速率将显著降低。然而，Nakamura 和 Morita(2006)对茶(*Camellia sinensis*)幼苗的研究却表明，植物的生长随着分枝数目的增多而有所提高。根据 Isebrands 和 Nelson(1982)的研究，分枝数对植株生长的影响与不同的基因类型、物种类别及植株生长的资源条件(光照、水分和土壤质地)密切相关。据此，若资源条件和基因型相同，则植株在生长过程中的形态和生物量积累将主要受到分枝数的影响。随着分枝数的增多，叶片数可能增加，对光环境的利用率将提高，但分枝数的进一步增多将造成植株叶片间对光环境的竞争加剧，最终限制植株的生长和发育。因此，可进一步推测，不同分枝模式下，植株在生理、形态和生物量方面的变化可能是利用与竞争环境资源最终平衡的结果。

桑树是我国蚕桑业和纺织业蓬勃发展的主要基础原料。从已有文献来看，对桑树的研究主要集中在栽培技术、病虫防治、品质改良和资源开发等方面，尤其对栽培技术方面的研究开展较多(叶伟彬，1996；唐翠明等，2005；林天宝等，2008)。这些栽培技术研究均集中在通过改良桑树品质或土壤水肥条件来获取更多的叶片和地上生物量的积累，从而满足养蚕过程中对桑叶的需求。然而，针对不同分枝模式下桑树植株的光合能力、叶片发育、生物量变化的研究尚未见报道。基于上述原因，本章以桑树为实验材料，研究具不同分枝数的桑树在气体交换、形态生长和地上生物量积累方面的差异，以验证我们的推测，也为桑树的最适栽培提供理论参考。

9.2 实 验 方 法

9.2.1 实验设计

供试桑树幼苗来源于四川省农业科学院蚕业研究所桑树科研实验基地(位于四川省南充市)，该地区属亚热带季风气候，年降水量为 1065 mm，相对湿度为 76%～86%，年日照时数为 1980 h，年均气温 16.8 ℃(罗培和周申立，2007)。2012 年 3 月上旬选择 30 株基径相同、长势基本一致，苗龄为 1 年的幼苗，并从距根部 20 cm 处截断茎干后移栽到盛有均质土壤、体积为 30 L 的塑料盆内，每盆土壤 25 kg。

缓苗结束后，于 2012 年 3 月下旬对每株植株留存茎干上刚萌生的侧枝芽进行摘除处理，使茎干上的侧枝芽数分别保留为 1 个、2 个、3 个、4 个、5 个共 5 种模式，每种模式的重复数量为 6 株。处理完毕后，将 30 盆植株移至西华师范大学生命科学学院实验基地的生长室中培育，以防止病虫害。生长室接近圆柱形，容积大约 24.5 m³，地面面积 9.35 m²，由玻璃和聚碳酸酯材料构成，透光率达 90%，室内有计算机控制的自动冷却和换气系统，可保持室内外温湿度基本一致(具体描述请参考 2.2.2 节)。生长期间，每盆植株施缓效肥 31 g(39% N，29% P，29% K，3% Zn)。为避免土壤水分条件引起的误差，采用称重法确定浇水量，每隔 2 d 浇水 1 次，以保持 30%的土壤含水量。

9.2.2 测量指标

1) 气体交换

2012 年 7 月 12 日，选取具有不同侧枝数量的植株各 6 株，参考 Xu 等(2008a)的方法选取茎干上第 1 侧枝上部的第 5 片或第 6 片完全展开的向阳叶片，用于测定植株的气体交换特征。采用 LI-6400 便携式光合仪(LI-COR 公司，美国)于 9:00～11:00 测定其净光合速率(P_n)、气孔导度(g_s)、胞间 CO_2 浓度(C_i)和蒸腾速率(T_r)。测定时设置叶室温度为 (26±2) ℃；根据柯裕州等(2009)的研究设定光合有效辐射为 (1000±100) $\mu mol \cdot m^{-2} \cdot s^{-1}$；相对湿度为 60% ±5%；$CO_2$ 浓度为 (370±10) $\mu mol \cdot mol^{-1}$。

2) 形态特征

在植株生长期间，待侧枝萌发成形后，从 2012 年 5 月 7 日至 8 月 7 日对植株每一侧枝的叶片数、枝长和基径进行测量，间隔时间为 10 d。实验结束后，将各植株地上部分分别按叶和枝分离，并测量每株植株的总叶片数(total leaf number, TLN)、总枝长(total stem length，TSL）、平均每枝叶片数（leaf number per branch，LN/B）、平均每枝枝长（stem length per branch，SL/B）、平均每枝基径（mean basal diameter per branch，BD/B）。同时，用 LI-3000C 便携式叶面积仪（LI-COR 公司，美国）对植株的总叶面积（total leaf area，TLA）、每枝总叶面积（leaf area per branch，LA/B）和平均单叶面积（mean leaf area per leaf，LA/L）进行测量。

3）生物量

实验结束后，将植株分别按枝条和叶进行采收。生物量样品置于 70 ℃烘箱内 48 h 烘干至恒重后，分别测定枝条和叶的生物量，并计算各植株的总叶干重（total leaf dry mass，TLM）、总茎干重（total stem dry mass，TSM）、总地上部分干重（total above dry mass，TAM）、平均每枝叶干重（mean leaf dry mass per branch，LM/B）、平均每枝茎干重（mean stem dry mass per branch，SM/B）、平均每枝总干重（mean dry mass per branch，DM/B）、比叶面积（specific leaf area，SLA）（叶面积与叶干重之比）、比枝长（specific stem length，SSL）、叶/枝生物量之比（total leaf dry mass / stem dry mass ratio，LM/SM）。

9.2.3 数据分析

采用 SPSS13.0 软件进行统计。不同处理间性状的差异采用单因素方差分析（one-way ANOVA），组间平均值的比较采用 Duncan 多重比较检验（Duncan's multiple range test），显著性水平设定为 $\alpha=0.05$。

9.3 分枝数对净光合速率的影响

本实验结果显示，5 种分枝模式下植株的 P_n 间存在显著差异。随着分枝数增加，净光合速率显著下降。当分枝数达到 3 枝及以上时，净光合速率保持相对稳定，不再降低。此外，5 种分枝模式下的 g_s、T_r 和 C_i 无显著差异（图 9-1）。该结果说明分枝数对植株净光合速率的影响较大。随着分枝数增加，净光合速率显著下降。当分枝数进一步增加时，净光合速率保持相对稳定，不再降低。

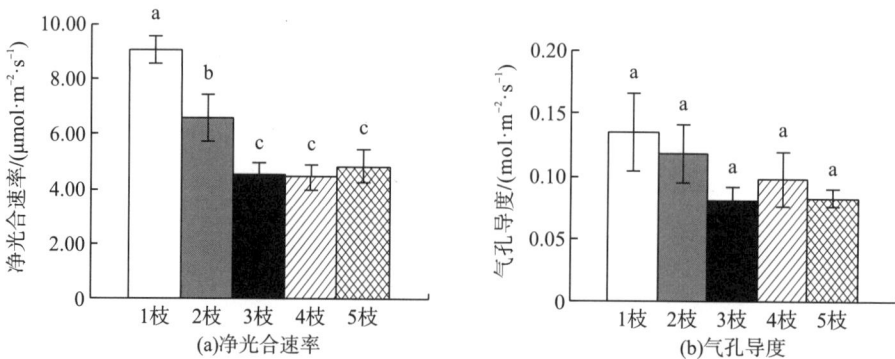

（a）净光合速率   （b）气孔导度

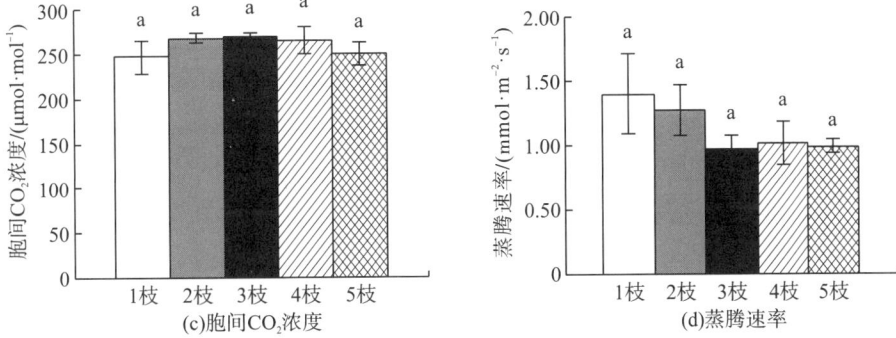

图 9-1　分枝数对桑树净光合速率、胞间 CO_2 浓度、蒸腾速率和气孔导度的影响

数值为平均值±标准误，不同小写字母标识表示差异显著（$P<0.05$），后同。

有研究表明，影响植物光合速率降低的因素主要有两种：一是气孔关闭导致气孔受到限制；二是叶肉细胞活性降低导致非气孔限制。前者使 C_i 降低，而后者使 C_i 升高。当两种因素同时存在时，C_i 的变化取决于占优势的因素（许大全等，1992）。考虑到本实验中 5 种分枝模式下桑树幼苗的 C_i 均无显著变化，推测导致植株净光合速率下降的因素是气孔限制与非气孔限制共同作用的结果。另外，光照环境也是影响植株光合作用的重要因素，长期处于荫蔽环境中的植物的光合能力往往低于生长于阳光充足环境中的植物。具有 5 枝枝条的植株叶片数量最多，植株总叶面积最大，但其净光合速率较低。与之相反，具 1 枝枝条的植株的叶片数量最少，总叶面积最小，但净光合速率最高。这与 Scott 和 Aarssen（2013）的研究结果"相对较低的叶片密度可以促进叶片更好地获取光能，合成更多的光合产物"基本一致。这一现象可能源于分枝数的不断增加导致植株叶片对光环境空间竞争强度不断增大，最终引起植株叶片对光能利用效率的降低。与此同时，分枝数增加所引起叶片数的增加及总叶面积的增大，有利于植株尽可能地补偿由光能竞争带来的物质积累和能量代谢方面的损失，从而达到对环境资源最佳利用的平衡。所以，具有不同分枝数的桑树幼苗在生长过程中对有限光环境的利用可能具有不同的适应策略。

9.4　分枝数对植株形态的影响

由表 9-1 可知，随着分枝数增加，桑树的总叶片数（TLN）、总叶面积（TLA）和总枝长（TSL）都呈增加趋势，而平均每枝叶片数（LN/B）、平均单叶面积（LA/L）、平均每枝枝长（SL/B）、平均每枝基径（BD/B）和每枝总叶面积（LA/B）均呈降低的趋势。此外，定期对桑树平均每枝叶片数（LN/B）、平均每枝枝长（SL/B）及平均每枝基径（BD/B）的测量结果显示，在 60 d 的生长监测期内，5 种分枝模式下，植株的上述三个指标均稳步增长，与时间呈线性相关。具 1 枝枝条植株的 LN/B、SL/B 和 BD/B 在各时间段均显著高于具多枝枝条的植株（图 9-2）。

表 9-1 不同分枝之间形态方面的差异

枝数	总叶片数/片	总叶面积 /cm²	总枝长 /cm	平均每枝 叶片数/片	每枝总叶面积 /cm²	平均每枝 枝长/cm	平均每枝 基径/mm	平均单叶 面积/cm²
1	35.3±1.8e	6277.1±186.4c	162.5±5.3e	35.3±1.8a	6277.1±186.4a	162.5±5.3a	13.60±0.37a	179.6±9.3a
2	53.5±3.5d	8497.2±849.3ab	222.5±15.6d	26.8±1.8b	4249.4±424.2ab	111.2±7.8b	9.28±0.30bc	159.2±12.9a
3	73.5±4.3c	8826.5±497.1ab	310.7±14.6c	24.5±1.4b	3071.2±212.5bc	103.6±4.9bc	9.68±0.52b	118.1±8.0b
4	95.7±5.3b	8154.6±932.8bc	384.0±14.2b	23.9±1.3b	2090.2±252.4c	96.0±3.6bc	8.15±0.54cd	87.3±9.6c
5	114.3±6.6a	10481.1±495.5a	457.1±29.5a	22.9±1.3b	2096.2±99.1c	91.4±5.9c	7.57±0.17d	92.8±5.4bc
$P > F_B$	0.000***	0.003**	0.000***	0.000***	0.001***	0.000 ***	0.000 ***	0.000 ***

注：数值为平均值±标准误；$P > F_B$，不同分枝下各指标的显著性概率；不同小写字母标识表示差异显著（$P < 0.05$）；后同。

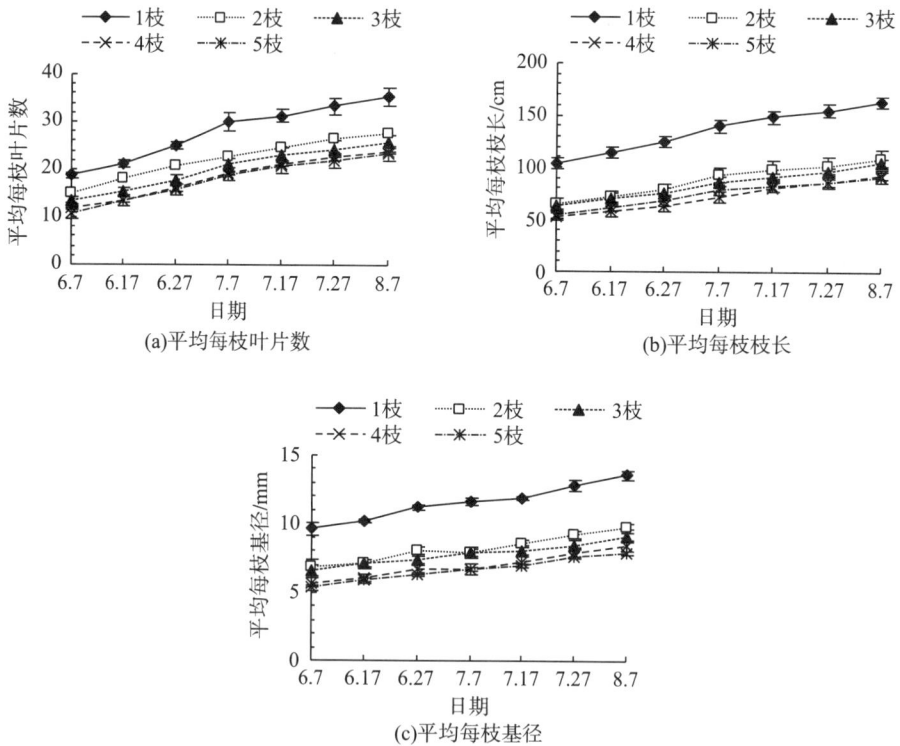

图 9-2 不同分枝模式下桑树的平均每枝叶片数、平均每枝枝长和平均每枝基径的生长趋势

根据 Burk 等（1983）和 Lebon 等（2006）的研究，枝条的发育也决定了枝条上所支持的叶片数量和面积，枝条数量增加可以为更多叶片的生长和发育提供支撑。Ward 等（2002）也指出分枝数与分芽数目和枝条长度之间存在某种特定关系。因此，分枝数决定着植株的外在形态特征。此外，左娟等（2010）对领春木（*Euptelea pleiospermum*）的研究表明，植株在光限制的环境中，往往通过增加叶片数来提高对光能的利用率。实验结果表明，随分枝数的增加，桑树总叶片数、总叶面积和总枝长均增加，这与上述文献研究结果相一致。另

外，实验结果还表明随分枝数增加，平均每个分枝上的枝长、叶片数、总叶面积、基径和单叶面积都呈现降低趋势(表 9-1 和图 9-2)。由于受试过程中植株所处的生长环境(光照环境和土壤环境)均通过控制措施保持完全一致，而选取来源相同的实验材料也避免了植株大小引起的生长差异，故推测分枝数增加导致平均单枝在枝长、叶片数、叶面积及基径等特征方面减小的原因为植株总叶片数增加而导致枝条间对光环境的竞争强度加剧，致使叶片光合能力降低，最终导致物质积累受到限制。这一推论正好与植株净光合速率随着分枝数增加而呈下降趋势相吻合。

此外，实验还发现随着分枝数的增加，比叶面积值逐渐降低，而比枝长呈现上升趋势，叶/枝生物量之比无显著差异(图 9-3)。比叶面积和比枝长是另外两个衡量植物功能器官形态变化的常用指标，尤其是比叶面积能反映植物从外界环境中获取资源的能力，评价植物叶片功能。相关文献表明，资源受限的环境会导致植株比叶面积变小(张亚杰和冯玉龙，2004)，但这种变化并不是孤立的，而与其他叶片性状如叶片干物质量、叶片含氮量、净光合速率及叶片大小等共同体现植物的适应对策(李玉霖等，2005)。由此说明，分枝数的增加将使桑树在形态方面朝着叶片变得更薄、枝条变得更细的方向发展。由于植株为了适应不同的环境条件，其在形态、生理和功能方面将做出相应的调整(王艳红等，2005)，从而最大限度地获得生长、发育和繁育所需的资源(de Kroons and Hutchings，1995)。故认为分枝数增加将使桑树叶片变得更薄、枝条变得更细的现象是植株对较强光环境竞争长期形态适应的最终结果。

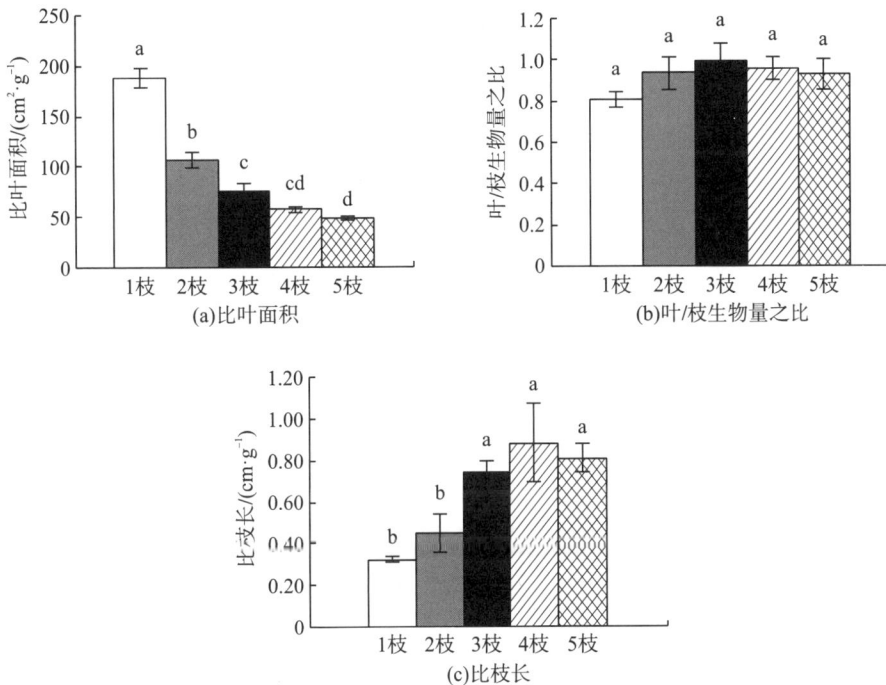

图 9-3 分枝数对桑树比叶面积、叶/枝生物量之比、比枝长的影响

9.5　分枝数对植株生物量积累及其分配的影响

本实验结果显示，各分枝模式下植株的总叶干重、总枝干重和总地上部分干重并无显著差异（表 9-2）。

表 9-2　不同分枝之间生物量方面的差异

枝数	总叶干重/g	总枝干重/g	总地上部分干重/g	平均每枝叶干重/g	平均每枝茎干重/g	平均每枝总干重/g
1	33.71±1.07a	42.11±1.61a	75.82±2.19a	33.71±1.07a	42.11±1.61a	75.82±2.19a
2	41.05±5.33a	44.55±5.63a	85.59±10.55a	20.53±2.67b	21.44±3.35b	41.97±5.80b
3	38.06±1.76a	39.64±3.15a	77.69±3.78a	12.69±0.59c	13.21±1.05c	25.90±1.26c
4	36.09±3.11a	38.61±4.30a	74.70±7.04a	9.03±0.78c	9.65±1.08c	18.68±1.76c
5	43.06±2.11a	47.54±3.13a	90.61±4.05a	8.61±0.42c	9.51± 0.63c	18.12± 0.81c
$P > F_B$	0.233	0.470	0.330	0.000 ***	0.000 ***	0.000 ***

注：*** 表示 $P < 0.0001$。

植物生长过程中，为了满足不同部位发育的需要，同化物质的分配具有重要影响（Bartelink，1998）。多数研究表明，胁迫环境下植株的生物量将向地下部分分配，而在适宜环境中，植株的地上和地下生物量之比并不会发生显著变化（Bartelink，1998）。由此我们认为，植株对生物量的积累和分配并不受分枝数多少的影响，而主要取决于周围环境是否能提供充足的资源以保障植株生长发育的需要。在本实验中尽可能地保证了各桑树幼苗生长所需的土壤环境、水分条件、光照环境的一致性，故植株生物量分配并未受到影响，该推测与 Bartelink（1998）对树木干物质分配模式的研究结果相吻合。此外，一些文献表明，植物在受到虫害、干旱、踩踏等自然或人为伤害时会产生一种适应性的生理现象，以此弥补伤害造成的损失，即植物在不利环境下存在着补偿机制（Sheng，1989；Belsky et al.，1993；原保忠等，1998）。例如，被昆虫或者草食动物取食的植株可以通过对资源进行重新分配，以及对生长格局、光合能力、叶片形态及植株空间结构等进行调整来促进补偿性生长，从而降低损失（Trumble et al.，1993；Focardi and Tinellib，2005；卢辉等，2008；Quintero and Bowers，2013）。Boege（2005）对光亮脚骨脆（*Casearia nitida*）植物的研究表明，植株至少可以补偿 25% 的叶片损失。王世绩等（1993）发现杨树在摘叶处理后可以提高光合作用速率、茎伸长速率和叶面积增长速率，从而对全年的苗高和地径生长量均有补偿作用。本实验中，平均每枝叶干重、平均每枝茎干重和平均每枝总干重随着分枝数减少而呈递增趋势，但其植株的总体生物量并未发生显著变化。鉴于分枝数的减少能直接导致叶片的损失，促进植株进行补偿性生长，因此出现总体生物量不随分枝数发生变化的原因极可能还与植株固有的补偿性生长机制有关。

9.6　小　　结

本章从气体交换、形态变化和地上生物量方面研究 5 种分枝模式(1 枝、2 枝、3 枝、4 枝和 5 枝)对桑树幼苗生长发育的影响。结果如下。

(1)分枝数为 1 的植株的净光合速率最高，达到 8.6 $\mu mol \cdot m^{-2} \cdot s^{-1}$。随着分枝数增加，净光合速率显著下降，直至分枝数达到 3 枝及以上时，净光合速率保持相对稳定，约为 4.3 $\mu mol \cdot m^{-2} \cdot s^{-1}$。而气孔导度、胞间 CO_2 浓度和蒸腾速率则不受分枝数的影响。

(2)随着分枝数的增加，总叶片数、总叶面积和总枝长都增加，最终分别达到 114.3 片、10481.1 cm^2 和 457.1 cm，而平均每枝叶片数、平均每枝基径、平均单叶面积和比叶面积则减少。

(3)随着分枝数的增加，植株的总叶干重和总枝干重无显著变化，但平均每枝叶干重、平均每枝茎干重和平均每枝总干重随分枝数的增加而逐渐减少。

综上所述，分枝数增加可能导致桑树叶片间对光资源的竞争强度增大，引起净光合速率下降，叶片面积变小，单枝长度和生物量减小。另外，桑树植株通过生长出更多的叶片数及更大的总叶片面积来尽可能地消除竞争带来的不利影响，提高对光环境资源的利用效率。不同分枝模式下植株生理、形态和生物量的变化实际上是植株内部对环境资源的竞争与利用二者之间相互平衡的结果。

[原载于《生态学报》，2014，34(4)：823-831]

第 10 章 丛枝菌根真菌对桑树幼苗的影响

10.1 引 言

现存的 90%以上的维管植物与 80%以上的陆生植物中都普遍存在着丛枝菌根（arbuscular mycorrhiza，AM）共生体系（Parniske，2008）。AM 真菌主要是通过从植物中获得碳水化合物以满足自身需求，同时也对宿主起着积极作用：促进植物吸收养分（Jiang et al.，2017），包括氮、磷等微量元素（Selosse and Rousset，2011），进一步增强土壤肥力及作物产量，实现真菌与植物之间的互利共生。菌根化植物的养分获取得益于其强大的地下菌丝网络，对整个生态系统植物间的养分流动和碳氮平衡起到重要作用（Steidinger et al.，2019）。已有研究表明，南美蟛蜞菊（*Sphagneticola trilobata*）与摩西斗管囊霉（*Funneliformis mosseae*）及地表球囊霉（*Glomus versiforme*）形成的共生体系可以促进植物生长和对营养资源的利用，提高对难溶性磷的吸收效率，可能使得南美蟛蜞菊在营养贫乏的环境中更好地建立种群（李琴等，2020）。碱性土壤（黄绵土）中，AM 真菌和紫花苜蓿根系能建立较好的共生关系，低磷环境下，接种 AM 真菌可以扩大植物根系吸收范围，同时增强根际土壤碱性磷酸酶活性，促进根系分泌有机酸，特别是乙酸和柠檬酸，从而提高磷肥利用率（彭琪等，2021）。接种 AM 真菌显著提高了大豆地上部分生物量（16.5%）和大豆根瘤数（131.4%），地上部分磷含量、磷吸收量、氮含量和氮吸收量也显著增加（刘云龙等，2021）。

目前，国内开展的丛枝菌根对桑树生长发育及抗性的研究工作并不多，仅少数文献涉及。例如，任强等（2008）采用温室盆栽的方法研究灭菌土中接种摩西斗管囊霉能够显著提高桑树扦插苗的成活率。舒玉芳等（2011）发现，接种丛枝菌根后，桑苗的株高、主根长、单株根尖数量、单株根尖总长、单株叶片数量，以及第 3 真叶叶长、叶宽、叶面积等都显著高于对照，单株根尖数量、单株根尖总长和叶面积的相对增长量超过 100%，极大地提高了桑苗的根系吸收能力和地上部分的光合面积。Xing 等（2014）探讨了石漠化恢复过程中菌根桑的可利用性，以及调查了桑树根系丛枝菌根真菌多样性、影响丛枝菌根真菌多样性的关键因子、筛选优良抗性菌株、丛枝菌根真菌与喀斯特石漠化地区桑树的共生机制，并分析了石漠化地区丛枝菌根真菌促进桑树根系水分吸收的机制（邢丹，2018）。卢红等（2014）研究了三株丛枝菌根真菌对桑苗营养生长的促进作用，发现接种摩西斗管囊霉 XJ08A 菌株后，桑苗的移栽成活率和生长速度最佳。刘家艳（2015）在研究消落带菌根桑发育生理特征及抗镉（Cd）污染机制时发现，桑苗根系通过菌丝吸收菌根室里的 Cd，丛枝菌根真菌对 Cd 产生了一定的应激反应；在低浓度镉处理下，Cd 刺激了菌丝的生长，真菌菌丝生长显著增加，但随着 Cd 浓度的增加，真菌对 Cd 刺激产生的增生作用逐渐降低。低浓度的 Cd 对于植物生长有一定的促进作用，随着 Cd 浓度的增高，植物生长受到影响，出现叶片发黄、萎蔫症状。王凯渊等 (2017) 证明了 Cd 胁迫对桑苗的菌根侵染率、营养生长、丛枝菌根真菌菌丝生长和矿质吸收 (除 Mg 外) 都存在"低促高抑"的剂量效应，丛枝菌根真菌对 Cd 胁迫有一定的抗性，接种丛枝菌根真菌显著促进了植物的生长及矿质营养元素的吸收和转运，重金属 Cd 在菌根桑中的分布、迁移是不均匀的，具有一定的独特性。王岩等 (2020) 研究了丛枝菌根真菌对石漠化地区桑树的促生及养分调控作用。邢丹等 (2019) 揭示了接种丛枝菌根真菌对干旱条件下桑树生长及水分利用效率的影响，并发现丛枝菌根真菌侵染桑树根系后主要通过协调根冠生长而提升桑树水分利用效率，并且接种摩西斗管囊霉更易提高桑树水分利用效率。郑亚茹和唐明 (2020) 发现接种丛枝菌根真菌能够促进桑树地上部分及根系的生长，提高根系活力，增加叶绿素含量，提高光合作用效率，增强活性氧清除能力，降低质膜过氧化程度，提高渗透调节能力，从而增强桑树的耐盐性。然而，有关多种丛枝菌根真菌对桑树生长发育及其叶片品质影响的研究尚未见报道。

因此，本章以桑树 (品种为'无核大十') 为研究对象，接种 6 种丛枝菌根真菌 (AMF)，通过比较植株的菌根侵染率、形态 (株高、基径、叶片数和叶面积)、生物量、光合能力 (净光合速率、叶绿素荧光参数和叶绿素含量) 和叶片品质 (氨基酸、营养元素、粗纤维、总多糖和生物碱) 等相关指标的差异，探讨不同 AMF 对桑树生长与叶片品质的影响，筛选出促进桑树生长及改良叶片品质效果最好的菌种，为生产中提高桑树的生物量和改良叶片品质提供理论参考。

10.2　实　验　方　法

10.2.1　实验设计

2019 年 9 月中旬购买了来自浙江的桑树实生苗品种'无核大十'，选择长短、粗细、健康状态一致的实生苗总计 49 株，移栽至直径 25 cm、高 15 cm 的塑料花盆里，在西华师范大学生命科学学院实验地内进行培养，该地区属亚热带湿润季风气候。培养基质为等体积混合的未灭菌泥土、河沙和蛭石。实验分为 7 种处理：对照 (不接种)、接种隐类球囊霉 (*Paraglomus occultum*)、接种脆无梗囊霉 (*Acaulospora delicata*)、接种幼套球囊霉 (*Glomus etunicatum*)、接种摩西斗管囊霉-1 (*Funneliformis mosseae*；菌株 1，BGC BJ01) 和摩西斗管囊霉-2 (菌株 2，NM03D)、接种根内球囊霉 (*Glomus intraradices*)。给接种处理组中每株幼苗接种 10 g 菌剂 (摩西斗管囊霉-2 购于长江大学，其余 5 种购于北京市农林科学院植物营养与资源环境研究所，包括培养物的基质、根系、孢子及外生菌丝)，对照组则不做接种处理。共 7 种处理，每种处理 7 个重复，共 49 株植株。2020 年 7 月 6 日开始处理，其间每隔一天浇一次水，视干旱情况决定浇水的量，每周浇一次霍格兰营养液，每盆 50 mL，处理持续 90 d。

10.2.2　测量指标

1)菌根侵染率

植株采收后，将根系放入-4 ℃冰箱保存，便于进行菌根侵染率的测定且保证根不腐烂，选取质量良好的根段剪成直径小于 1 mm、长度为 1 cm 的小段，置于甲醛-乙酸-乙醇(FAA)固定液中，固定 4 h 及以上。将根洗净后置于 KOH 溶液中，然后放入 90 ℃水浴锅中加热 1 h。取出根且洗净后置于碱性双氧水中进行脱色，观察到根段变白后，将根洗净置于墨水乙酸染液(95%家用白醋+ 5%北京牌蓝黑墨水)中，于沸水中加热 3 min，加热结束后先用乙酸化的自来水(4%)冲洗根 2～3 次，然后用自来水将根冲洗干净，最后放入装有自来水的锥形瓶中保存，每一编号随机选取 60 根粗细均匀的根段整齐排列在 3 张装片上(每张装片 20 根根段)，滴适量乳酸，盖上盖玻片进行压片，随后在光学显微镜下进行观察。根据 McGonigle 等(1990)的方法用公式"菌根侵染率(%)=菌根根段/观察的总根段数×100"计算菌根侵染率。

2)形态特征

实验开始处理后，每 30 d 用皮尺(0.1 cm)测量每株植株的株高，游标卡尺(0.1 mm)测量基径，并记录叶片数。用叶片扫描仪(LI-3000C，LI-COR 公司，美国)测量叶面积。此外，从根系上选取 2～3 个具有代表性的侧枝用根系分析系统(WinRHIZO，Regents 公司，加拿大)进行扫描，并测量各株幼苗的总根长、根尖数，计算分枝强度、比根长和比表面积。

3)生物量

实验处理三个月后，将植株的根、茎、叶分别采收。用电子天平(YP2002，010794 上海)称量根、茎、叶各部分的鲜质量。最后将收集的根、茎、叶分别放在恒温干燥箱(DHG-9625A，上海)中 70 ℃烘 48 h 至恒重，用电子天平称量其干质量。

4)光合能力

实验中期使用 LI-6400 便携式光合仪(LI-COR 公司，美国)的红蓝光源配合标准叶室对植株净光合速率(P_n)进行测定。随机选择各植株自上而下第 3～5 片完全展开的向阳叶片中的一片。测定时各参数设置(尽量与当地环境一致)为：光合有效辐射 1200 mmol·m^{-2}·s^{-1}，CO_2 浓度 400 mmol·mol^{-1}，叶片温度 25 ℃，相对湿度 60%～75%。使用叶绿素荧光仪 Junior-PAM(Walz 公司，德国)，选择每株植株中一片完全展开的健康叶测定叶绿素荧光参数 PSⅡ最大光化学量子产量(F_v/F_m)，叶的左右两侧各测三次，取平均值，测定前暗适应至少 20 min。叶绿素含量测定采用丙酮法(Arnon，1949)。在每一植株上选取健壮叶片用叶片打孔器打下 10 个小圆片，置于 10 mL 棕色离心管中，每一离心管中加入 5 mL80%丙酮，置于避光处处理 7 d 后，于酶标仪(Multiskan GO，美国)中测定 663 nm、646 nm 和

470 nm 处的吸光度，用 Wellburn 和 Lichtenthaler(1984)修正的叶绿素和类胡萝卜素计算公式计算叶绿素 a、叶绿素 b 和总叶绿素的含量。

5)叶片品质

将所有样品(烘干叶研磨成粉末状，分别过 40 目筛和 60 目筛)进行混合式取样，即将每个处理中的 7 个重复样品充分混合后均分为三份，也就是每种处理三份样品(每份样品含有一袋过 40 目筛和两袋过 60 目筛的叶样)。其中过 40 目筛的样品送至兰州波力森生态科技有限公司进行粗纤维、生物碱、多糖的分析测定，过 60 目筛的样品送至四川蓝城检测技术有限公司进行 17 种氨基酸和总氨基酸的分析测定，送至中国科学院水利部成都山地灾害与环境研究所进行 C、N、P、K 的分析测定。

10.2.3　数据分析

采用软件 SPSS 25.0(IBM SPSS，美国)对数据进行统计和分析，分析前对数据进行正态性检验(若不符合正态分布则采用取对数方式予以转换)。用单因素方差分析 LSD 多重比较处理间的差异，用 Excel 制表和作图。显著性水平设定为 $\alpha = 0.05$。

10.3　丛枝菌根真菌对桑树形态发育的影响

10.3.1　丛枝菌根真菌对桑树地上形态的影响

由图 10-1 可知，接种 6 种 AMF(含不同菌株)后，均能显著促进植株的株高，接种隐类球囊霉、脆无梗囊霉、幼套球囊霉、摩西斗管囊霉(菌株 1 和菌株 2)和根内球囊霉后，与对照组相比，植株的株高分别增加了 25.24%、35.99%、33.08%、52.76%、38.77%和21.90%。接种 6 种 AMF 后，植株叶片数变化不一，与对照组相比，只有接种摩西斗管囊霉-1 及摩西斗管囊霉-2 植株的叶片数显著高于对照组，增幅分别为 37.75%和 39.25%，接种其他 4 种菌后植株叶片数无显著差异。接种 6 种 AMF 后，植株基径变化不一，与对照组相比，只有接种幼套球囊霉及摩西斗管囊霉-1 植株的基径显著高于对照组，增幅分别为17.67%和 21.01%，接种其他 4 种菌后植株基径无显著差异。接种 6 种 AMF 后，与对照组相比，植株的叶面积无显著差异。因此，本实验结果表明，不同丛枝菌根真菌对桑树幼苗地上形态的促进作用差异较大，从现有的结果来看，在接种的 6 种 AMF 中，摩西斗管囊霉-1 处理组桑树幼苗的株高、基径和叶片数较对照组都显著增高，说明接种摩西斗管囊霉-1能显著促进桑树幼苗地上部分的形态发育。这与卢红等(2014)发现摩西斗管囊霉菌株BGC XJ07A、BGC XJ08A 和 BGC XJ08F 对南疆土壤基质中栽培的桑苗均具有显著促进作用的结果相吻合。此外，他们还发现接种 BGC XJ07A 菌株的效果最佳。考虑到菌株来源和桑树品种均存在迥然不同的差异，尤其是不同菌种在特定土壤环境条件下对植株的侵染能力是直接决定其促进效果的重要因素，因此，结合当地的土壤环境条件，进一步对摩西斗管囊霉的不同品种进行筛选，其促进效果将更好。

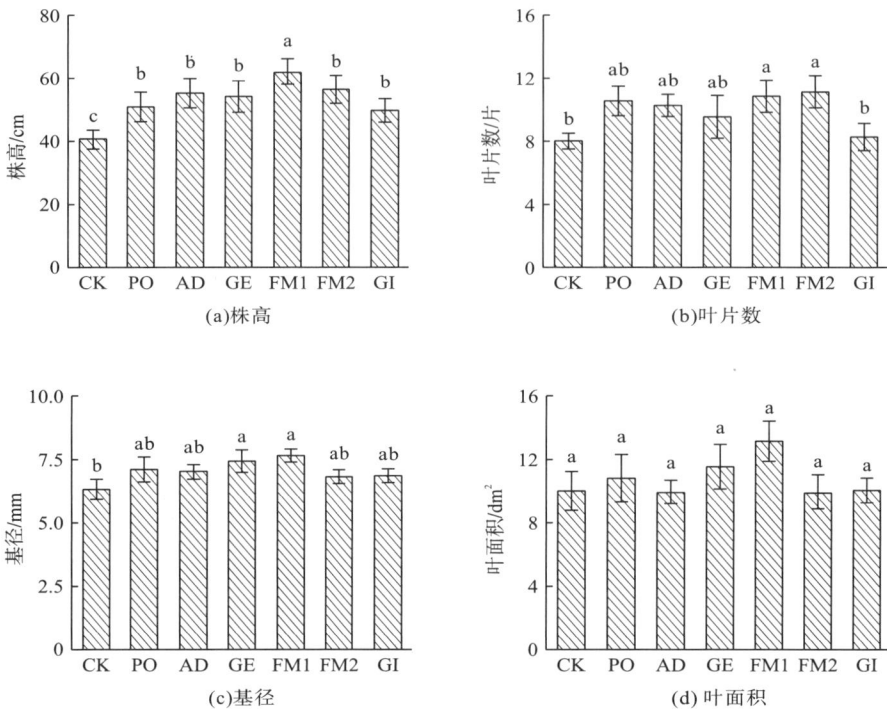

图 10-1　6 种 AMF 对桑树幼苗地上形态的影响（平均值±标准误，n=7）

柱形图上方不同小写字母表示相应处理之间差异显著（采用 LSD 多重比较，P <0.05）。CK，对照；PO，隐类球囊霉（*Paraglomus occultum*）；AD，脆无梗囊霉（*Acaulospora delicata*）；GE，幼套球囊霉（*Glomus etunicatum*）；FM1，摩西斗管囊霉-1（*Funneliformis mosseae*；菌株 1，BGC BJ01）；FM2，摩西斗管囊霉-2（*F. mosseae*；菌株 2，NM03D）；GI，根内球囊霉（*Glomus intraradices*）。后同

10.3.2　丛枝菌根真菌对桑树根系形态的影响

　　由表 10-1 可知，接种 6 种 AMF 后，植株总根长、根尖数和分枝数变化不一。与对照相比，接种幼套球囊霉及摩西斗管囊霉-1 植株的总根长显著增高，增幅分别为 43.92%和 37.57%；接种幼套球囊霉及摩西斗管囊霉-1 植株的根尖数显著增加，增幅分别为 223.01%和 158.98%；接种幼套球囊霉及摩西斗管囊霉-1 植株的分枝数显著增高，增幅分别为 55.66%和 38.94%。从上述结果来看，在 6 种 AMF 中只有幼套球囊霉和摩西斗管囊霉-1 对桑苗根系的形态发育具有显著的促进作用，尤其是前者对桑树幼苗根系的分枝和伸长生长更有利。这一现象反映了不同种类的丛枝菌根真菌对植物生长的促进作用具有差异，有些菌根真菌能更好地促进地上部分的形态发育，而有些菌根真菌对植株根系形态发育的促进作用更大。

表 10-1　6 种 AMF 对桑树幼苗根系形态的影响（平均值±标准误，$n=7$）

处理	CK	PO	AD	GE	FM1	FM2	GI
总根长/m	119.55±13.45bb	130.39±17.65ab	143.08±10.84ab	172.06±21.06a	164.46±19.08a	137.98±10.77ab	105.67±6.09b
根尖数/（×10³ 个）	41.15±8.76c	51.68±11.67c	74.57±16.31bc	132.92±26.10a	106.57±28.13ab	43.61±4.19c	32.46±3.85c
分枝数/（×10³ 个）	56.22±9.18cd	62.74±6.53bcd	75.03±8.80abc	87.51±7.30a	78.11±9.54ab	59.82±5.13bcd	44.92±3.27d

注：表格内数字后方不同小写字母表示相应处理之间差异显著（采用 LSD 多重比较，$P<0.05$）。CK，对照；PO，隐类球囊霉（*Paraglomus occultum*）；AD，脆无梗囊霉（*Acaulospora delicata*）；GE，幼套球囊霉（*Glomus etunicatum*）；FM1，摩西斗管囊霉-1（*Funneliformis mosseae*；菌株 1，BGC BJ01）；FM2，摩西斗管囊霉-2（*F. mosseae*；菌株 2，NM03D）；GI，根内球囊霉（*Glomus intraradices*）。后同。

10.4　丛枝菌根真菌对桑树生物量的影响

由表 10-2 可知，接种 6 种 AMF 后，与对照组相比，植株的叶生物量无显著性差异，但接种摩西斗管囊霉-1 后，植株的叶生物量平均值趋高。接种 6 种 AMF 后，均能显著增加植株的茎生物量，与对照组相比，接种隐类球囊霉、脆无梗囊霉、幼套球囊霉、摩西斗管囊霉-1、摩西斗管囊霉-2、根内球囊霉后，植株的茎生物量分别增加了 164.52%、166.73%、175.92%、203.68%、160.29%和 141.73%。接种 6 种 AMF 后，植株根生物量的变化不一，接种脆无梗囊霉、幼套球囊霉和摩西斗管囊霉-1 后，与对照组相比，植株的根生物量均显著增加，增幅分别为 37.18%、27.88%和 46.47%；接种隐类球囊霉、摩西斗管囊霉-2、根内球囊霉后，与对照组相比，植株的根生物量无显著性差异。接种 6 种 AMF 后，均能显著增加植株的总生物量，与对照组相比，接种隐类球囊霉、脆无梗囊霉、幼套球囊霉、摩西斗管囊霉-1、摩西斗管囊霉-2 和根内球囊霉后，植株的总生物量分别增加了 44.20%、48.94%、48.97%、64.20%、36.70%和 31.19%（表 10-2）。从上述结果来看，6 种 AMF 对桑树幼苗根、茎和叶生物量积累的促进效果差异较大。虽然它们都能显著促进茎生物量的积累，但对根和叶生物量积累的促进作用各不相同。总的来看，摩西斗管囊霉-1 对桑苗植株生物量积累的促进作用最明显，该结论与 Wu 等（2018）发现接种摩西斗管囊霉后促进青杨生物量积累的结果一致。

表 10-2　6 种 AMF 对桑树'无核大十'生物量积累的影响（平均值±标准误，$n=7$）　（单位：g）

处理	CK	PO	AD	GE	FM1	FM2	GI
叶生物量	5.44±0.34ab	5.54±0.75ab	5.51±0.48ab	6.93±0.51ab	7.68±0.68a	5.55±0.72b	5.59±0.45b
茎生物量	5.44±0.76b	14.39±1.44a	14.51±1.17a	15.01±2.16a	16.52±1.36a	14.16±0.73a	13.15±0.39a
根生物量	8.50±0.72d	9.62±1.24bcd	11.66±1.01ab	10.87±0.61abc	12.45±0.86a	8.64±0.59cd	8.46±0.43d
总生物量	32.51±2.38c	46.88±4.63ab	48.42±3.53ab	48.43±5.48ab	53.38±3.45a	44.44±1.99ab	42.65±1.38b

10.5　丛枝菌根真菌对桑树光合能力的影响

由表 10-3 可知，接种 6 种 AMF 后，桑树幼苗的净光合速率(P_n)、荧光参数 F_v/F_m、叶绿素 a 含量、总叶绿素含量与对照组相比均无显著差异；除了接种根内球囊霉后植株的叶绿素 b 显著高于对照组(增幅 48.54%)外，接种其他 5 种真菌后植株的叶绿素 b 含量与对照组相比无显著差异。一般来说，接种 AMF 后植物的光合作用要强于不接种的植物(de Miranda et al.，1989)。但本实验结果却表明接种 AMF 后各处理组间净光合速率与对照相比并无显著差异(表 10-3)，这与荧光参数 F_v/F_m、叶绿素含量的结果一致。这暗示了接种 AMF 没有影响功能叶单位面积的碳同化效率，处理间总生物量积累的差异可能与植株总叶面积有关或者与非功能叶的光合能力有关(龚薇等，2021)。

表 10-3　6 种 AMF 对桑树幼苗光合能力的影响(平均值±标准误，n=7)

处理	CK	PO	AD	GE	FM1	FM2	GI
$P_n/(\mu mol \cdot m^{-2} \cdot s^{-1})$	10.12±0.66a	11.23±0.94a	9.37±0.67a	10.74±0.82a	9.34±0.97a	10.83±0.89a	8.77±0.59a
F_v/F_m	0.73±0.01ab	0.75±0.01a	0.75±0.01a	0.75±0.01a	0.72±0.01b	0.72±0.02b	0.71±0.01b
叶绿素 a 含量/(mg·g⁻¹)	4.52±0.24a	4.68±0.65a	4.03±0.24a	3.95±0.18a	3.99±0.34a	4.43±0.28a	4.59±0.35a
叶绿素 b 含量/(mg·g⁻¹)	2.06±0.06b	2.06±0.21b	1.87±0.08b	1.79±0.05b	1.85±0.09b	1.99±0.09b	3.06±0.24a
总叶绿素含量/(mg·g⁻¹)	6.58±0.29ab	6.74±0.86ab	5.90±0.31b	5.75±0.23b	5.84±0.43b	6.42±0.37ab	7.64±0.56a

10.6　丛枝菌根真菌对桑树叶片氨基酸的影响

由图 10-2 可知，接种 6 种 AMF 后植株的总氨基酸含量变化不一。接种摩西斗管囊霉-2 后，植株的总氨基酸含量与对照组相比显著增加，增幅为 4.26%，接种摩西斗管囊霉-1 后，植株的总氨基酸含量与对照组相比无显著差异；接种隐类球囊霉、脆无梗囊霉、幼套球囊霉和根内球囊霉后，植株的总氨基酸含量与对照组相比均显著降低，降幅分别为 10.05%、4.07%、2.82% 和 2.96%。接种 6 种 AMF 后，植株的必需氨基酸(精氨酸、组氨酸、异亮氨酸、亮氨酸、赖氨酸、甲硫氨酸、苯丙氨酸、苏氨酸、缬氨酸)含量变化不一。接种摩西斗管囊霉-1 和摩西斗管囊霉-2 后，植株的必需氨基酸含量与对照组相比均显著增加，增幅分别为 5.08% 和 6.55%，接种根内球囊霉、幼套球囊霉后，植株的必需氨基酸含量与对照组相比无显著差异，接种隐类球囊霉和脆无梗囊霉后，植株的必需氨基酸含量与对照组相比均显著降低，降幅分别为 11.96% 和 4.42%。各处理下各氨基酸的含量见表 10-4。前人在关于蚕的营养与代谢的研究中指出，蚕的必需氨基酸是精氨酸、组氨酸、异亮氨酸、亮氨酸、赖氨酸、甲硫氨酸、苯丙氨酸、苏氨酸、色氨酸和缬氨酸 10 种，此外还需有天冬氨酸或谷氨酸中任意一种(刘凤云等，2008)。本实验测定了除色氨酸外的其余 9 种(精氨酸、组氨酸、异亮氨酸、亮氨酸、赖氨酸、甲硫氨酸、苯丙氨酸、苏氨酸、缬氨酸)，以及天冬氨酸、丝氨酸、谷氨酸、甘氨酸、丙氨酸、酪氨酸、脯氨酸和胱氨酸(共计 17 种氨基酸)的含量在接种 6 种丛枝菌根真菌后的变化情况。总体结果显示,接种摩西斗管囊霉-2 处理组桑叶的总氨基酸含量和必需氨基酸含量(除 FM1 外)均显著高于其他组别,分别比其他组别高 4.31%～15.90%及 1.40%～21.23%。由于氨基酸对提高蚕茧的质量和产量至关重要(刘凤云等,2008),因此接种摩西斗管囊霉-2 能有效地促进蚕桑的营养,有利于提高蚕茧的质量和产量。

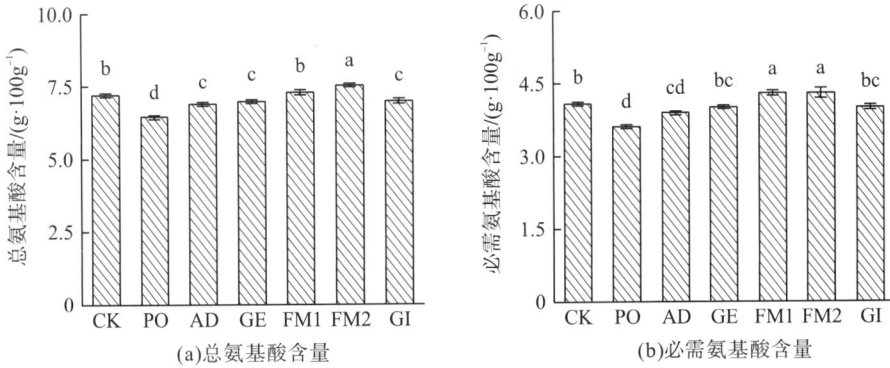

图 10-2 6 种 AMF 对桑树幼苗叶片总氨基酸含量和必需氨基酸含量的影响(平均值±标准误,$n=7$)

表 10-4 6 种 AMF 对桑树幼苗叶片 17 种氨基酸含量的影响(%)(平均值±标准误,$n=7$)

处理	CK	PO	AD	GE	FM1	FM2	GI
天冬氨酸	1.10±0.02b	0.79±0.00d	0.98±0.01c	0.97±0.00c	0.96±0.01c	1.23±0.03a	1.12±0.01b
苏氨酸	0.36±0.01abc	0.34±0.01c	0.35±0.00bc	0.34±0.01c	0.37±0.01a	0.37±0.01a	0.37±0.01ab
丝氨酸	0.37±0.00a	0.35±0.01bc	0.35±0.00c	0.37±0.00ab	0.38±0.01a	0.38±0.00a	0.38±0.01a
谷氨酸	1.07±0.01a	0.94±0.02c	1.00±0.00b	1.00±0.01b	0.99±0.01b	1.10±0.01a	1.07±0.02a
甘氨酸	0.46±0.00ab	0.44±0.00de	0.46±0.00bc	0.43±0.00ef	0.47±0.01a	0.45±0.00cd	0.42±0.00f
丙氨酸	0.43±0.01bc	0.39±0.01de	0.41±0.00cde	0.38±0.00e	0.41±0.00bcd	0.46±0.02a	0.43±0.00ab
胱氨酸	0.12±0.01b	0.11±0.01b	0.12±0.01b	0.16±0.00a	0.15±0.00a	0.16±0.01a	0.15±0.01a
缬氨酸	0.44±0.01a	0.40±0.00c	0.41±0.01b	0.41±0.00b	0.44±0.01a	0.43±0.01ab	0.39±0.01c
甲硫氨酸	0.03±0.00b	0.02±0.00b	0.03±0.00b	0.03±0.00b	0.03±0.00b	0.05±0.02a	0.06±0.00a
异亮氨酸	0.32±0.00a	0.32±0.01a	0.32±0.00a	0.3±0.01b	0.33±0.01a	0.32±0.01ab	0.31±0.01ab
亮氨酸	0.56±0.01ab	0.53±0.01bc	0.56±0.01ab	0.51±0.01c	0.55±0.01ab	0.56±0.00a	0.57±0.01a
酪氨酸	0.26±0.01bc	0.28±0.03ab	0.31±0.02a	0.23±0.00cd	0.26±0.01bc	0.25±0.01bc	0.2±0.02d
苯丙氨酸	0.39±0.01a	0.36±0.01ab	0.38±0.01a	0.36±0.01ab	0.39±0.02a	0.38±0.02ab	0.33±0.03a
赖氨酸	0.36±0.01a	0.32±0.01b	0.36±0.01a	0.33±0.00b	0.32±0.01b	0.36±0.01a	0.35±0.00a
组氨酸	0.16±0.00c	0.15±0.01c	0.15±0.00c	0.26±0.01a	0.26±0.00a	0.22±0.01b	0.17±0.01c
精氨酸	0.16±0.00b	0.15±0.01b	0.15±0.00b	0.26±0.01a	0.26±0.00a	0.22±0.01b	0.17±0.01b
脯氨酸	0.42±0.01b	0.38±0.02b	0.38±0.01b	0.39±0.01ab	0.38±0.00b	0.37±0.01b	0.32±0.00c

10.7 丛枝菌根真菌对桑树矿质营养元素的影响

由图 10-3 可知，接种 6 种 AMF 后，植株的 C 含量变化不一，接种幼套球囊霉后，植株的 C 含量与对照组相比显著增加，增幅为 1.21%，接种脆无梗囊霉、摩西斗管囊霉-1、根内球囊霉后，植株的 C 含量与对照组相比无显著性差异，接种隐类球囊霉、摩西斗管囊霉-2 后，植株的 C 含量与对照组相比均显著降低，降幅分别为 1.80%、1.38%。接种隐类球囊霉、脆无梗囊霉、幼套球囊霉、摩西斗管囊霉-1、摩西斗管囊霉-2 和根内球囊霉 6 种 AMF 后，与对照组相比，植株的 N 含量均显著降低，降幅分别为 10.63%、4.11%、12.31%、11.57%、4.48% 和 8.40%。接种 6 种 AMF 后，植株的 P 含量变化不一，接种摩西斗管囊霉-2、根内球囊霉后，植株的 P 含量与对照组相比均显著增加，增幅分别为 14.98%、33.88%，接种隐类球囊霉、脆无梗囊霉、幼套球囊霉后，与对照组相比，植株的 P 含量无显著性差异，接种摩西斗管囊霉-1 后，植株的 P 含量与对照组相比显著降低，降幅为 21.26%。接种 6 种 AMF 后，植株的 K 含量变化不一，接种脆无梗囊霉、幼套球囊霉和摩西斗管囊霉-2 后，植株的 K 含量与对照组相比均显著增加，增幅分别为 4.26%、7.52% 和 15.18%，接种隐类球囊霉、根内球囊霉后，植株的 K 含量与对照组相比无显著性差异，接种摩西斗管囊霉-1 后，植株的 K 含量与对照组相比显著降低，降幅为 4.40%（图 10-3）。

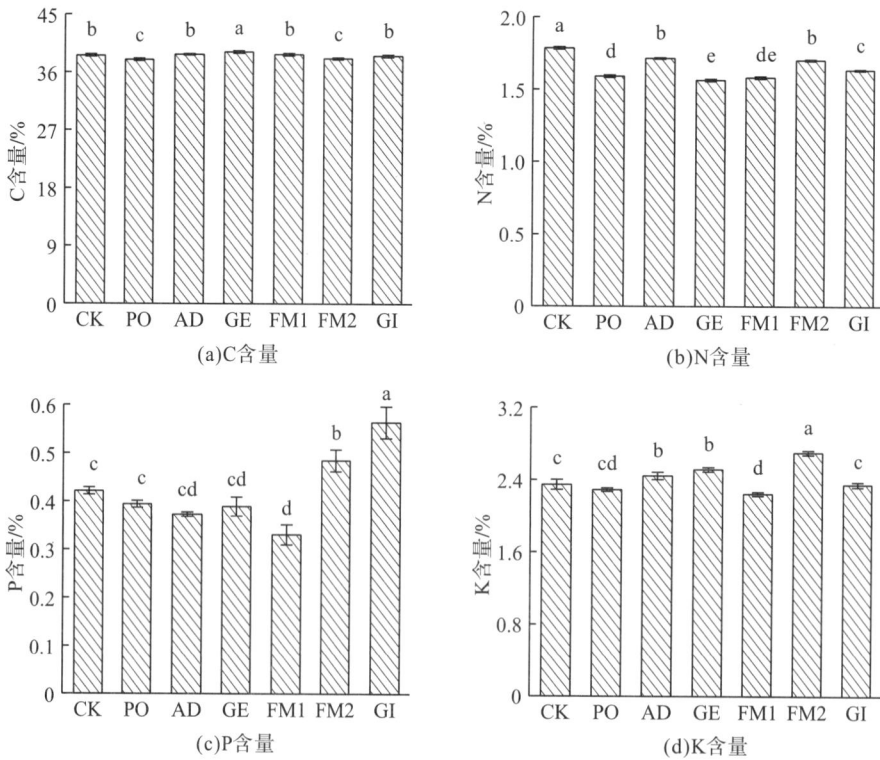

图 10-3 6 种 AMF 对桑树幼苗营养元素含量的影响（平均值±标准误，$n=7$）

本实验结果表明，接种 6 种 AMF 后虽然并不是所有处理组的 K、P 含量都显著高于对照组，但接种摩西斗管囊霉-2 处理组的 K、P 含量都显著高于对照组，这表明摩西斗管囊霉-2 显著提高了桑叶的 K、P 含量，这可能与 AMF 对元素的吸收具有选择性有关，也可能是桑树对养分元素的需求不一致所致（汪丽红等，2000；Verbruggen and Kiers，2010）。P 供应充足，有助于光合作用和呼吸作用，使植株糖分的积累增多，促进桑叶成熟、提高叶质，而 K 可以促进桑树对 N 的吸收、转化和含 N 化合物的合成，并对细胞的吸水、保水有很大的作用（汪丽红等，2000）。因此，接种摩西斗管囊霉-2 可以提高桑叶幼苗的 K、P 含量从而提高叶片品质。但本实验中，接种 6 种 AMF 后，仅接种幼套球囊霉处理组的 C 含量显著高于对照组，所有处理组的 N 含量均低于对照组，其原因可能是接种 AMF 后植株的营养元素分配发生变化。例如，赵昕和阎秀峰（2006）在研究丛枝菌根真菌对喜树（*Camptotheca acuminata*）幼苗生长和 N、P 吸收的影响时发现所有菌根幼苗根的 N、P 分配比例增加，而叶片的 N、P 分配比例减少，这说明 C、N 可能积累到了其他部位，故而叶片的 C、N 营养元素含量低于对照。

10.8　丛枝菌根真菌对桑树叶片品质的影响

由表 10-5 可知，接种 6 种 AMF 后，植株的粗纤维、总多糖、生物碱含量与对照组相比无显著差异。接种 6 种 AMF 后，植株的粗蛋白含量变化不一。接种脆无梗囊霉、摩西斗管囊霉-2、根内球囊霉后，植株的粗蛋白含量与对照组相比无显著差异，而接种隐类球囊霉、幼套球囊霉和摩西斗管囊霉-1 后，植株的粗蛋白含量与对照组相比均显著降低，降幅分别为 9.16%、6.49% 和 12.69%。

表 10-5　6 种 AMF 对桑树幼苗叶片品质的影响（平均值±标准误，*n*=7）

处理	CK	PO	AD	GE	FM1	FM2	GI
粗纤维含量/%	10.01±1.33a	12.12±1.36a	10.44±1.83a	11.71±1.46a	13.94±1.67a	9.64±1.21a	12.54±2.28a
总多糖含量/mg·g⁻¹	9.17±0.14a	10.00±0.81a	9.66±0.54a	10.59±0.14a	9.15±0.75a	9.08±0.39a	8.91±0.52a
生物碱含量/mg·g⁻¹	0.12±0.06a	0.10±0.07a	0.16±0.03a	0.15±0.07a	0.14±0.06a	0.12±0.11a	0.14±0.15a
粗蛋白含量/%	10.48±0.15a	9.52±0.02cd	10.03±0.04abc	9.80±0.03bc	9.15±0.45d	10.28±0.12ab	10.16±0.10ab

前人研究表明，接种 AMF 后，能显著提高植株的生物碱含量（夏春梅，2013），而本实验中则发现接种 AMF 后各组别间的生物碱含量虽然没有显著差异，但除了接种隐类球囊霉和摩西斗管囊霉-2 处理组，其余 4 个处理组的平均值都高于对照组。这一结果可以在一定程度上反映出 AMF 对桑树生物碱含量提高的促进作用。这种促进作用可能与接种丛枝菌根真菌后增强了植株次生代谢产物中生物碱的合成，并参与植物-微生物相互关系和植物防御反应体系的调控作用有关（张华等，2015）。此外，尽管接种 6 种丛枝菌根真菌没有引起桑树幼苗叶片中的粗纤维含量出现显著的统计学变化，但从平均值而言，只有接种

摩西斗管囊霉-2 后降低了约 3.70%，其余处理都增加。叶片中的粗纤维含量越低，粗蛋白和粗脂肪含量越高，则叶片品质越好(陈朝明等，1996)，因此，我们推测摩西斗管囊霉-2 与其他 5 种丛枝菌根真菌相比，更能通过降低叶片粗纤维的含量而改善桑叶品质。

10.9　小　　结

本章以桑树'无核大十'为研究对象，通过接种 6 种丛枝菌根真菌(含菌株)，比较接种后植株的地上部分形态特征(株高、基径、叶片数、叶面积)、根的形态发育(总根长、根尖数、分枝数)、生物量的积累(根生物量、茎生物量、叶生物量、总生物量)、光合能力(净光合速率、叶绿素荧光参数、叶绿素含量)和叶片品质(17 种氨基酸、矿质营养元素、粗纤维、总多糖生物碱和粗蛋白)等相关指标的差异，探讨接种 6 种 AMF 对'无核大十'生长与叶片品质的影响，结果如下。

(1)接种上述 6 种丛枝菌根真菌后，植株的总生物量均显著增加。其中，接种脆无梗囊霉、幼套球囊霉和摩西斗管囊霉-1 后增幅较大，分别为 48.94%、48.97%和 64.20%。

(2)接种上述 6 种丛枝菌根真菌后，植株的总氨基酸含量变化不一。接种摩西斗管囊霉-2 后，植株的总氨基酸含量与对照组相比显著增加，增幅为 4.26%；接种摩西斗管囊霉-1 后，植株的总氨基酸含量与对照组相比无显著差异；接种隐类球囊霉、脆无梗囊霉、幼套球囊霉和根内球囊霉后，植株的总氨基酸含量与对照组相比均显著降低，降幅分别为 10.05%、4.07%、2.82%和 2.96%。

(3)接种摩西斗管囊霉-1 后，植株的株高显著高于其他组别；接种摩西斗管囊霉-2 后，植株的 K 含量显著高于其他组别。

综上所述，接种丛枝菌根真菌能明显影响桑树幼苗的形态发育(地上形态和根系)、生物量积累、光合能力、叶片氨基酸含量、矿质营养元素含量及叶片品质。不同的丛枝菌根真菌对桑树幼苗生长发育的影响差异较大。总体上看，接种摩西斗管囊霉可以显著促进桑树幼苗生物量的积累和叶片品质。这些研究结果可为农业生产中提高桑树的叶片产量及品质提供参考。

参 考 文 献

鲍士旦，2000. 土壤农化分析[M]. 3 版. 北京：中国农业出版社.

蔡长春，2006. 甘蓝型油菜开花时间和光周期敏感性的遗传分析和 QTL 定位[D]. 武汉：华中农业大学.

蔡海霞，吴福忠，杨万勤，2011. 干旱胁迫对高山柳和沙棘幼苗光合生理特征的影响[J]. 生态学报，31(9)：2430-2436.

蔡昆争，吴学祝，骆世明，等，2008. 抽穗期不同程度水分胁迫对水稻产量和根叶渗透调节物质的影响[J]. 生态学报，28(12)：
　　6148-6158.

蔡永萍，李玲，李合生，等，2004. 霍山石斛叶片光合速率和叶绿素荧光参数的日变化[J]. 园艺学报，31(6)：778-783.

曹宗巽，李佳格，金以丰，等，1957. 在环境因子影响下黄瓜雌雄花比例之改变[J]. 北京大学学报(自然科学版)，(2)：233-246.

陈朝明，龚惠群，王凯荣，1996. Cd 对桑叶品质、生理生化特性的影响及其机理研究[J]. 应用生态学报，7(4)：417-423.

陈程，陈明，2010. 环境重金属污染的危害与修复[J]. 环境保护，38(3)：55-57.

陈怀满，等，2002. 土壤中化学物质的行为与环境质量[M]. 北京：科学出版社.

陈雷，2009. 重金属胁迫对斜生栅藻和铜绿微囊藻生长与叶绿素荧光特性研究[D]. 南京：南京农业大学.

陈龙池，廖利平，汪思龙，等，2002. 根系分泌物生态学研究[J]. 生态学杂志，21(6)：57-62，28.

陈梦华，2015. 桑树雌雄幼苗对 UV-B 和干旱交互胁迫环境的生理生态响应[D]. 南充：西华师范大学.

陈梦华，秦芳，刘刚，等，2014. 桑树雌雄幼苗抗氧化酶系统和光合色素对 UV-B 辐射的响应差异[J]. 西华师范大学学报(自
　　然科学版)，35(4)：327-332.

陈仁芳，2010. 桑属系统学研究[D]. 武汉：华中农业大学.

陈书燕，安黎哲，2004. 植物性别决定的研究进展[J]. 西北植物学报，24(10)：1959-1965.

陈学好，曾广文，曹碚生，2002. 黄瓜花性别分化和内源激素的关系[J]. 植物生理学通讯，38(4)：317-320.

陈学林，梁艳，齐威，等，2009. 一年生龙胆属植物的繁殖分配及其花大小、数量的权衡关系研究[J]. 草业学报，18(5)：58-66.

陈贻竹，李晓萍，夏丽，等，1995. 叶绿素荧光技术在植物环境胁迫研究中的应用[J]. 热带亚热带植物学报，3(4)：79-86.

代君君，范涛，章玉萍，等，2012. 桑树蜜源植物的特性与利用[J]. 中国蜂业，63(12)：27-29.

邓美凤，2016. 氮沉降和林龄对华北落叶松人工林磷和矿物元素循环的影响[D]. 北京：中国科学院大学.

窦晶鑫，刘景双，王洋，等，2009. 模拟土壤温度升高对湿草甸小叶章生长及生理特性的影响[J]. 应用生态学报，20(8)：
　　1845-1851.

范桂枝，蔡庆生，2005. 植物对大气 CO_2 浓度升高的光合适应机理[J]. 植物学通报，22(4)：486-493.

冯虎元，安黎哲，陈书燕，等，2002. 增强 UV-B 辐射与干旱复合处理对小麦幼苗生理特性的影响[J]. 生态学报，22(9)：
　　1564-1568.

高洪波，李敬蕊，章铁军，等，2010. 甘氨酸和谷氨酸与钼配施对生菜品质的影响[J]. 西北植物学报，30(5)：968-973.

高群，孟宪志，于洪飞，2006. 连作障碍原因分析及防治途径研究[J]. 山东农业科学，38(3)：60-63.

高素华，王馥乙，1994. CO_2 对冬小麦和大豆籽粒成分的影响[J]. 环境科学，15(5)：65-66，70.

高天鹏，安黎哲，冯虎元，2009. 增强 UV-B 辐射和干旱对不同品种春小麦生长、产量和生物量的影响[J]. 中国农业科学，
　　42(6)：1933-1940.

龚红梅, 李卫国, 2009. 锌对植物的毒害及机理研究进展[J]. 安徽农业科学, 37(29): 14009-14015.

龚薇, 严贤春, 胥晓, 等, 2021. 氮沉降对雌雄青杨生长、光合特性及叶寿命的影响差异[J]. 西华师范大学学报(自然科学版), 42(1): 14-22.

谷绪环, 金春文, 王永章, 等, 2008. 重金属 Pb 与 Cd 对苹果幼苗叶绿素含量和光合特性的影响[J]. 安徽农业科学, 36(24): 10328-10331.

郭建平, 高素华, 刘玲, 2001. 气象条件对作物品质和产量影响的试验研究[J]. 气候与环境研究, 6(3): 361-367.

韩超, 2008. 模拟增温与 UV-B 辐射增强对云杉种子萌发和幼苗生长的影响[D]. 成都: 中国科学院成都生物研究所.

韩世玉, 2006. 桑树资源概况及其多元化利用[J]. 贵州农业科学, 34(3): 118-121.

郝兴宇, 韩雪, 居辉, 等, 2010. 气候变化对大豆影响的研究进展[J]. 应用生态学报, 21(10): 2697-2706.

郝艳如, 劳秀荣, 孟庆强, 等, 2002. 玉米/小麦间作对根际土壤和养分吸收的影响[J]. 中国农学通报, 18(4): 20-23.

何冰, 叶海波, 杨肖娥, 2003. 铅胁迫下不同生态型东南景天叶片抗氧化酶活性及叶绿素含量比较[J]. 农业环境科学学报, 22(3): 274-278.

何洁, 高钰婷, 贺鑫, 等, 2013. 重金属 Zn 和 Cd 对翅碱蓬生长及抗氧化酶系统的影响[J]. 环境科学学报, 33(1): 312-320.

侯扶江, 贾桂英, 1997. 紫外线-B 辐射对植物的影响研究进展[J]. 植物学通报, 32(4): 19-24.

侯颖, 王开运, 张超, 2008a. 大气二氧化碳浓度与温度升高对红桦幼苗养分积累和分配的影响[J]. 应用生态学报, 19(1): 13-19.

侯颖, 王开运, 张远彬, 等, 2008b. CO_2 浓度和温度升高对川西亚高山红桦幼苗根系结构的影响[J]. 北京林业大学学报, 30(1): 29-33.

胡德昌, 张萍, 王艳杰, 等, 2012. 部分桑树品种花粉亚显微形态观察及比较[J]. 安徽农业科学, 40(35): 17026-17028.

胡举伟, 朱文旭, 许楠, 等, 2013. 桑树/大豆间作对其生长及光合作用对光强响应的影响[J]. 中南林业科技大学学报, 33(2): 44-49.

郇慧慧, 2014. 桑树雌雄幼苗对增温和升高 CO_2 浓度及其交互作用的生理生态响应差异[D]. 南充: 西华师范大学.

郇慧慧, 胥晓, 刘刚, 等, 2014. 不同分枝数对桑树幼苗生长发育的影响[J]. 生态学报, 34(4): 823-831.

黄高宝, 1999. 集约栽培条件下间套作的光能利用理论发展及其应用[J]. 作物学报, 25(1): 16-24.

黄世华, 任媛媛, 张世挺, 2011. 根竞争对窄叶野豌豆生长的影响: 公共的悲剧?[J]. 草业科学, 28(2): 266-272.

黄婷苗, 郑险峰, 侯仰毅, 等, 2015. 秸秆还田对冬小麦产量和氮、磷、钾吸收利用的影响[J]. 植物营养与肥料学报, 21(4): 853-863.

黄自然, 杨军, 吕雪娟, 2006. 桑树作为动物饲料的应用价值与研究进展[J]. 蚕业科学, 32(3): 377-385.

姜明诠, 2016. 高浓度 CO_2(0.5%)下四倍体刺槐叶绿体和线粒体的响应机制[D]. 哈尔滨: 东北林业大学.

蒋有绪, 1992. 全球气候变化与中国森林的预测问题[J]. 林业科学, 28(5): 431-438.

降云峰, 赵晋锋, 马宏斌, 等, 2013. 作物干旱研究进展[J]. 中国农学通报, 29(3): 1-5.

焦念元, 赵春, 宁堂原, 等, 2008. 玉米-花生间作对作物产量和光合作用光响应的影响[J]. 应用生态学报, 19(5): 981-985.

柯裕州, 周金星, 张旭东, 等, 2009. 盐胁迫对桑树幼苗光合生理生态特性的影响[J]. 林业科学, 45(8): 61-66.

李潮海, 苏新宏, 孙敦立, 2002. 不同基因型玉米间作复合群体生态生理效应[J]. 生态学报, 22(12): 2096-2103.

李德军, 莫江明, 方运霆, 等, 2003. 氮沉降对森林植物的影响[J]. 生态学报, 23(9): 1891-1900.

李德军, 莫江明, 方运霆, 等, 2004a. 模拟氮沉降对三种南亚热带树苗生长和光合作用的影响[J]. 生态学报, 24(5): 876-882.

李德军, 莫江明, 方运霆, 等, 2004b. 木本植物对高氮沉降的生理生态响应[J]. 热带亚热带植物学报, 12(5): 482-488.

李广华, 2004. 环境对于植物性别分化的影响[J]. 生物学杂志, 21(4): 61.

李海涛, 姚永军, 周曙东, 2003. 可调式 UVB 自动控制系统的研制[J]. 江西农业大学学报, 25(6): 953-957.

李涵茂, 胡正华, 杨燕萍, 等, 2009. UV-B 辐射增强对大豆叶绿素荧光特性的影响[J]. 环境科学, 30(12): 3669-3675.

李合生, 孙群, 赵世杰, 等, 2000. 植物生理生化实验原理和技术[M]. 北京: 高等教育出版社.

李静, 张冰玉, 苏晓华, 等, 2012. 植物中的铵根及硝酸根转运蛋白研究进展[J]. 南京林业大学学报(自然科学版), 36(4): 133-139.

李君, 周守标, 黄文江, 等, 2004. 马蹄金叶片中铜、铅含量及其对生理指标的影响[J]. 应用生态学报, 15(12): 2355-2358.

李俊钰, 胥晓, 杨鹏, 等, 2012. 铝胁迫对青杨雌雄幼苗生理生态特征的影响[J]. 应用生态学报, 23(1): 45-50.

李琳, 路宁娜, 樊宝丽, 等, 2016. 雌雄异熟植物露蕊乌头开花时间对雌雄功能期及表型性别的影响[J]. 生物多样性, 24(6): 665-671.

李明月, 2013. 氮沉降和干旱对木荷幼苗生理生态特征的影响[D]. 福州: 福建师范大学.

李妮亚, 高俊凤, 汪沛洪, 1998. 小麦幼芽水分胁迫诱导蛋白的特征[J]. 植物生理学报, 24(1): 65-71.

李琴, 陈琪, 贺芙蓉, 等, 2020. 丛枝菌根真菌促进南美蟛蜞菊生长及对难溶磷的吸收[J]. 热带亚热带植物学报, 28(4): 339-346.

李青雨, 钟章成, 何跃军, 2005. 土壤养分对蝴蝶花的花形态可塑性的影响[J]. 武汉植物学研究, (6): 564-567.

李守剑, 宋贺, 王进闯, 等, 2012. 大气 CO_2 浓度和温度升高对岷江冷杉 (Abies faxoniana) 幼苗针叶化学特性的影响[J]. 应用与环境生物学报, 18(6): 1027-1032.

李西, 王丽华, 刘尉, 等, 2013. 胁迫对 3 种草坪草叶片可溶性糖 (SS) 含量的影响[J]. 生态学报, 34(5): 1189-1197.

李晓磊, 沈向, 孙凡雅, 等, 2008. 苹果属观赏海棠品种花粉形态及分类研究[J]. 园艺学报, 35(8): 1175-1182.

李肖夏, 2013. 淫羊藿属植物的花部特征及其传粉适应[D]. 武汉: 武汉大学.

李雪梅, 何兴元, 陈玮, 等, 2007. 大气二氧化碳浓度升高对银杏叶片内源激素的影响[J]. 应用生态学报, 18(7): 1420-1424.

李亚藏, 梁彦兰, 王庆成, 2012. 铅对山梨和山荆子光合作用和叶绿素荧光特性的影响[J]. 西北林学院学报, 27(5): 21-25.

李永杰, 李吉跃, 蔡囊, 等, 2009. 铅胁迫对大叶黄杨铅积累及叶片生理特性的影响[J]. 水土保持学报, 23(5): 257-260.

李玉霖, 崔建垣, 苏永中, 2005. 不同沙丘生境主要植物比叶面积和叶干物质含量的比较[J]. 生态学报, 25(2): 304-311.

李元, 王焕校, 吴玉树, 1992. Cd、Fe 及其复合污染对烟草叶片几项生理指标的影响[J]. 生态学报, 12(2): 14-15.

李元, 王勋陵, 胡之德, 2001. 增强的 UV-B 辐射对麦田生态系统 Mg 和 Zn 累积和循环的影响[J]. 生态学杂志, 20(1): 26-29.

李元恒, 2008. 内蒙古典型草原植物生殖物候对气候变化和人为干扰的响应[D]. 兰州: 甘肃农业大学.

李兆君, 马国瑞, 徐建民, 等, 2004. 植物适应重金属 Cd 胁迫的生理及分子生物学机理[J]. 土壤通报, 35(2): 234-238.

梁建萍, 刘咏梅, 牛远, 等, 2007. 高温和 CO_2 浓度倍增对华北落叶松幼苗抗氧化酶及脂质过氧化的影响[J]. 中国生态农业学报, 15(3): 100-103.

梁建生, 张建华, 1998. 根系逆境信号 ABA 的产生和运输及其生理作用[J]. 植物生理学通讯, (5): 329-338.

林天宝, 李有贵, 吕志强, 等, 2008. 桑树资源综合利用研究进展[J]. 蚕桑通报, 39(3): 1-4.

林伟宏, 1998. 植物光合作用对大气 CO_2 浓度升高的反应[J]. 生态学报, 18(5): 529-538.

刘二明, 朱有勇, 肖放华, 等, 2003. 水稻品种多样性混栽持续控制稻瘟病研究[J]. 中国农业科学, 36(2): 164-168.

刘凤云, 黄先敏, 戚俐, 等, 2008. 栗蚕茧丝蛋白的氨基酸组成与含量测定[J]. 蚕业科学, 34(3): 548-551.

刘家艳, 2015. 消落带菌根桑发育生理特征及抗镉污染机理研究[D]. 重庆: 西南大学.

刘建福, 陈李林, 汤青林, 等, 2004. 不同土壤水分胁迫对澳洲坚果花期生长的影响[J]. 西南农业大学学报(自然科学版), 26(6): 735-739.

刘金平, 段婧, 2013. 营养生长期雌雄葎草表观性状对水分胁迫响应的性别差异[J]. 草业学报, 22(2): 243-249.

刘蕊, 2013. Pb、Zn 复合胁迫对台湾泡桐生长及生理指标的影响[J]. 安徽农业科学, 41(18): 7888-7890, 7928.

刘素纯, 萧浪涛, 廖柏寒, 等, 2006. 铅胁迫对黄瓜幼苗抗氧化酶活性与同工酶的影响[J]. 应用生态学报, 17(2): 300-304.

刘小明, 雍太文, 廖敦平, 等, 2012. 不同种植模式下根系分泌物对玉米生长及产量的影响[J]. 作物杂志, (2): 84-88.

刘秀杰, 宫占元, 2012. 植物氮素吸收利用研究进展[J]. 现代化农业, (8): 20-21.

刘秀梅, 聂俊华, 王庆仁, 2002. 6 种植物对 Pb 的吸收与耐性研究[J]. 植物生态学报, 26(5): 533-537.

刘拥海, 俞乐, 陈奕斌, 等, 2006. 不同荞麦品种对铅胁迫的耐性差异[J]. 生态学杂志, 25(11): 1344-1347.

刘云龙, 钱浩宇, 张鑫, 等, 2021. 丛枝菌根真菌对豆科作物生长和生物固氮及磷素吸收的影响[J]. 应用生态学报, 32(5): 1761-1767.

卢红, 叶瑞兴, 秦俭, 等, 2014. 3 株丛枝菌根真菌对南疆土壤基质栽培桑苗生长的促进作用[J]. 蚕业科学, 40(5): 804-810.

卢辉, 韩建国, 张泽华, 2008. 典型草原亚洲小车蝗危害对植物补偿生长的作用[J]. 草业科学, 25(5): 112-116.

鲁先文, 宋小龙, 王三应, 等, 2008. 重金属铅对小麦叶绿素合成的影响[J]. 潍坊教育学院学报, 21(2): 47-59.

陆佩玲, 于强, 贺庆棠, 2006. 植物物候对气候变化的响应[J]. 生态学报, 26(3): 923-929.

陆时万, 徐祥生, 沈敏健, 1991. 植物学(上册)[M]. 2 版. 北京: 高等教育出版社.

罗培, 周申立, 2007. 土地利用变化对城郊农业区生态效益的影响: 以四川省南充市高坪区为例[J]. 生态与农村环境学报, 23(4): 6-10.

吕艳伟, 王光全, 孟庆杰, 等, 2011. 增温对毛白杨幼苗叶绿素及叶绿素荧光参数的影响[J]. 河南农业科学, 40(10): 115-119.

马成仓, 洪法水, 1998. 汞对小麦种子萌发和幼苗生长作用机制初探[J]. 植物生态学报, 22(4): 373-378.

毛竹, 张世熔, 李婷, 等, 2007. 铅锌矿区土壤重金属空间变异及其污染风险评价: 以四川汉源富泉铅锌矿山为例[J]. 农业环境科学学报, 26(2): 617-621.

毛子军, 贾桂梅, 刘林馨, 等, 2010. 温度增高、CO_2 浓度升高、施氮对蒙古栎幼苗非结构碳水化合物积累及其分配的综合影响[J]. 植物生态学报, 34(10): 1174-1184.

孟庆焕, 祖元刚, 郭晓瑞, 等, 2013. 外源 NO 对增补 UV-B 辐射下兴安落叶松幼苗叶片光合色素和叶绿素荧光特性的影响[J]. 植物研究, 33(2): 181-185.

聂磊, 刘鸿先, 彭少麟, 2001. 水分胁迫对长期 UV-B 辐射下柚树苗生理特性的影响[J]. 植物资源与环境学报, 10(3): 19-24.

潘庆民, 白永飞, 韩兴国, 等, 2004. 羊草根茎的贮藏碳水化合物及对氮素添加的响应[J]. 植物生态学报, 28(1): 53-58.

潘瑞炽, 王小菁, 李娘辉, 2004. 植物生理学[M]. 北京: 高等教育出版社.

潘一乐, 2000. 桑种质资源和桑树育种的研究现状与展望[J]. 蚕业科学, 26(S1): 1-5.

庞士铨, 1990. 植物逆境生理学基础[M]. 哈尔滨: 东北林业大学出版社.

庞欣, 王东红, 彭安, 2001. 铅胁迫对小麦幼苗抗氧化酶活性的影响[J]. 环境科学, 22(5): 108-111.

彭琪, 何红花, 张兴昌, 2021. 低磷环境下接种丛枝菌根真菌促进紫花苜蓿生长和磷素吸收的机理[J]. 植物营养与肥料学报, 27(2): 293-300.

彭松, 郑勇奇, 马淼, 等, 2011. 高温胁迫下花楸树幼苗的生理响应[J]. 林业科学研究, 24(5): 602-608.

钱永强, 周晓星, 韩蕾, 等, 2011. Cd^{2+} 胁迫对银芽柳 PS II 叶绿素荧光光响应曲线的影响[J]. 生态学报, 31(20): 6134-6142.

秦芳, 2015. 锌对铅胁迫下桑树雌雄幼苗生长的影响[D]. 南充: 西华师范大学.

秦芳, 胥晓, 刘刚, 等, 2014. 桑树(Morus alba)幼苗对铅污染的生理耐性和积累能力的性别差异[J]. 环境科学学报, 34(10): 2615-2623.

秦天才, 吴玉树, 黄巧云, 等, 1997. 镉铅单一和复合污染对小白菜抗坏血酸含量的影响[J]. 生态学杂志, 16(3): 31-34.

秦天才，吴玉树，王焕校，等，1998. 镉、铅及其相互作用对小白菜根系生理生态效应的研究[J]. 生态学报，18(3)：320-325.

任健，2006. 青杨组不同种对增强 UV-B 的反应差异[D]. 成都：中国科学院成都生物研究所.

任强，杨晓红，何炜，等，2008. 丛枝菌根真菌对桑扦插苗生长的影响研究[J]. 西南大学学报(自然科学版)，30(4)：115-118.

任迎虹，2009. 干旱胁迫对不同桑品种保护酶和桑树生理的影响研究[J]. 西南大学学报(自然科学版)，31(4)：94-99.

邵代兴，2007. 黄壤菜地重金属铅生物有效性调控措施研究[D]. 贵阳：贵州大学.

邵宏波，姜恩来，初立业，1992. 高等植物的性别表达及其调控——外界因子对植物性别表达的影响[J]. 四川师范学院学报(自然科学版)，13(4)：275-279.

邵蕾，王丽霞，张民，等，2009.控释肥类型及氮素水平对氮磷钾利用率的影响[J]. 水土保持学报，23(4)：170-175.

邵云，柴宝玲，李春喜，等，2009. 土壤添加玉米秸秆对小麦 Pb 毒害缓解效应[J]. 生态学报，29(4)：2073-2079.

沈志锦，彭克勤，周浩，等，2007. 植物微量元素锌的研究进展[J]. 湖南农业科学，(3)：110-112.

施翔，陈益泰，王树凤，等，2011. 3 种木本植物在铅锌和铜矿砂中的生长及对重金属的吸收[J]. 生态学报，31(7)：1818-1826.

石冰，马金妍，王开运，等，2010. 崇明东滩围垦芦苇生长、繁殖和生物量分配对大气温度升高的响应[J]. 长江流域资源与环境，19(4)：383-388.

时立云，2002. 不同肥料对板栗雌花量及单产的影响[J]. 安徽农学通报，8(5)：51，53.

时秋香，2009. 黄瓜性别决定基因 M 与强雌性基因 QTL 定位[D]. 泰安：山东农业大学.

史刚荣，2004. 植物根系分泌物的生态效应[J]. 生态学杂志，23(1)：97-101.

史静，潘根兴，张乃明，2013. 镉胁迫对不同杂交水稻品种 Cd、Zn 吸收与积累的影响[J]. 环境科学学报，33(10)：2904-2910.

舒玉芳，叶娇，潘程远，等，2011. 三峡库区桑树菌根发育特征及菌根对桑苗生长的促进作用[J]. 蚕业科学，37(6)：978-984.

宋勤飞，樊卫国，2004. 铅胁迫对番茄生长及叶片生理指标的影响[J]. 山地农业生物学报，23(2)：134-138.

宋日，牟瑛，王玉兰，等，2002. 玉米、大豆间作对两种作物根系形态特征的影响[J]. 东北师大学报(自然科学版)，34(3)：83-86.

宋松泉，王彦荣，2002. 植物对干旱胁迫的分子反应[J]. 应用生态学报，13(8)：1037-1044.

孙存华，李扬，贺鸿雁，等，2007. PEG6000 渗透胁迫对藜幼苗叶片渗透调节物质的影响[J]. 安徽农业科学，35(25)：7784-7786.

孙海国，张福锁，杨军芳，2000. 缺磷胁迫对小麦根细胞周期蛋白基因 cyc1At 表达的影响[J]. 植物生理学报，26(5)：441-445.

孙塞初，王焕校，李启任，1985. 水生微管植物受镉污染后的生理变化及受害机制初探[J]. 植物生理学报，11(2)：113-121.

孙雪婷，李磊，龙光强，等，2015. 三七连作障碍研究进展[J]. 生态学杂志，34(3)：885-893.

唐翠明，罗国庆，陈训庭，等，2005. 果叶两用无籽桑树品种"大 10"的育成及其栽培技术[J]. 苏州大学学报(工科版)，25(2)：35-38.

田如男，薛建辉，潘良，等，2004. 铅胁迫对 4 种常绿阔叶行道树幼苗细胞膜透性的影响[J]. 南京林业大学，28(4)：43-46.

汪本里，曹宗巽，1963. 离体培养下黄瓜顶芽性别分化的研究初报[J]. 植物生理学报，(3)：3-8.

汪丽红，柳庆霞，朱义龙，2000. 氮、磷、钾、硼配合施用对桑树的增产效果[J]. 安徽农学通报，6(6)：49.

王春乙，郭建平，崔读昌，等，2000. CO_2 浓度增加对小麦和玉米品质影响的实验研究[J]. 作物学报，26(6)：931-936.

王丁，姚健，杨雪，等，2011. 干旱胁迫条件下 6 种喀斯特主要造林树种苗木叶片水势及吸水潜能变化[J]. 生态学报，31(8)：2216-2226.

王海斌，俞振明，何海斌，等，2012. 不同化感潜力水稻化感效应与产量的关系[J]. 中国生态农业学报，20(1)：75-79.

王蕙，王辉，罗永忠，等，2015. 围封沙质天然草地植物的构件和个体生物量比较研究[J]. 草业学报，24(9)：206-215.

王桔红，陈文，2014. 四种菊科植物开花期构件生物量及表型可塑性比较[J]. 生态学杂志，33(8)：2031-2037.

王娟，2014. 东北针阔混交林雌雄异株植物生殖对策研究[D]. 北京：北京林业大学.

王开发，王宪曾，1983. 孢粉学概论[M]. 北京：北京大学出版社.

王凯渊，蒋园园，宋文俊，等，2017. AM 真菌与镉互作影响桑生长和无机元素吸收转运[J]. 菌物学报，36(7)：996-1009.

王磊，胡楠，张彤，等，2007. 干旱和复水对大豆(Glycine max)叶片光合及叶绿素荧光的影响[J]. 生态学报，27(9)：3630-3636.

王立新，郁建锋，吕伟，等，2008. 锌对铅胁迫下豌豆幼苗生长发育的影响[J]. 北方园艺，(11)：17-20.

王培，2011. 锌对铅胁迫下小麦生理特性的影响[D]. 济南：山东师范大学.

王强盛，甄若宏，丁艳锋，等，2009. 钾对不同类型水稻氮素吸收利用的影响[J]. 作物学报，35(4)：704-710.

王生耀，王堃，赵永来，等，2008. 干旱和 UV-B 对两种牧草生长和抗氧化系统的影响[J]. 草地学报，16(4)：392-395，402.

王世绩，刘雅荣，朱春全，等，1993. 杨树失叶对生长超越补偿作用的研究[J]. 林业科学研究，6(3)：294-298.

王为民，王晨，李春俭，等，2000. 升高 CO_2 浓度对植物生长的影响[J]. 西北植物学报，20(4)：676-683.

王晓伟，姬兰柱，刘艳，2006. 小青杨组织营养品质和舞毒蛾幼虫生长对大气 CO_2 浓度升高的响应[J]. 生态学报，26(10)：3166-3174.

王旭东，于振文，王东，2003. 钾对小麦旗叶蔗糖和籽粒淀粉积累的影响[J]. 植物生态学报，27(2)：196-201.

王岩，邢丹，宋拉拉，等，2020. AM 真菌对石漠化地区桑树的促生及养分调控作用[J]. 热带作物学报，41(1)：7-14.

王艳红，王珂，邢福，2005. 匍匐茎草本植物形态可塑性、整合作用与觅食行为研究进展[J]. 生态学杂志，24(1)：70-74.

王玉正，岳跃海，1998. 大豆玉米间作和同穴混播对大豆病虫发生的综合效应研究[J]. 植物保护，24(1)：13-15.

王悦，2015. 氮沉降对雌雄桑苗的不同影响[D]. 南充：西华师范大学.

吴桂容，2007. 重金属 Cd 对桐花树幼苗生理生态效应及土壤酶的影响研究[D]. 厦门：厦门大学.

吴惠就，1982. 桑树对土壤条件的要求[J]. 蚕桑茶叶通讯，(4)：12-14.

吴秋平，刘刚，何纯博，等，2016. 花期提前对雌雄桑树花部形态及其生物量的影响[J]. 西华师范大学学报(自然科学版)，37(3)：258-263.

吴永波，薛建辉，2004. UV-B 辐射增强对植物影响的研究进展[J]. 世界林业研究，17(3)：29-31.

夏春梅，2013. 菌根对黄檗和东北红豆杉幼苗生理及次生代谢产物含量的影响[D]. 哈尔滨：东北林业大学.

肖靖秀，郑毅，汤利，等，2005. 小麦蚕豆间作系统中的氮钾营养对小麦锈病发生的影响[J]. 云南农业大学学报，20(5)：640-645.

肖宜安，何平，李晓红，2004. 濒危植物长柄双花木开花物候与生殖特性[J]. 生态学报，24(1)：14-21.

解备涛，2003. 植物生长调节剂对逆境条件下小麦产量、品质及其生理代谢的影响[D]. 北京：中国农业大学.

解海翠，彩万志，王振营，等，2013. 大气 CO_2 浓度升高对植物、植食性昆虫及其天敌的影响研究进展[J]. 应用生态学报，24(12)：3595-3602.

谢景千，雷梅，陈同斌，等，2010. 蜈蚣草对污染土壤中 As、Pb、Zn、Cu 的原位去除效果[J]. 环境科学学报，30(1)：165-171.

邢丹，韩世玉，罗朝斌，等，2019. 接种丛枝菌根真菌对干旱条件下桑树生长及水分利用效率的影响[J]. 蚕业科学，45(4)：475-483.

邢丹，2018. 石漠化地区丛枝菌根真菌促进桑树根系水分吸收的机理研究[D]. 贵阳：贵州大学.

熊愈辉，杨肖娥，叶正钱，等，2004. 东南景天对镉、铅的生长反应与积累特性比较[J]. 西北农林科技大学学报(自然科学版)，32(6)：101-106.

胥晓，2008. 青杨(Populus cathayana Rehd.)雌雄植株对干旱胁迫的生理生态响应差异[D]. 成都：中国科学院成都生物研究所.

胥晓，杨帆，尹春英，等，2007. 雌雄异株植物对环境胁迫响应的性别差异研究进展[J]. 应用生态学报，18(11)：2626-2631.

徐伟红，郭卫，徐飞，等，2007. 三种枣树叶绿素荧光参数的日变化[J]. 山东农业科学，39(2)：29-32.

许大全，张玉忠，张荣铣，1992. 植物光合作用的光抑制[J]. 植物生理学通讯，28(4)：237-243.

许明丽，孙晓艳，文江祁，2000. 水杨酸对水分胁迫下小麦幼苗叶片膜损伤的保护作用(简报)[J]. 植物生理学通讯，36(1)：

35-36.

薛建平，张爱民，杨建，等，2007. 高温胁迫下半夏倒苗前后内源激素的变化[J]. 中国中药杂志，32(23)：2489-2491.

严德福，2012. 松嫩平原异质生境芦苇不同叶龄叶片光合色素的季节变化规律[D]. 长春：东北师范大学.

颜淑云，周志宇，邹丽娜，等，2011. 干旱胁迫对紫穗槐幼苗生理生化特性的影响[J]. 干旱区研究，28(1)：139-145.

晏敏，张世熔，赵小英，2011. 锌胁迫下宽叶山蒿的耐性与富集特征[J]. 生态与农村环境学报，27(6)：89-93.

杨帆，苗灵凤，胥晓，等，2007. 植物对干旱胁迫的响应研究进展[J]. 应用与环境生物学报，13(4)：586-591.

杨刚，2006. 铅胁迫下氮肥形态对鱼腥草铅积累效应的影响[D]. 雅安：四川农业大学.

杨光伟，2003. 中国桑属(Morus L.)植物遗传结构及系统发育分析[D]. 重庆：西南农业大学.

杨怀，陈仁利，王旭，等，2012. 无瓣海桑-海桑红树林的防风效能[J]. 生态学杂志，31(8)：1924-1929.

杨金艳，杨万勤，王开运，2002. CO_2 浓度和温度增加的相互作用对植物生长的影响[J]. 应用与环境生物学报，8(3)：319-324.

杨鹏，胥晓，2012. 淹水胁迫对青杨雌雄幼苗生理特性和生长的影响[J]. 植物生态学报，36(1)：81-87.

杨鹏辉，李贵全，郭丽，等，2003. 干旱胁迫对不同抗旱大豆品种质膜透性的影响[J]. 山西农业科学，31(3)：23-26.

杨同文，李潮海，2012. 玉米性别决定的激素调控[J]. 植物学报，47(1)：65-73.

杨月娟，张灏，周华坤，等，2015. 青藏高原高寒草甸花期物候和群落结构对氮、磷、钾添加的短期响应[J]. 草业学报，24(8)：35-43.

姚广，高辉远，王未未，等，2009. 铅胁迫对玉米幼苗叶片光系统功能及光合作用的影响[J]. 生态学报，29(3)：1162-1169.

叶伟彬，1996. 我国桑树栽培技术的现状及发展对策[J]. 蚕业科学，(4)：235-240.

尹春英，李春阳，2007. 雌雄异株植物与性别比例有关的性别差异研究现状与展望[J]. 应用与环境生物学报，13(3)：419-425.

尤鑫，龚吉蕊，段庆伟，等，2008. 两种杂交杨品系光合系统Ⅱ叶绿素荧光特征[J]. 生态学报，28(11)：5641-5648.

原保忠，王静，赵松岭，等，1998. 植物补偿作用机制探讨[J]. 生态学杂志，17(5)：45-49.

原海燕，郭智，黄苏珍，2011. Pb 污染对马蔺生长、体内重金属元素积累以及叶绿体超微结构的影响[J]. 生态学报，31(12)：3350-3357.

原海燕，黄苏珍，郭智，等，2007. 锌对镉胁迫下马蔺生长、镉积累及生理抗性的影响[J]. 应用生态学报，18(9)：2111-2116.

曾凯，居为民，周玉，等，2011. 高温逼熟等级对早稻品质与产量特征的影响[J]. 中国农学通报，27(30)：120-125.

曾路生，廖敏，黄昌勇，等，2008. 外源铅对水稻土微生物量、微生物活性及水稻生长的影响[J]. 生态环境，(3)：993-998.

曾贞，郇慧慧，刘刚，等，2016. 增温和升高 CO_2 浓度对桑树幼苗的生长和叶片品质的影响[J]. 应用生态学报，27(8)：2445-2451.

翟晓朦，2015. CO_2 浓度升高对不同秋眠类型苜蓿生理生化影响研究[D]. 海口：海南大学.

张红萍，2007. 铅对植物的毒害及植物对铅的抗性机制[J]. 农业装备技术，33(3)：19-20.

张华，孙纪全，包玉英，2015. 丛枝菌根真菌影响植物次生代谢产物的研究进展[J]. 农业生物技术学报，23(8)：1093-1103.

张杰，张强，赵建华，等，2008. 作物干旱指标对西北半干旱区春小麦缺水特征的反映[J]. 生态学报，28(4)：1646-1654.

张曼，曾波，王明书，等，2007. 温度升高对高光强环境下蛋白核小球藻(Chlorella pyrenoidosa)光能利用和生长的阻抑效应[J]. 生态学报，27(2)：662-667.

张蕊，王艺，金国庆，等，2013. 氮沉降模拟对不同种源木荷幼苗叶片生理及光合特性的影响[J]. 林业科学研究，26(2)：207-213.

张润花，郭世荣，樊怀福，等，2006. 外源亚精胺对盐胁迫下黄瓜幼苗体内抗氧化酶活性的影响[J]. 生态学杂志，25(11)：1333-1337.

张守仁，1999. 叶绿素荧光动力学参数的意义及讨论[J]. 植物学通报，16(4)：444-448.

张斯斯，肖宜安，邓洪平，等，2016. 短期增温对入侵植物一年蓬开花物候与繁殖分配的影响[J]. 西南大学学报(自然科学版)，38(1)：53-59.

张婷，2014. 一氧化碳对桑树光合 PS Ⅱ 能量分配的影响及其抗旱性调控[D]. 哈尔滨：东北林业大学.

张亚杰，冯玉龙，2004. 不同光强下生长的两种榕树叶片光合能力与比叶重、氮含量及分配的关系[J]. 植物生理与分子生物学学报，30(3)：269-276.

张云海，何念鹏，张光明，等，2013. 氮沉降强度和频率对羊草叶绿素含量的影响[J]. 生态学报，33(21)：6786-6794.

赵世东，刘华山，董新纯，1998. 植物生理学实验指导[M]. 北京：中国农业科技出版社.

赵卫国，潘一乐，黄敏仁，2000. 桑属种质资源的随机扩增多态性 DNA 研究[J]. 蚕业科学，26(4)：197-204.

赵卫国，潘一乐，张志芳，2004. 桑属植物 ITS 序列研究与系统发育分析[J]. 蚕业科学，30(1)：11-14.

赵昕，阎秀峰，2006. 丛枝菌根对喜树幼苗生长和氮、磷吸收的影响[J]. 植物生态学报，30(6)：947-953.

赵亚丽，康杰，刘天学，等，2013. 不同基因型玉米间混作优势带型配置[J]. 生态学报，33(12)：3855-3864.

郑九华，冯永军，于开芹，等，2008. 复垦基质重金属污染的植物修复试验研究[J]. 农业工程学报，24(2)：84-88.

郑立龙，柴强，2011. 间作小麦、蚕豆的产量和竞争力对供水量和化感物质的响应[J]. 中国生态农业学报，19(4)：745-749.

郑亚茹，唐明，2020. 丛枝菌根真菌对盐胁迫下桑树生长及光合特性的影响[J]. 蚕业科学，46(6)：669-677.

《中国植物志》编辑委员会，1998. 中国植物志(第二十三卷·第一分册)[M]. 北京：科学出版社.

钟海秀，秦智伟，2010. 植物生长物质对黄瓜植株性别分化的影响[J]. 中国蔬菜，(6)：1-7.

周朝彬，胡庭兴，胥晓刚，2005. 铅胁迫对草木樨叶中叶绿素含量和几种光合特性的影响[J]. 四川农业大学学报，23(4)：432-435.

周蕾，2013. 2001—2010 年干旱对中国陆地生态系统碳循环的影响[D]. 北京：中国科学院大学.

周晓兵，张元明，王莎莎，等，2010. 模拟氮沉降和干旱对准噶尔盆地两种一年生荒漠植物生长和光合生理的影响[J]. 植物生态学报，34(12)：1394-1403.

周晓冬，赖上坤，周娟，等，2012. 开放式空气中 CO₂ 浓度增高(FACE)对常规粳稻蛋白质和氨基酸含量的影响[J]. 农业环境科学学报，31(7)：1264-1270.

周祖富，黎兆安，2005. 植物生理学实验指导[M]. 南宁：广西大学出版社.

朱成刚，陈亚宁，李卫红，等，2011. 干旱胁迫对胡杨 PS Ⅱ 光化学效率和激能耗散的影响[J]. 植物学报，46(4)：413-424.

朱会娟，王瑞刚，陈少良，等，2007. NaCl 胁迫下胡杨(*Populus euphratica*) 和群众杨(*P. popularis*)抗氧化能力及耐盐性[J]. 生态学报，27(10)：4113-4121.

朱军涛，2016. 实验增温对藏北高寒草甸植物繁殖物候的影响[J]. 植物生态学报，40(10)：1028-1036.

朱宇林，曹福亮，汪贵斌，等，2006. Cd、Pb 胁迫对银杏光合特性的影响[J]. 西北林学院学报，21(1)：47-50.

朱娟，刘刚，肖娟，等，2016. 桑树不同性别组合种植模式下的生物量[J]. 生态学杂志，35(9)：2336-2340.

竺诗慧，2016. 同性或异性植株根系分泌物对青杨生长的影响[D]. 南充：西华师范大学.

竺诗慧，董廷发，刘刚，等，2016. 桑树(*Morus alba*)幼苗根系分泌物对雌雄植株生长发育的影响[J]. 植物生理学报，52(1)：134-140.

邹春静，韩士杰，徐文铎，等，2003. 沙地云杉生态型对干旱胁迫的生理生态响应[J]. 应用生态学报，14(9)：1446-1450.

左娟，王戈，唐源盛，等，2010. 领春木幼苗形态及生物量分配对光环境的响应[J]. 中国农学通报，26(21)：85-89.

左元梅，张福锁，2004. 不同禾本科作物与花生混作对花生根系质外体铁的累积和还原力的影响[J]. 应用生态学报，15(2)：221-225.

Abass M，Rajashekar C B，1993. Abscisic acid accumulation in leaves and cultured cells during heat acclimation in grapes[J]. HortScience，28(1)：50-52.

Ackerly D D，Coleman J S，Morse S R，et al.，1992. CO₂ and temperature effects on leaf area production in two annual plant species[J].

Ecology，73(4)：1260-1269.

Adams W W，Demmig-Adams B，Verhoeven A S，et al.， 1995. Photoinhibition during winter stress: involvement of sustained xanthophyll cycle-dependent energy dissipation[J]. Functional Plant Biology，22(2)：261-276.

Aerts R，Cornelissen J H C，Dorrepaal E，2006. Plant performance in a warmer world: general responses of plants from cold，northern biomes and the importance of winter and spring events[J]. Plant Ecology，182(1)：65-77.

Aiken R M，Smucker A J M，1996. Root system regulation of whole plant growth[J]. Annual Review of Phytopathology，34：325-346.

Albert K R，Mikkelsen T N，Ro-Poulsen H，et al.，2010. Improved UV-B screening capacity does not prevent negative effects of ambient UV irradiance on PSⅡ performance in High Arctic plants. Results from a six year UV exclusion study[J]. Journal of Plant Physiology，167(18)：1542-1549.

Ali M H，Husain A，Siddique M A，1970. Studies on sex expression and sex ratio in four cultivars of pumpkin(*Cucurbita moschata* Poir.)[J]. Agriculture Pakistan，21(4)：443-446.

Allen A A，Andrews J A，Finzi A C，2000. Effects of free-air CO_2 enrichment(FACE) on belowground processes in a *Pinus taeda* forest[J]. Ecological Applications，10(2)：437-448.

An J S，Carmichael W W，1994. Use of a colorimetric protein phosphatase inhibition assay for the study of microcystin and nodularins[J]. Toxicon，32(12)：1495-1507.

Arnon D I，1949. Copper enzymes in isolated chloroplasts polyphenoloxidase in *beta Vulgaris*[J]. Plant Physiology，24(1)：1-15.

Arshad M，Silvestre J，Pinelli E，et al.，2008. A field study of lead phytoextraction by various scented *Pelargonium* cultivars[J]. Chemosphere，71(11)：2187-2192.

Badri D V，Quintana N，El Kassis E G，et al.，2009. An ABC transporter mutation alters root exudation of phytochemicals that provoke an overhaul of natural soil microbiota[J]. Plant Physiology，151(4)：2006-2017.

Baetz U，Martinoia E，2014. Root exudates: the hidden part of plant defense[J]. Trends in Plant Science，19(2)：90-98.

Báez S，Fargione J，Moore D I，et al.，2007. Atmospheric nitrogen deposition in the northern Chihuahuan desert: temporal trends and potential consequences[J]. Journal of Arid Environments，68(4)：640-651.

Bais H P，Park S W，Weir T L，et al.，2004. How plants communicate using the underground information superhighway[J]. Trends in Plant Science，9(1)：26-32.

Bais H P，Walker T S，Stermitz F R，et al.，2002. Enantiomeric-dependent phytotoxic and antimicrobial activity of(±)-catechin. A rhizosecreted racemic mixture from spotted knapweed[J]. Plant Physiology，128(4)：1173-1179.

Bais H P，Weir T L，Perry L G，et al.，2006. The role of root exudates in rhizosphere interactions with plants and other organisms[J]. Annual Review of Plant Biology，57：233-266.

Bartelink H H，1998. A model of dry matter partitioning in trees[J]. Tree Physiology，18(2)：91-101.

Bassman J H，Robberecht R，Edwards G E，2001. Effects of enhanced UV-B radiation on growth and gas exchange in *Populus deltoides* bartr. ex marsh[J]. International Journal of Plant Sciences，162(1)：103-110.

Bassow S L，McConnaughay K D M，Bazzaz F A，1994. The response of temperate tree seedlings grown in elevated CO_2 to extreme temperature events[J]. Ecological Applications，4(3)：593-603.

Begonia G B，Davis C D，Begonia M F T，et al.，1998. Growth responses of Indian mustard [*Brassica juncea*(L.) czern.] and its phytoextraction of lead from a contaminated soil[J]. Bulletin of Environmental Contamination and Toxicology，61(1)：38-43.

Bekiaroglou P，Karataglis S，2002. The effect of lead and zinc on *Mentha spicata*[J]. Journal of Agronomy and Crop Science，188(3)：201-205.

Belsky A J, Carson W P, Jensen C L, et al., 1993. Overcompensation by plants: herbivore optimization or red herring?[J]. Evolutionary Ecology, 7(1): 109-121.

Bertin C, Yang X H, Weston L A, 2003. The role of root exudates and allelochemicals in the rhizosphere[J]. Plant and Soil, 256(1): 67-83.

Biedrzycki M L, Jilany T A, Dudley S A, et al., 2010. Root exudates mediate kin recognition in plants[J]. Communicative & Integrative Biology, 3(1): 28-35.

Biedrzycki M L, Venkatachalam L, Bais H P, 2011. The role of ABC transporters in kin recognition in *Arabidopsis thaliana*[J]. Plant Signaling & Behavior, 6(8): 1154-1161.

Biran I, Enoch H Z, Zieslin N, et al, 1973. The influence of light intensity, temperature and carbon dioxide concentration on anthocyanin content and blueing of 'Baccara' roses[J]. Scientia Horticulturae, 1(2): 157-164.

Boecklen W J, Price P W, Mopper S, 1990. Sex and drugs and herbivores: sex-biased herbivory in arroyo willow (*Salix lasiolepis*)[J]. Ecology, 71(2): 581-588.

Boege K, 2005. Influence of plant ontogeny on compensation to leaf damage[J]. American Journal of Botany, 92(10): 1632-1640.

Bös D, 1984. Long-term effects of an increased CO_2 concentration level on terrestrial plants in model-ecosystems. I. Phytomass production and competition of *Trifolium repens* L. and *Lolium perenne* L. [J]. Progress in Biometeorology, 30(4): 323-332.

Boyer E W, Howarth R W, Galloway J N, et al, 2004. Current nitrogen inputs to world regions. In Agriculture and the nitrogen cycle: assessing the impacts of fertilizer use on food production and the environment Washington, DC: Island Press, 65: 221-230.

Bradford M M, 1976. A rapid and sensitive method for the quantitation of microgram quantities of protein utilizing the principle of protein-dye binding[J]. Analytical Biochemistry, 72(1-2): 248-254.

Brugnoli E, Björkman O, 1992. Growth of cotton under continuous salinity stress: influence on allocation pattern, stomatal and non-stomatal components of photosynthesis and dissipation of excess light energy[J]. Planta, 187(3): 335-347.

Burk T E, Nelson N D, Isebrands J G, 1983. Crown architecture of short-rotation, intensively cultured *Populus*. III. A model of first-order branch architecture[J]. Canadian Journal of Forest Research, 13(6): 1107-1116.

Buse A, Good J E G, Dury S, et al., 1998. Effects of elevated temperature and carbon dioxide on the nutritional quality of leaves of oak (*Quercus robur* L.) as food for the Winter Moth (*Operophtera brumata* L.)[J]. Functional Ecology, 12(5): 742-749.

Cai T B, Dang Q L, 2002. Effects of soil temperature on parameters of a coupled photosynthesis-stomatal conductance model[J]. Tree Physiology, 22(12): 819-828.

Cai Z Q, Cao K F, Feng Y L, et al., 2003. Effect of low nocturnal temperature stress on fluorescence characteristics and active oxygen metabolism in leaves of *Garcinia hanburyi* seedlings grown under two levels of irradiance[J]. The Journal of Applied Ecology, 14(3): 326-330.

Cakmak I, Horst W J, 1991. Effect of aluminium on lipid peroxidation, superoxide dismutase, catalase, and peroxidase activities in root tips of soybean (*Glycine max*)[J]. Physiologia Plantarum, 83(3): 463-468.

Caldwell M M, Gold W G, Harris G, et al., 1983. A modulated lamp system for solar UV-B (280-320nm) supplementation studies in the field[J]. Photochemistry and Photobiology, 37(4): 479-485.

Carvalho S M P, Abi-Tarabay H, Heuvelink E, 2005. Temperature affects chrysanthemum flower characteristics differently during three phases of the cultivation period[J]. The Journal of Horticultural Science and Biotechnology, 80(2): 209-216.

Catley J L, Brooking I R, Davies L J, et al., 2002. Temperature and irradiance effects on *Sandersonia aurantiaca* flower shape and pedicel length[J]. Scientia Horticulturae, 93(2): 157-166.

Ceulemans R, Stettler R F, Hinckley T M, et al., 1990. Crown architecture of Populus clones as determined by branch orientation and branch characteristics[J]. Tree Physiology, 7(1-4): 157-167.

Chaitanya K V, Sundar D, Reddy A R, 2001. Mulberry leaf metabolism under high temperature stress[J]. Biologia Plantarum, 44(3): 379-384.

Chakrabarty D, Chatterjee J, Datta S K, 2007. Oxidative stress and antioxidant activity as the basis of senescence in chrysanthemum florets[J]. Plant Growth Regulation, 53(2): 107-115.

Chalker-Scott L, 1999. Environmental significance of anthocyanins in plant stress responses[J]. Photochemistry and Photobiology, 70(1): 1-9.

Chatterjee C, Khurana N, 2007. Zinc stress–induced changes in biochemical parameters and oil content of mustard[J]. Communications in Soil Science and Plant Analysis, 38(5-6): 751-761.

Chen J, Dong T F, Duan B, et al., 2015. Sexual competition and N supply interactively affect the dimorphism and competiveness of opposite sexes in Populus cathayana[J]. Plant, Cell & Environment, 38(7): 1285-1298.

Chen J, Duan B L, Wang M L, et al., 2014. Intra- and inter-sexual competition of Populus cathayana under different watering regimes[J]. Functional Ecology, 28(1): 124-136.

Chen L H, Wang L, Chen F G, et al., 2013. The effects of exogenous putrescine on sex-specific responses of Populus cathayana to copper stress[J]. Ecotoxicology and Environmental Safety, 97: 94-102.

Chen L H, Zhang S, Zhao H, et al., 2010. Sex-related adaptive responses to interaction of drought and salinity in Populus yunnanensis[J]. Plant, Cell & Environment, 33(10): 1767-1778.

Chen M H, Huang Y Y, Liu G, et al., 2016. Effects of enhanced UV-B radiation on morphology, physiology, biomass, leaf anatomy and ultrastructure in male and female mulberry (Morus alba) saplings[J]. Environmental and Experimental Botany, 129: 85-93.

Choudhary M, Jetley U K, Abash Khan M, et al., 2007. Effect of heavy metal stress on proline, malondialdehyde, and superoxide dismutase activity in the cyanobacterium spirulina platensis-S5[J]. Ecotoxicology and Environmental Safety, 66(2): 204-209.

Choudhary M, Jetley U K, Khan M A, et al., 2007. Effect of heavy metal stress on proline, malondialdehyde, and superoxide dismutase activity in the cyanobacterium Spirulina platensis-S5 [J]. Ecotoxicology and Environmental Safety, 66(2): 204-209.

Chuine I, Beaubien E G, 2001. Phenology is a major determinant of tree species range[J]. Ecology Letters, 4(5): 500-510.

Cipollini M L, Whigham D F, 1994. Sexual dimorphism and cost of reproduction in the dioecious shrub Lindera benzoin (Lauraceae)[J]. American Journal of Botany, 81(1): 65-75.

Coleman J S, Bazzaz F A, 1992. Effects of CO_2 and temperature on growth and resource use of co-occurring C_3 and C_4 annuals[J]. Ecology, 73(4): 1244-1259.

Correia O, Barradas M C, 2000. Ecophysiological differences between male and female plants of Pistacia lentiscus L. [J]. Plant Ecology, 149(2): 131-142.

Dai A G, 2013. Increasing drought under global warming in observations and models[J]. Nature Climate Change, 3: 52-58.

Dawson T E, Bliss L C, 1989. Patterns of water use and the tissue water relations in the dioecious shrub, Salix arctica: the physiological basis for habitat partitioning between the sexes[J]. Oecologia, 79(3): 332-343.

Dawson T E, Ehleringer J R, 1993. Gender-specific physiology, carbon isotope discrimination, and habitat distribution in boxelder Acer negundo[J]. Ecology, 74(3): 798-815.

de Kroons H, Hutchings M J, 1995. Morphological plasticity in clonal plants: the foraging concept reconsidered[J]. The Journal of Ecology, 83(1): 143-152.

de Miranda J C C，Harris P J，Wild A，1989. Effects of soil and plant phosphorus concentrations on vesicular-arbuscular mycorrhiza in sorghum plants[J]. New Phytologist，112(3)：405-410.

DeHayes D H，Ingle M A，Waite C E，1989. Nitrogen fertilization enhances cold tolerance of red spruce seedlings[J]. Canadian Journal of Forest Research，19(8)：1037-1043.

Demmig-Adams B，Adams W W，Barker D H，et al.，1996 Using chlorophyll fluorescence to assess the fraction of absorbed light allocated to thermal dissipation of excess excitation[J]. Physiologia Plantarum，98(2)：253-264.

Dey S K，Dey J，Patra S，et al.，2007. Changes in the antioxidative enzyme activities and lipid peroxidation in wheat seedlings exposed to cadmium and lead stress[J]. Brazilian Journal of Plant Physiology，19(1)：53-60.

Dhindsa R S，Dhindsa P P，Reid D M，1982. Leaf senescence and lipid peroxidation：Effects of some phytohormones，and scavengers of free radicals and singlet oxygen[J]. Physiologia Plantarum，56(4)：453-457.

Di Baccio D，Tognetti R，Sebastiani L，et al.，2003. Responses of *Populus deltoides×Populus nigra* (*Populus×euramericana*) clone l-214 to high zinc concentrations[J]. New Phytologist，159(2)：443-452.

Dong T F，Duan B L，Zhang S，et al.，2016. Growth，biomass allocation and photosynthetic responses are related to intensity of root severance and soil moisture conditions in the plantation tree *Cunninghamia lanceolata*[J]. Tree Physiology，36(7)：807-817.

Dong T F，Li J Y，Zhang Y B，et al.，2015. Partial shading of lateral branches affects growth，and foliage nitrogen-and water-use efficiencies in the conifer *Cunninghamia lanceolata* growing in a warm monsoon climate[J]. Tree Physiology，35(6)：632-643.

Doupis G，Chartzoulakis K，Patakas A，2012. Differences in antioxidant mechanisms in grapevines subjected to drought and enhanced UV-B radiation[J]. Emirates Journal of Food and Agriculture，24(6)：607-613.

Dulamsuren C，Hauck M，2021. Drought stress mitigation by nitrogen in boreal forests inferred from stable isotopes[J]. Global Change Biology，27(20)：5211-5224.

Egawa S，Hattori M，Itino T，2015. Elevational floral size variation in *Prunella vulgaris*[J]. American Journal of Plant Sciences，6(13)：2085-2091.

Eppley S M，2006. Females make tough neighbors：sex-specific competitive effects in seedlings of a dioecious grass[J]. Oecologia，146(4)：549-554.

Erelli M C，Ayres M P，Eaton G K，1998. Altitudinal patterns in host suitability for forest insects[J]. Oecologia，117(1)：133-142.

Feng L H，Jiang H，Zhang Y B，et al.，2014. Sexual differences in defensive and protective mechanisms of *Populus cathayana* exposed to high UV-B radiation and low soil nutrient status[J]. Physiologia Plantarum，151(4)：434-445.

Fernandes M S，Rossiello R O P，1995. Mineral nitrogen in plant physiology and plant nutrition[J]. Critical Reviews in Plant Sciences，14(2)：111-148.

Focardi S，Tinelli A，2005. Herbivory in a Mediterranean forest：browsing impact and plant compensation[J]. Acta Oecologica，28(3)：239-247.

Fodor F，Gáspár L，Morales F，et al.，2005. Effects of two iron sources on iron and cadmium allocation in poplar (*Populus alba*) plants exposed to cadmium[J]. Tree Physiology，25(9)：1173-1180.

Foyer C H，Vanacker H，Gomez L D，et al.，2002. Regulation of photosynthesis and antioxidant metabolism in maize leaves at optimal and chilling temperatures：review[J]. Plant Physiology and Biochemistry，40(6-8)：659-668.

Fukui K，2000. Effects of temperature on growth and dry matter accumulation in mulberry saplings[J]. Plant Production Science，3(4)：404-409.

Galen C，1999. Why do flowers vary? The functional ecology of variation in flower size and form within natural plant populations[J].

BioScience, 49(8): 631-640.

Gallego S M, Benavides M P, Tomaro M L, 1996. Effect of heavy metal ion excess on sunflower leaves: evidence for involvement of oxidative stress[J]. Plant Science, 121(2): 151-159.

Galloway J N, Townsend A R, Erisman J W, et al., 2008. Transformation of the nitrogen cycle: recent trends, questions, and potential solutions[J]. Science, 320(5878): 889-892.

Galun E, 1962. Study of the inheritance of sex expression in the cucumber. The interaction of major genes with modifying genetic and non-genetic factors[J]. Genetica, 32(1): 134-163.

Garnier E, Shipley B, Roumet C, et al., 2001. A standardized protocol for the determination of specific leaf area and leaf dry matter content[J]. Functional Ecology, 15(5): 688-695.

Goverde M, Erhardt A, 2003. Effects of elevated CO_2 on development and larval food-plant preference in the butterfly *Coenonympha pamphilus* (Lepidoptera, Satyridae)[J]. Global Change Biology, 9(1): 74-83.

Grime J P, Thompson K, Hunt R, et al., 1997. Integrated screening validates primary axes of specialisation in plants[J]. Oikos, 79(2): 259-281.

Gunn S, Farrar J F, 1999. Effects of a 4℃ increase in temperature on partitioning of leaf area and dry mass, root respiration and carbohydrates[J]. Functional Ecology, 13(S1): 12-20.

Gurr G M, Lu Z X, Zheng X S, et al., 2016. Multi-country evidence that crop diversification promotes ecological intensification of agriculture[J]. Nature Plants, 2(3): 16014.

Hamerlynck E P, Huxman T E, Loik M E, et al., 2000. Effects of extreme high temperature, drought and elevated CO_2 on photosynthesis of the Mojave Desert evergreen shrub, *Larrea tridentata*[J]. Plant Ecology, 148(2): 183-193.

Han Y, Wang L, Zhang X L, et al., 2013a. Sexual differences in photosynthetic activity, ultrastructure and phytoremediation potential of *Populus cathayana* exposed to lead and drought[J]. Tree Physiology, 33(10): 1043-1060.

Han Y, Wang Y H, Jiang H, et al., 2013b. Reciprocal grafting separates the roles of the root and shoot in sex-related drought responses in *Populus cathayana* males and females[J]. Plant, Cell & Environment, 36(2): 356-364.

Háněl L, 2002. Development of soil nematode communities on coal-mining dumps in two different landscapes and reclamation practices[J]. European Journal of Soil Biology, 38(2): 167-171.

Hassan I A, Basahi J M, Haiba N S, et al., 2013. Investigation of climate changes on metabolic response of plants: interactive effects of drought stress and excess UV-B[J]. Journal of Earth Science & Climatic Change, 4(1): 2.

Hawkins T S, Schiff N M, Leininger T D, et al., 2009. Growth and intraspecific competitive abilities of the dioecious *Lindera melissifolia* (Lauraceae) in varied flooding regimes 1[J]. The Journal of the Torrey Botanical Society, 136(1): 91-101.

He L H, Jia X Y, Gao Z Q, et al., 2011. Genotype-dependent responses of wheat (*Triticum aestivum* L.) seedlings to drought, UV-B radiation and their combined stresses[J]. African Journal of Biotechnology, 10(20): 4046-4056.

Hesse E, Pannell J R, 2011. Sexual dimorphism in a dioecious population of the wind pollinated herb *Mercurialis annua*: the interactive effects of resource availability and competition[J]. Annals of Botany, 107(6): 1039-1045.

Hou S N, Zheng N, Tang L, et al., 2019. Pollution characteristics, sources, and health risk assessment of human exposure to Cu, Zn, Cd and Pb pollution in urban street dust across China between 2009 and 2018[J]. Environment International, 128: 430-437.

Huang J W, Cunningham S D, 1996. Lead phytoextraction: species variation in lead uptake and translocation[J]. New Phytologist, 134(1): 75-84.

Idso S B, Idso K E, Garcia R L, et al., 1995. Effects of atmospheric CO_2 enrichment and foliar methanol application on net photosynthesis of sour orange tree (*Citrus aurantium*: Rutaceae) leaves[J]. American Journal of Botany, 82(1): 26-30.

Inouye D W, 2008. Effects of climate change on phenology, frost damage, and floral abundance of montane wildflowers[J]. Ecology, 89(2): 353-362.

IPCC (Intergovernmental Panel on Climate Change), 2021. Summary for policymakers[M]//Masson-Delmotte V, Zhai P, Pirani A, et al. Climate Change 2021: The Physical Science Basis. Contribution of Working Group Ⅰ to the Sixth Assessment Report of the Intergovernmental Panel on Climate Change. Cambridge: Cambridge University Press.

Isebrands J G, Nelson N D, 1982. Crown architecture of short-rotation, intensively cultured Populus Ⅱ. Branch morphology and distribution of leaves within the crown of *Populus* 'Tristis' as related to biomass production[J]. Canadian Journal of Forest Research, 12(4): 853-864.

Islam E, Liu D, Li T Q, et al., 2008. Effect of Pb toxicity on leaf growth, physiology and ultrastructure in the two ecotypes of *Elsholtzia argyi*[J]. Journal of Hazardous Materials, 154(1-3): 914-926.

Iszkuło G, Jasińska A K, Giertych M J, et al., 2009. Do secondary sexual dimorphism and female intolerance to drought influence the sex ratio and extinction risk of *Taxus baccata*[J]. Plant Ecology, 200(2): 229-240.

Ito H, Saito T, 1958. Factors responsible for the sex expression of Japanese cucumber[J]. Journal of the Japanese Society for Horticultural Science, 27(1): 11-20.

Jamieson M A, Seastedt T R, Bowers M D, 2012. Nitrogen enrichment differentially affects above- and belowground plant defense[J]. American Journal of Botany, 99(10): 1630-1637.

Jansen M A K, Babu T S, Heller D, et al., 1996. Ultraviolet-B effects on *Spirodela oligorrhiza*: induction of different protection mechanisms[J]. Plant Science, 115(2): 217-223.

Jiang C D, Gao H Y, Zou Q, 2003. Changes of donor and acceptor side in photosystem 2 complex induced by iron deficiency in attached soybean and maize leaves[J]. Photosynthetica, 41(2): 267-271.

Jiang Y N, Wang W X, Xie Q J, et al., 2017. Plants transfer lipids to sustain colonization by mutualistic mycorrhizal and parasitic fungi[J]. Science, 356(6343): 1172-1175.

Jiao J, Tsujita M J, Grodzinski B, 1991. Influence of radiation and CO_2 enrichment on whole plant net CO_2 exchange in roses[J]. Canadian Journal of Plant Science, 71(1): 245-252.

Jing S W, Coley P D, 1990. Dioecy and herbivory: the effect of growth rate on plant defense in Acer negundo[J]. Oikos, 58(3): 369-377.

Jolliffe P A, Wanjau F M, 1999. Competition and productivity in crop mixtures: some properties of productive intercrops[J]. The Journal of Agricultural Science, 132(4): 425-435.

Jonasson S, Medrano H, Flexas J, 1997. Variation in leaf longevity of *Pistacia lentiscus* and its relationship to sex and drought stress inferred from leaf δ^{13}C[J]. Functional Ecology, 11(3): 282-289.

Jones M H, Macdonald S E, Henry G H R, 1999. Sex-and habitat-specific responses of a high Arctic willow, *Salix arctica*, to experimental climate change[J]. Oikos, 87(1): 129-138.

Kabir M, Iqbal M Z, Shafiq M, 2009. Effects of lead on seedling growth of *Thespesia populnea* L. [J]. Advances in Environmental Biology, 56(4): 184-191.

Kamel H A, 2008. Lead accumulation and its effect on photosynthesis and free amino acids in *Vicia faba* grown hydroponically[J]. Australian Journal of Basic and Applied Sciences, 2(3): 438-446.

Karlsson M G, Werner J W, 2001. Temperature after flower initiation affects morphology and flowering of cyclamen[J]. Scientia

Horticulturae，91(3-4)：357-363.

Kaznina N M，Laidinen G F，Titov A F，et al.，2005. Effect of lead on the photosynthetic apparatus of annual grasses[J]. Biology Bulletin，32(2)：147-150.

Kellomäki S，1986. A model for the relationship between branch number and biomass in *Pinus sylvestris* crowns and the effect of crown shape and stand density on branch and stem biomass[J]. Scandinavian Journal of Forest Research，1(1-4)：455-472.

Kellomäki S，Wang K Y，1997. Effects of long-term CO_2，and temperature elevation on crown nitrogen distribution and daily photosynthetic performance of Scots pine[J]. Forest Ecology and Management，99(3)：309-326.

Khizar H B，Sehrish A，Khalid N，2013. Effect of heavy metal lead stress of different concentration on wheat(*Triticum aestivum* L.)[J]. Middle-East Journal of Science Research，14(2)：148-154.

Kim J C，Moon J Y，1986. Responses of VA mycorrhizal fungus，*Glomus mosseae*，on the growth and nutrition of mulberry tree[J]. Korean Journal of Sericultural Science(Korea R.).

Kim J H，Baek K Y，Kim H H，et al.，2003. Effect of number of branches on quality and yield of secondary cut flower production of *Dendranthema grandiflorum* 'Herman de Boon'[J]. Korean Journal of Horticultural Science and Technology，21(3)：212-215.

King D A，1998. Relationship between crown architecture and branch orientation in rain forest trees[J]. Annals of Botany，82(1)：1-7.

Kinugasa T，Tsunekawa A，Shinoda M，2012. Increasing nitrogen deposition enhances post-drought recovery of grassland productivity in the Mongolian steppe[J]. Oecologia，170(3)：857-865.

Koca H，Bor M，Özdemir F，et al.，2007. The effect of salt stress on lipid peroxidation，antioxidative enzymes and proline content of sesame cultivars[J]. Environmental and Experimental Botany，60(3)：344-351.

Kocheva K，Lambrev P，Georgiev G，et al.，2004. Evaluation of chlorophyll fluorescence and membrane injury in the leaves of barley cultivars under osmotic stress[J]. Bioelectrochemistry，63(1-2)：121-124.

Koricheva J，Roy S，Vranjic J A，et al.，1997. Antioxidant responses to simulated acid rain and heavy metal deposition in birch seedlings[J]. Environmental Pollution，95(2)：249-258.

Korpelainen H，1991. Sex ratio variation and spatial segregation of the sexes in populations of *Rumex acetosa* and *R. acetosella*(Polygonaceae)[J]. Plant Systematics and Evolution，174(3-4)：183-195.

Kosobrukhov A，Knyazeva I，Mudrik V，2004. Plantago major plants responses to increase content of lead in soil：Growth and photosynthesis[J]. Plant Growth Regulation，42(2)：145-151.

Koti S，Reddy K R，Reddy V R，et al.，2005. Interactive effects of carbon dioxide，temperature，and ultraviolet-B radiation on soybean(*Glycine max* L.) flower and pollen morphology，pollen production，germination，and tube lengths[J]. Journal of Experimental Botany，56(412)：725-736.

Lajtha K，Schlesinger W H，1986. Plant response to variations in nitrogen availability in a desert shrubland community[J]. Biogeochemistry，2(1)：29-37.

Lebon E，Pellegrino A，Louarn G，et al.，2006. Branch development controls leaf area dynamics in grapevine(*Vitis vinifera*) growing in drying soil[J]. Annals of Botany，98(1)：175-185.

Lewis J D，Ferrara A，Peng T，et al.，2011. Risk of bladder cancer among diabetic patients treated with pioglitazone[J]. Diabetes Care，34(4)：916-922.

Li C Y，Yang Y Q，Junttila O，et al.，2005a. Sexual differences in cold acclimation and freezing tolerance development in sea buckthorn (*Hippophae rhamnoides* L.) ecotypes[J]. Plant Science, 168(5): 1365-1370.

Li J Y, Dong T F, Guo Q X, et al., 2015. *Populus deltoides* females are more selective in nitrogen assimilation than males under different nitrogen forms supply[J]. Trees, 29(1): 143-159.

Li Y L, Cui J Y, Su Y Z, 2005b. Specific leaf area and leaf dry matter content of some plants in different dune habitats[J]. Acta Ecologica Sinica, 25(2): 304-311.

Lichtenthaler H K, 1987. Chlorophyll and carotenoids: pigments of photosynthetic biomembranes[J]. Methods in Enzymology, 148: 350-382.

Lilley J M, Bolger T P, Peoples M B, et al., 2001. Nutritive value and the nitrogen dynamics of *Trifolium subterraneum* and *Phalaris aquatica* under warmer, high CO_2 conditions[J]. New Phytologist, 150(2): 385-395.

Liu J Y, Zhang R, Xu X, et al., 2020. Effect of summer warming on growth, photosynthesis and water status in female and male *Populus cathayana*: implications for sex-specific drought and heat tolerances[J]. Tree Physiology, 40(9): 1178-1191.

Liu L X, Xu S M, Woo K C, 2005. Solar UV-B radiation on growth, photosynthesis and the xanthophyll cycle in tropical acacias and eucalyptus[J]. Environmental and Experimental Botany, 54(2): 121-130.

Liu M, Korpelainen H, Li C Y, 2021. Sexual differences and sex ratios of dioecious plants under stressful environments[J]. Journal of Plant Ecology, 14(5): 920-933.

Liu X J, Zhang Y, Han W X, et al., 2013. Enhanced nitrogen deposition over China[J]. Nature, 494: 459-462.

Lohar D P, Peat W E, 1998. Floral characteristics of heat-tolerant and heat sensitive tomato (*Lycopersicon esculentum* Mill.) cultivars at high temperature[J]. Scientia Horticulturae, 73(1): 53-60.

Longman J, Ersek V, Veres D, 2020. High variability between regional histories of long-term atmospheric Pb pollution[J]. Scientific Reports, 10: 20890.

Lyrene P M, 1994. Environmental effects on blueberry flower size and shape are minor[J]. Journal of the American Society for Horticultural Science, 119(5): 1043-1045.

Maherali H, DeLucia E H, 2001. Influence of climate-driven shifts in biomass allocation on water transport and storage in ponderosa pine[J]. Oecologia, 129(4): 481-491.

Markelz A, 2013. Terahertz spectroscopy: protein dynamics[J]. Encyclopedia of Biophysics: 2573-2575.

Martin K C, Bruhn D, Lovelock C E, et al., 2010. Nitrogen fertilization enhances water-use efficiency in a saline environment[J]. Plant, Cell & Environment, 33(3): 344-357.

Massei G, Watkins R, Hartley S E, 2006. Sex-related growth and secondary compounds in *Juniperus oxycedrus* macrocarpa[J]. Acta Oecologica, 29(2): 135-140.

Mateos-Naranjo E, Redondo-Gómez S, Cambrollé J, et al., 2008. Growth and photosynthetic responses to zinc stress of an invasive cordgrass, *Spartina densiflora*[J]. Plant Biology, 10(6): 754-762.

Mcgonigle T P, Miller M H, Evans D G, et al., 1990. A new method which gives an objective measure of colonization of roots by vesicular-arbuscular mycorrhizal fungi[J]. New Phytologist, 115(3): 495-501.

McKenna M, Chaney R L, Williams F M, 1993. The effects of cadmium and zinc interactions on the accumulation and tissue distribution of zinc and cadmium in lettuce and spinach[J]. Environmental Pollution, 79(2): 113-120.

McNulty S G, Aber J D, Newman S D, 1996. Nitrogen saturation in a high elevation New England spruce-fir stand[J]. Forest Ecology and Management, 84(1-3): 109-121.

Mercer C A, Eppley S M, 2010. Inter-sexual competition in a dioecious grass[J]. Oecologia, 164(3): 657-664.

Mercer C A, Eppley S M, 2014. Kin and sex recognition in a dioecious grass[J]. Plant Ecology, 215(8): 845-852.

Micallef S A, Shiaris M P, Colón-Carmona A, 2009. Influence of *Arabidopsis thaliana* accessions on rhizobacterial communities and natural variation in root exudates[J]. Journal of Experimental Botany, 60(6): 1729-1742.

Michael P I, Krishnaswamy M, 2011. The effect of zinc stress combined with high irradiance stress on membrane damage and antioxidative response in bean seedlings[J]. Environmental and Experimental Botany, 74: 171-177.

Monnet F, Vaillant N, Vernay P, et al., 2001. Relationship between PS II activity, CO_2 fixation, and Zn, Mn and Mg contents of *Lolium perenne* under zinc stress[J]. Journal of Plant Physiology, 158(9): 1137-1144.

Mortensen L M, 1987. Review: CO_2, enrichment in greenhouses. Crop responses[J]. Scientia Horticulturae, 33(1-2): 1-25.

Mu J P, Peng Y H, Xi X Q, et al., 2015. Artificial asymmetric warming reduces nectar yield in a Tibetan alpine species of Asteraceae[J]. Annals of Botany, 116(6): 899-906.

Murray M B, Smith R I, Leith I D, et al., 1994. Effects of elevated CO_2, nutrition and climatic warming on bud phenology in Sitka spruce (*Picea sitchensis*) and their impact on the risk of frost damage[J]. Tree Physiology, 14(7-9): 691-706.

Nakaji T, Fukami M, Dokiya Y, et al., 2001. Effects of high nitrogen load on growth, photosynthesis and nutrient status of *Cryptomeria japonica* and *Pinus densiflora* seedlings[J]. Trees, 15(8): 453-461.

Nakamura Y, Morita A, 2006. Effects of pruning of tea cuttings in paper pots on the number of branches and plant growth before and after transplanting[J]. Japanese Journal of Crop Science, 75(3): 289-295.

Nelson N D, Burk T, Isebrands J G, 1981. Crown architecture of short-rotation, intensively cultured *Populus*: I. Effects of clone and spacing on first-order branch characteristics[J]. Canadian Journal of Forest Research, 11(1): 73-81.

Niu G H, Heins R D, Cameron A C, et al., 2000. Day and night temperatures, daily light integral, and CO_2 enrichment affect growth and flower development of pansy (*Viola × wittrockiana*)[J]. Scientia Horticulturae, 87(1-2): 93-105.

NOAA (National Oceanic and Atmospheric Association). Web site: https://www.ncei.noaa.gov/access/monitoring/monthly-report/global

Nogués S, Baker N R, 2000. Effects of drought on photosynthesis in Mediterranean plants grown under enhanced UV-B radiation[J]. Journal of Experimental Botany, 51(348): 1309-1317.

Norby R J, Hartz-Rubin J S, Verbrugge M J, 2003. Phenological responses in maple to experimental atmospheric warming and CO_2 enrichment[J]. Global Change Biology, 9(12): 1792-1801.

Nybakken L, Hörkkä R, Julkunen-Tiitto R, 2012. Combined enhancements of temperature and UV-B influence growth and phenolics in clones of the sexually dimorphic *Salix myrsinifolia*[J]. Physiologia Plantarum, 145(4): 551-564.

Nyitrai P, Bóka K, Gáspár L, et al., 2003. Characterization of the stimulating effect of low-dose stressors in maize and bean seedlings[J]. Journal of Plant Physiology, 160(10): 1175-1183.

Obeso J R, 2002. The costs of reproduction in plants[J]. New Phytologist, 155(3): 321-348.

O'Neil P, 1999. Selection on flowering time: an adaptive fitness surface for nonexistent character combinations[J]. Ecology, 80(3): 806-820.

Ort D R, 2001. When there is too much light[J]. Plant Physiology, 125(1): 29-32.

Oukarroum A, El Madidi S, Schansker G, et al., 2007. Probing the responses of barley cultivars (*Hordeum vulgare* L.) by chlorophyll a fluorescence OLKJIP under drought stress and re-watering[J]. Environmental and Experimental Botany, 60(3): 438-446.

Parniske M, 2008. Arbuscular mycorrhiza: the mother of plant root endosymbioses[J]. Nature Reviews Microbiology, 6(10): 763-775.

Pearson S, Parker A, Adams S R, et al., 1995. The effects of temperature on the flower size of pansy (*Viola×wittrockiana* Gams.)[J]. Journal of Horticultural Science, 70(2): 183-190.

Petropoulou Y，Kyparissis A，Nikolopoulos D，et al.，1995. Enhanced UV-B radiation alleviates the adverse effects of summer drought in two Mediterranean pines under field conditions[J]. Physiologia Plantarum，94(1)：37-44.

Pierik R，Mommer L，Voesenek L A，2013. Molecular mechanisms of plant competition: neighbour detection and response strategies[J]. Functional Ecology，27(4)：841-853.

Piotrowska A，Bajguz A，Godlewska Z B，et al.，2010. Changes in growth，biochemical components，and antioxidant activity in aquatic plant *Wolffia arrhiza*(Lemnaceae) exposed to cadmium and lead[J]. Archives of Environmental Contamination and Toxicology，58(3)：594-604.

Poerwanto R，Inoue H. 1990. Effects of air and soil temperatures on flower development and morphology of satsuma mandarin[J]. Journal of Horticultural Science，65(6)：739-745.

Poorter H，Nagel O. 2000. The role of biomass allocation in the growth response of plants to different levels of light，CO_2，nutrients and water: a quantitative review[J]. Functional Plant Biology，27(12)：595-607.

Porté A，Trichet P，Bert D，et al.，2002. Allometric relationships for branch and tree woody biomass of maritime pine(*Pinus pinaster* Ait.)[J]. Forest Ecology and Management，158(1-3)：71-83.

Quintero C，Bowers M D，2013. Effects of insect herbivory on induced chemical defences and compensation during early plant development in *Penstemon virgatus*[J]. Annals of Botany，112(4)：661-669.

Raza S H，Athar H R，Ashraf M，et al.，2007. Glycinebetaine-induced modulation of antioxidant enzymes activities and ion accumulation in two wheat cultivars differing in salt tolerance[J]. Environmental and Experimental Botany，60(3)：368-376.

Reay D S，Dentener F，Smith P，et al.，2008. Global nitrogen deposition and carbon sinks[J]. Nature Geoscience，22(1)：430-437.

Renner S S，2014. The relative and absolute frequencies of angiosperm sexual systems: dioecy, monoecy, gynodioecy, and an updated online database[J]. American Journal of Botany，101(10)：1588-1596.

Renner S S，Ricklefs R E，1995. Dioecy and its correlates in the flowering plants[J]. American Journal of Botany，82(5)：596-606.

Rey A，Jarvis P G. 1998. Long-term photosynthetic acclimation to increased atmospheric CO_2 concentration in young birch(*Betula pendula*) trees[J]. Tree Physiology，18(7)：441-450.

Richardson S J，Peltzer D A，Allen R B，et al.，2004. Rapid development of phosphorus limitation in temperate rainforest along the Franz Josef soil chronosequence[J]. Oecologia，139(2)：267-276.

Robinson B H，Mills T M，Petit D，et al.，2000. Natural and induced cadmium-accumulation in poplar and willow: Implications for phytoremediation[J]. Plant and Soil，227(1)：301-306.

Rodrigo V H L，Stirling C M，Teklehaimanot Z，et al.，2001. Intercropping with banana to improve fractional interception and radiation-use efficiency of immature rubber plantations[J]. Field Crops Research，69(3)：237-249.

Roelofs J G M，Kempers A J，Houdijk A L F M，et al.，1985. The effect of air-borne ammonium sulphate on *Pinus nigra* var. *maritima* in the Netherlands[J]. Plant and Soil，84(1)：45-56.

Rogers S R，Eppley S M，2012. Testing the interaction between inter-sexual competition and phosphorus availability in a dioecious grass[J]. Botany，90(8)：704-710.

Rougier M，1981. Secretory activity of the root cap[M]//Tanner W，Loewus F A.Plant Carbohydrates Ⅱ. Berlin: Springer，6542-6574.

Rovira A D，1969. Plant root exudates[J]. The Botanical Review，35(1)：35-57.

Rucińska R，Waplak S，Gwóźdź E A，1999. Free radical formation and activity of antioxidant enzymes in lupin roots exposed to lead[J]. Plant Physiology and Biochemistry，37(3)：187-194.

Sánchez V J，Turner A，Pannell J R，2011. Sexual dimorphism in intra-and interspecific competitive ability of the dioecious herb

Mercurialis annua[J]. Plant Biology，13（1）：218-222.

Sandli N，Svenning M M，Røsnes K，et al.，1993. Effect of nitrogen supply on frost resistance，nitrogen metabolism and carbohydrate content in white clover（*Trifolium repens*）[J]. Physiologia Plantarum，88（4）：661-667.

Sans F X，Masalles R M，1994. Life-history variation in the annual arable weed *Diplotaxis erucoides*（Cruciferae）[J]. Canadian Journal of Botany，72（1）：10-19.

Sato S，Kamiyama M，Iwata T，et al.，2006. Moderate increase of mean daily temperature adversely affects fruit set of *Lycopersicon esculentum* by disrupting specific physiological processes in male reproductive development[J]. Annals of Botany，97（5）：731-738.

Scheuermann R，Biehler K，Stuhlfauth T，et al.，1991. Simultaneous gas exchange and fluorescence measurements indicate differences in the response of sunflower，bean and maize to water stress[J]. Photosynthesis Research，27（3）：189-197.

Schickler H，Caspi H，1999. Response of antioxidative enzymes to nickel and cadmium stress in hyperaccumulator plants of the genus *Alyssum*[J]. Physiologia Plantarum，105（1）：39-44.

Scott S L，Aarssen L W，2013. Leaf size versus leaf numbertrade-offs in dioecious angiosperms[J]. Journal of Plant Ecology，6（1）：29-35.

Selosse M A，Rousset F，2011. The plant-fungal marketplace[J]. Science，333（6044）：828-829.

Semchenko M，Saar S，Lepik A，2014. Plant root exudates mediate neighbour recognition and trigger complex behavioural changes[J]. New Phytologist，204（3）：631-637.

Shao H B，Liang Z S，Shao M G，2005. Changes of anti-oxidative enzymes and MDA content under soil water deficits among 10 wheat（*Triticum aestivum* L.）genotypes at maturation stage[J]. Colloids and Surfaces B：Biointerfaces，45（1）：7-13.

Sharma P，Dubey R S，2005. Lead toxicity in plants[J]. Toxic Metals in Plants，17（1）：35-52.

Sheng C F，1989. An approach to the nature of compensation of crops for insect feeding[J]. Acta Ecology Sinica，9（3）：207-212.

Sherry R A，Zhou X H，Gu S L，et al.，2007.Divergence of reproductive phenology under climate warming[J]. Proceedings of the National Academy of Sciences of the United States of America，104（1）：198-202.

Simard S W，Durall D M，Jones M D，1997. Carbon allocation and carbon transfer between *Betula papyrifera* and *Pseudotsuga menziesii* seedlings using a ^{13}C pulse-labeling method[J]. Plant and Soil，191（1）：41-55.

Singh R P，Tripathi R D，Sinha S K，et al.，1997. Response of higher plants to lead contaminated environment[J]. Chemosphere，34（11）：2467-2493.

Soldaat L L，Lorenz H，Trefflich A，2000. The effect of drought stress on the sex ratio variation of *Silene otites*[J]. Folia Geobotanica，35（2）：203-210.

Steidinger B S，Crowther T W，Liang J，et al.，2019. Climatic controls of decomposition drive the global biogeography of forest-tree symbioses[J]. Nature，569：404-408.

Stewart R R C，Bewley J D，1980. Lipid peroxidation associated with accelerated aging of soybean axes[J]. Plant Physiology，65（2）：245-248.

Strengbom J，Nordin A，Näsholm T，et al.，2002. Parasitic fungus mediates change in nitrogen- exposed boreal forest vegetation[J]. Journal of Ecology，90（1）：61-67.

Sukhvibul N，Hetherington S E，Whiley A W，et al.，1999. Effect of temperature on inflorescence development and floral biology of mango（*Mangifera indica* L.）[J]. VI International Symposium on Mango，509：601-608.

Suzuki A，2000. Patterns of vegetative growth and reproduction in relation to branch orders：the plant as a spatially structured population[J]. Trees, 14(6): 329-333.

Symeonidis L, Karataglis S, 1992. The effect of lead and zinc on plant growth and chlorophyll content of *Holcus lanatus* L. [J].
    Journal of Agronomy and Crop Science, 168(2): 108-112.

Taalas P, Kaurola J, Kylling A, et al., 2000. The impact of greenhouse gases and halogenated species on future solar UV radiation
    doses [J]. Geophysical Research Letters, 27(8): 1127-1130.

Taiz L, Zeiger E, Møller I M, et al. 2017. Plant Physiology and Development[M]. 6th ed. New York: Sinauer Associates.

Teng N J, Wang J, Chen T, et al., 2006. Elevated CO_2 induces physiological, biochemical and structural changes in leaves of
    Arabidopsis thaliana[J]. New Phytologist, 172(1): 92-103.

Tingey D T, Mckane R B, Olszyk D M, et al., 2003. Elevated CO_2, and temperature alter nitrogen allocation in Douglas-fir[J]. Global
    Change Biology, 9(7): 1038-1050.

Tjoelker M G, Reich P B, Oleksyn J, 1999. Changes in leaf nitrogen and carbohydrates underlie temperature and CO_2 acclimation of
    dark respiration in five boreal tree species[J]. Plant, Cell & Environment, 22(7): 767-778.

Trumble J T, Kolodny-Hirsch D M, Ting I P, 1993. Plant compensation for arthropod herbivory[J]. Annual Review of Entomology,
    38(1): 93-119.

Turnbull M H, Doley D, Yates D J, 1993. The dynamics of photosynthetic acclimation to changes in light quantity and quality in three
    Australian rainforest tree species[J]. Oecologia, 94(2): 218-228.

Turtola S, Rousi M, Pusenius J, et al., 2006. Genotypic variation in drought response of willows grown under ambient and enhanced
    UV-B radiation[J]. Environmental and Experimental Botany, 56(1): 80-86.

Ushio A, Hara H, Fukuta N, 2014. Promotive effect of CO_2 enrichment on plant growth and flowering of *Eustoma grandiflorum*(Raf.)
    Shinn. under a winter culture regime[J]. Journal of the Japanese Society for Horticultural Science, 83(1): 59-63.

Vaillant N, Monnet F, Hitmi A, et al., 2005. Comparative study of responses in four *Datura* species to a zinc stress[J]. Chemosphere,
    59(7): 1005-1013.

Vandecasteele B, Devos B, Tack F, 2002. Heavy metal contents in surface soils along the Upper Scheldt river(Belgium) affected by
    historical upland disposal of dredged materials[J]. The Science of the Total Environment, 290(1-3): 1-14.

Varga S, Kytöviita M M, 2012. Differential competitive ability between sexes in the dioecious *Antennaria dioica*(Asteraceae)[J].
    Annals of Botany, 110(7): 1461-1470.

Verbruggen E, Kiers E T, 2010. Evolutionary ecology of mycorrhizal functional diversity in agricultural systems[J]. Evolutionary
    Applications, 3(5-6): 547-560.

Vu J C V, Allen L H Jr, Bowes G, 1989. Leaf ultrastructure, carbohydrates and protein of soybeans grown under CO_2 enrichment[J].
    Environmental and Experimental Botany, 29(2): 141-147.

Walker J W, 1974. Aperture evolution in the pollen of primitive angiosperms[J]. American Journal of Botany, 61(10): 1112-1137.

Walker T S, Bais H P, Grotewold E, et al., 2003. Root exudation and rhizosphere biology[J]. Plant Physiology, 132(1): 44-51.

Wang Q, Tenhunen J, Falge E, et al., 2004. Simulation and scaling of temporal variation in gross primary production for coniferous
    and deciduous temperate forests[J]. Global Change Biology, 10(1): 37-51.

Wang X Z, 2005. Reproduction and progeny of *Silene latifolia*(Caryophyllaceae) as affected by atmospheric CO_2 concentration[J].
    American Journal of Botany, 92(5): 826-832.

Ward J K, Dawson T E, Ehleringer J R, 2002. Responses of *Acer negundo* genders to interannual differences in water availability
    determined from carbon isotope ratios of tree ring cellulose[J]. Tree Physiology, 22(5): 339-346.

Watanabe C K, Sato S, Yanagisawa S, et al., 2014. Effects of elevated CO_2 on levels of primary metabolites and transcripts of genes encoding respiratory enzymes and their diurnal patterns in *Arabidopsis thaliana*: possible relationships with respiratory rates[J]. Plant and Cell Physiology, 55(2): 341-357.

Way D A, Oren R, 2010. Differential responses to changes in growth temperature between trees from different functional groups and biomes: a review and synthesis of data[J]. Tree Physiology, 30(6): 669-688.

Weiner J, Lovett Doust J, Lovett Doust L, 1988. The Influence of Competition on Plant Reproduction[M]. New York: Oxford University Press.

Wellburn A R, Lichtenthaler H. 1984. Formulae and program to determine total carotenoids and chlorophylls a and b of leaf extracts in different solvents[M]//Wiemkem V, Bachofen R. Advances in Photosynthesis Research. Dordrecht: Springer, 9-12.

Whytemare A B, Edmonds R L, Aber J D, et al., 1997. Influence of excess nitrogen deposition on a white spruce (*Picea glauca*) stand in southern Alaska[J]. Biogeochemistry, 38(2): 173-187.

Wilson P J, Thompson K, Hodgson J G, 1999. Specific leaf area and leaf dry matter content as alternative predictors of plant strategies[J]. New Phytologist, 143(1): 155-162.

Wood J G, Sibly P M, 1952. Carbonic anhydrase activity in plants in relation to zinc content[J]. Australian Journal of Biological Sciences, 5(2): 244-255.

Wu Q P, Tang Y, Dong T F, et al., 2018. Additional AM fungi inoculation increase *Populus cathayana* intersexual competition[J]. Frontiers in Plant Science, 9: 607.

Xing D, Wang Z H, Zhang A M, et al., 2014. Research of ecological restoration of mycorrhizal mulberry in Karst rocky desertification area[J]. Agricultural Science & Technology, 15(11): 1998-2002.

Xu Q W, Fu H, Zhu B, et al., 2021. Potassium improves drought stress tolerance in plants by affecting root morphology, root exudates and microbial diversity[J]. Metabolites, 11(3): 131.

Xu X, Peng G Q, Wu C C, et al., 2008a. Drought inhibits photosynthetic capacity more in females than in males of *Populus cathayana*[J]. Tree Physiology, 28(11): 1751-1759.

Xu X, Peng G Q, Wu C C, et al., 2010a. Global warming induces females to allocate more biomass, C and N to aboveground organs than males in *Populus cathayana* cuttings[J]. Australian Journal of Botany, 58(7): 519-526.

Xu X, Yang F, Xiao X W, et al., 2008b. Sex-specific responses of *populus cathayana* to drought and elevated temperatures[J]. Plant Cell & Environment, 31(6): 850-860.

Xu X, Zhao H X, Zhang X L, et al., 2010b. Different growth sensitivity to enhanced UV-B radiation between male and female *Populus cathayana*[J]. Tree Physiology, 30(12): 1489-1498.

Yang Y Q, Yao Y N, Xu G, et al., 2005. Growth and physiological responses to drought and elevated ultraviolet-B in two contrasting populations of *Hippophae rhamnoides*[J]. Physiologia Plantarum, 124(4): 431-440.

Yin H J, Liu Q, Lai T, 2008. Warming effects on growth and physiology in the seedlings of the two conifers *Picea asperata* and *Abies faxoniana* under two contrasting light conditions[J]. Ecological Research, 23(2): 459-469.

Yu G R, Jia Y L, He N P, et al., 2019. Stabilization of atmospheric nitrogen deposition in China over the past decade[J]. Nature Geoscience, 12(6): 424-429.

Yu J Q, Matsui Y, 1997. Effects of root exudates of cucumber (*Cucumis sativus*) and allelochemicals on ion uptake by cucumber seedlings[J]. Journal of Chemical Ecology, 23(3): 817-827.

Yuan L, Ali K, Zhang L Q, 2005. Effects of NaCl stress on active oxygen metabolism and membrane stability in *Pistacia vera* seedlings[J]. Chinese Journal of Plant Ecology，29（6）：985-991.

Yuan M，Carlson W H，Heins R D，et al.，1998. Effect of forcing temperature on time to flower of *Coreopsis grandiflora*，*Gaillardia×grandiflora*，*Leucanthemum×superbum*，and *Rudbeckia fulgida*[J]. HortScience，33（4）：663-667.

Zeng L S，Liao M，Huang C Y，et al.，2008. Effects of lead contamination on soil microbial biomass，microbial activities and rice growth in paddy soils[J]. Ecology and Environment，17（3）：993-998.

Zha T S，Ryyppö A，Wang K Y，et al.，2001. Effects of elevated carbon dioxide concentration and temperature on needle growth，respiration and carbohydrate status in field-grown Scots pines during the needle expansion period[J]. Tree Physiology，21（17）：1279-1287.

Zhang S，Chen F G，Peng S M，et al.，2010a. Comparative physiological，ultrastructural and proteomic analyses reveal sexual differences in the responses of *Populus cathayana* under drought stress[J]. Proteomics，10（14）：2661-2677.

Zhang S，Jiang H，Peng S M，et al.，2010b.Sex-related differences in morphological，physiological，and ultrastructural responses of *Populus cathayana* to chilling[J]. Journal of Experimental Botany，62（2）：675-686.

Zhang W H，Cai Y，Tu C，et al.，2002. Arsenic speciation and distribution in an arsenic hyperaccumulating plant[J]. Science of the Total Environment，300（1-3）：167-177.

Zhang Y J，Feng Y L，2004. The relationships between photosynthetic capacity and lamina mass per unit area，nitrogen content and partitioning in seedlings of two *Ficus* species grown under different irradiance[J]. Journal of Plant Physiology and Molecular Biology，30（3）：269-276.

Zhao H X，Li Y P，Zhang X L，et al.，2012a. Sex-related and stage-dependent source-to-sink transition in *Populus cathayana* grown at elevated CO_2 and elevated temperature[J]. Tree Physiology，32（11）：1325-1338.

Zhao H X，Li Y，Duan B L，et al.，2012b. Sex-related adaptive responses of *Populus cathayana* to photoperiod transitions[J]. Plant，Cell and Environment，32（10）：1401-1411.

Zhao H X，Xu X，Zhang Y B，et al.，2011. Nitrogen deposition limits photosynthetic response to elevated CO_2 differentially in a dioecious species[J]. Oecologia，165（1）：41-54.

Zimdahl R L，Skogerboe R K，1977. Behavior of lead in soil[J]. Environmental Science & Technology，11（13）：1202-1207.

Ziska L H，Caulfield F A，2000. Rising CO_2 and pollen production of common ragweed（*Ambrosia artemisiifolia* L.），a known allergy-inducing species：implications for public health[J]. Functional Plant Biology，27（10）：893-898.

附　　图

人工气候室（OTC装置）　　　　　　　　　　　UV-B辐射灯

桑树种质资源基地（四川省农业科学院蚕业研究所）重金属处理下的桑树幼苗扦插苗圃

桑苗雌株　　　　　　　　　桑苗雄株　　　　　　　桑雌雄同株(变异)

形态观测

叶绿素荧光测定

气体交换测定

人工气候室内桑树幼苗

不同分枝数的桑树幼苗

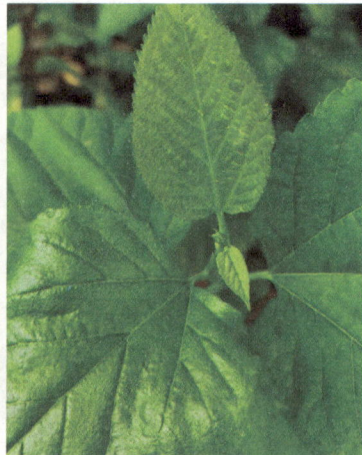
桑苗顶芽